21 世纪远程教育精品教材·公共课系列

计算机应用基础(第二版)(2011 版)

马 丽 主编

中国人民大学出版社
·北京·

总　　序

我们正处在教育史，尤其是高等教育史上的一个重要的转型期。在全球范围内，包括在我们中华大地，以校园课堂面授为特征的工业化社会的近代学校教育体制，正在向基于校园课堂面授的学校教育与基于信息通信技术的远程教育相互补充、相互整合的现代终身教育体制发展。一次性学校教育的理念已经被持续性终身学习的理念所替代。在高等教育领域，从 1088 年欧洲创立博洛尼纳（Bologna）大学以来，21 世纪以前的各国高等教育基本是沿着精英教育的路线发展的，这也包括自 19 世纪末创办京师大学堂以来我国高等教育短短百多年的发展史。然而，自 20 世纪下半叶起，尤其在迈进 21 世纪时，以多媒体计算机和互联网为主要标志的电子信息通信技术正在引发教育界的一场深刻的革命。高等教育正在从精英教育走向大众化、普及化教育，学校教育体系正在向终身教育体系和学习型社会转变。在我国，党的十六大明确了全面建设小康社会的目标之一就是构建学习型社会，即要构建由国民教育体系和终身教育体系共同组成的有中国特色的现代教育体系。

教育史上的这次革命性转型绝不仅仅是科学技术进步推动的。诚然，以电子信息通信技术为主要代表的现代科学技术的进步，为实现从校园课堂面授向开放远程学习、从近代学校教育体制向现代终身教育体制和学习型社会的转型提供了物质技术基础。但是，教育形态演变的深层次原因在于人类社会经济发展和社会生活变革的需求。知识创新与传播及应用、人力资源开发与人才培养已经成为各国提高经济实力、综合国力和国际竞争力的关键和基础。而这些是仅仅依靠传统学校校园面授教育体制所无法满足的。此外，国际社会面临的能源、环境与生态危机，气候异常，数字鸿沟与文明冲突，对物种多样性与文化多样性的威胁等多重全球挑战，也只有依靠世界各国进一步深化教育改革与创新、人与自然的和谐发展才能得到解决。正因为如此，我国党和政府提出了"科教兴国"、"可持续发展"、"西部大开发"、"缩小数字鸿沟"以及"人与自然和谐发展"的"科学发展观"等基本国策。其中，对教育作为经济建设的重要战略地位和基础性、全局性、前瞻性产业的确认，对高等教育对于知识创新与传播及应用、人力资源开发与人才培养的重大意义的关注，以及对发展现代教育技术、现代远程教育和教育信息化并进而推动国民教育体系现代化、构建终身教育体系和学习型社会的决策更得到了教育界和全社会的共识。

在上述教育转型与变革时期，中国人民大学一直走在我国大学的前列。中国人民大学是一所以人文、社会科学和经济管理为主，兼有信息科学、环境科学等的综合性、研究型大学。长期以来，中国人民大学充分利用自身的教育资源优势，在办好全日制高等教育的同时，一直积极开展远程教育和继续教育。中国人民大学在我国首创函授高等教育。1952年，校长吴玉章和成仿吾创办函授教育的报告得到了刘少奇的批复，并于 1953 年率先招生授课，为新建的共和国培养了一大批急需的专门人才。在 20 世纪 90 年代末，中国人民大学成立了网络教育学院，成为我国首批现代远程教育试点高校之一。经过短短几年的探索和发展，中国人民大学网络教育学院创建的"网上人大"品牌，被远程教育界、媒体和社会誉为网络远程教育的"人大模式"，即"面向在职成人，利用网络学习资源和虚拟学习社区，支持分布式学习和协作学习的现代远程教育模式"。成立于 1955 年的中国人民大学出版社是新中国建立后最早成立的大学出版社，是教育部指定的全国高等学校文科教材出版中心。在过去的几年中，中国人民大学出版社与中国人民大学网络教育学院合作创作、设计、出版了国内第一套极富特色的"21 世纪远程教育精品教材"。这些凝聚了中国人民大学、北京大学、北京师范大学等北京知名高校学者教授、教育技术专家、软件工程师、教学设计师和编辑们广博才智的精品课程系列教材，以印刷版、光盘版和网络版立体化教材的范式探索构建全新的远程学习优质教育资源，实现先进的教育教学理念与现代信息通信技术的有效结合。这些教材已经被国内其他高校和众多网络教育学院所选用。中国人民大学出版社基于"出教材学术精品，育人文社科英才"理念的努力探索及其初步成果已经得到了我国远程教育界的广泛认同，是值得肯定的。

2005 年 4 月，我被邀请出席《中国远程教育》杂志与中国人民大学出版社联合主办的"远程教育教材的共建共享与一体化设计开发"研讨会并做主旨发言，会后受中国人民大学出版社的委托为"21 世纪远程教育精品教材"撰写"总序"，这是我的荣幸。近几年来，我一直关注包括中国人民大学网络教育学院在内的我国高校现代远程教育试点工程。这次，更有机会全面了解和近距离接触中国人民大学出版社推出的"21 世纪远程教育精品教材"及其编创人员。我想将我在上述研讨会上发言的主旨做进一步的发挥，并概括为若干原则作为我对包括中国人民大学出版社、中国人民大学网络教育学院在内的我国网络远程教育优质教育资源建设的期待和展望：

● 21 世纪远程教育精品教材的教学内容要更加适应大众化高等教育面对在职成人、定位在应用型人才培养上的需要。

● 21 世纪远程教育精品教材的教学设计要更加适应地域分散、特征多样的远程学生自主学习的需要，培养适应学习型社会的终身学习者。

● 在我国网络教学环境渐趋完善之前，印刷教材及其配套教学光盘依然是远程教材的主体，是多种媒体教材的基础和纽带，其教学设计应该给予充分的重视。要在印刷教材的显要部位对课程教学目标和要求做明确、具体、可操作的陈述，要清晰地指导远程学生如何利用多种媒体教材进行自主学习和协作学习。

● 应组织相关人员对多种媒体的远程教材进行一体化设计和开发，要注重发挥多种媒体教材各自独特的教学功能，实现优势互补。要特别注重对学生学习活动、教学交互、学习评价及其反馈的设计和实现。

● 要将对多种媒体远程教材的创作纳入对整个远程教育课程教学系统的一体化设计和开发中去，以便使优质的教材资源在优化的教学系统、平台和环境中，在有效的教学模式、学习策略和学习支助服务的支撑下获得最佳的学习成效。

● 要充分发挥现代远程教育工程试点高校各自的学科资源优势，积极探索网络远程教育优质教材资源共建共享的机制和途径。

中华人民共和国教育部远程教育专家顾问
丁兴富

前　言

　　《计算机应用基础》是大学本科各专业必修的公共基础课，也是现代远程教育试点高校网络教育实行全国统一考试的四门公共基础课之一。

　　本书是根据全国高校网络教育考试委员会 2010 年修订的《计算机应用基础》课程的考试大纲要求进行编写的。

　　本书修订围绕 2010 年版新大纲，在继续保持原版理论知识系统化的基础上，结合大量实例对各种软件的使用与操作步骤给以详尽的介绍，主要在以下几个方面做了重新修订。

　　首先，在计算机软件的版本上，按照 2010 年版新大纲的要求，将原书中的软件环境 Windows 2000、Office 2000 全面提升到了 Windows XP、Office 2003 版本，以此作为本书的主线进行讲解。

　　其次，根据 2010 年版新大纲对于计算机网络以及计算机安全等章节的部分修订，本书做了相应内容的补充和删改。同时为了使读者更全面、系统地了解最新的知识和技术，在有些内容的介绍上并不完全拘泥于新大纲的框架，而是力求做到学习内容的系统性和连贯性。

　　本书具有基本教材和考试辅导的双重功能，除了讲解相关的基本概念及操作方法外，还提供有相关操作环境下的大量实际操作练习，使读者在理解相关概念及基本知识的基础上，熟悉计算机的操作环境及相关应用实例，有的放矢地解决实际问题。

　　在本书的编写过程中，得到了赵鸣先生的鼎力相助，在文字修饰以及例题上给予了很多帮助，在此深表谢意。

　　由于作者水平有限，书中难免存在疏漏及欠妥之处，恳请广大读者批评指正。

编　者
2011 年 8 月

目录

第一章

计算机基础知识

【学习重点】

请使用 4 学时学习本章内容，着重掌握以下知识点：

⊙ 计算机的发展过程、分类、应用范围及特点，信息的基本概念。

⊙ 计算机系统的基本组成及各部件的主要功能，数据存储的概念。

⊙ 数据在计算机中的表示方式。

⊙ 微型计算机硬件的组成部分。

【考试要求】

1. 了解 计算机的发展过程与分类；计算机的主要用途；信息的基本概念；硬件系统的组成及各个部件的主要功能；指令、程序、软件的概念以及软件的分类；数值在计算机中的表示形式及数制转换；字符编码；CPU、内存、接口和总线的概念。

2. 理解 计算机的主要特点；计算机系统的基本组成；计算机数据存储的基本概念；微处理器、微型计算机和微型计算机系统的概念；常用外部设备的性能指标；微型计算机的主要性能指标。

1.1 计算机的基本概念

人们从不同的角度对计算机提出了如下多种描述：

※ 计算机是一种可以自动进行信息处理的工具；

　※ 计算机是一种能够自动地、精确地、高速地进行大量复杂的数值计算和信息处理的电子设备；

　※ 计算机是一种能高速运算、具有内部存储能力、由程序控制其操作过程的电子装置。

综合上面对计算机的描述，我们给出如下计算机定义：

计算机是一种具备高速运算、信息存储与加工处理能力的电子设备，并且在程序的控制下，能自动处理和存储信息。

1.1.1　计算机的发展与分类

1. 计算机的发展过程

1938 年，J. 阿诺索夫首先研制成了电子计算机的运算部件。

1943 年，英国外交部通讯处研制成了专门用于密码分析的"巨人"计算机。

1946 年 2 月世界上第一台全数字电子计算机由美国宾夕法尼亚大学研制成功，简称 ENIAC（Electronic Numerical Integrator and Calculator），见图 1—1。

图 1—1　第一台电子计算机 ENIAC（1946）

ENIAC 用了 18 000 多个电子管、1 500 多个继电器，耗电 150kW，重量 30 吨，占地约 $170m^2$，每秒钟可进行 5 000 次左右的加法运算。虽然其运算速度远比不上今天最普通的一台微型计算机，但在当时它在运算速度方面已是绝对的冠军。尽管 ENIAC 体积庞大，功能有限，但它的诞生标志着电子计算机时代的到来，奠定了计算机发展的基础，开辟了计算机科学的新纪元。

计算机发展史上的又一次重大突破是由美籍匈牙利数学家冯·诺依曼领导的设计小组完成的。他们提出了"存储程序原理"，并成功将其运用在计算机的设计之中。根据这一原理制造的计算机被称为冯·诺依曼结构计算机，世界上第一台冯·诺依曼结构计算机是 1949 年 5 月由英国剑桥大学研制的 EDSAC（Electronic Delay Storage Automatic Calculator）。

根据计算机所采用的电子元器件不同，一般把电子计算机的发展分成四个阶段（也称为四代），见表 1—1。

| 表 1—1 | | 计算机发展的四个阶段 | | |

代 次	时 间	所用电子元器件	运算速度	应用领域
第一代	1946~1957	电子管	0.5万~3万次/秒	科学计算
第二代	1958~1964	晶体管	几万~几十万次/秒	工程设计、数据处理
第三代	1965~1970	中、小规模集成电路	几十万~几百万次/秒	工业控制、数据处理
第四代	1971至今	大规模、超大规模集成电路	上亿条指令/秒	工业、生活等各方面

第一代计算机具有体积大、耗电多、重量重、性能低等特点。它采用电子管作为逻辑元件，用阴极射线管或汞延迟线做主存储器，外存储器主要使用纸带、卡片等，程序设计主要使用机器指令或符号指令，应用领域主要是科学计算。这一时期计算机的主要标志是：实现了模拟量可变换成数字量进行计算，开创了数字化技术的新时代；形成了电子数字计算机的基本结构，即冯·诺依曼结构；确定了程序设计的基本方法；首创使用阴极射线管 CRT（Cathode-Ray Tube）作为计算机的字符显示器。

第二代计算机用晶体管代替了电子管，主存储器均采用磁芯存储器，磁鼓和磁盘开始用作主要的外存储器，程序设计使用了更接近于人类自然语言的高级程序设计语言，计算机的应用领域也从科学计算扩展到了数据处理、工程设计等多个方面。这一时期计算机的主要标志是：开创了计算机处理文字和图形的新阶段；系统软件出现了监控程序，提出了操作系统概念；高级程序设计语言已投入使用；开始有了通用机和专用机之分；开始使用鼠标。

第三代计算机用中、小规模的集成电路块代替了晶体管等分立元件，半导体存储器逐步取代了磁芯存储器的主存储器地位，磁盘成了不可缺少的辅助存储器，计算机也进入了产品标准化、模块化、系列化的发展时期，计算机的管理、使用方式也由手工操作完全改变为自动管理，使用效率显著提高。这一时期计算机的主要标志是：运算速度已达到100万次/秒以上；操作系统更加完善，出现了分时操作系统；出现了结构化程序设计方法，为开发复杂软件提供了技术支持；序列机的推出，较好地解决了"硬件不断更新而软件相对稳定"的矛盾；机器可根据其性能分成巨型机、大型机、中型机和小型机。

第四代计算机采用大规模集成电路 LSIC 和超大规模集成电路 VLSIC。作为这一时期计算机的典型代表——微型计算机应运而生。这一时期计算机的主要标志是：操作系统不断完善，应用软件的开发成为现代工业的一部分；计算机应用和更新的速度更加迅猛，产品覆盖各类机型；计算机的发展进入了以计算机网络为特征的时代。

微型计算机以微处理器为核心构成，微处理器是将传统的运算器和控制器集成在一块大规模或超大规模集成电路芯片上，作为中央处理单元（CPU）。以微处理器为核心，再加上存储器和接口等芯片以及输入输出设备便构成了微型计算机。自从 1971 年 Intel 公司使用 LSIC 率先推出微处理器 4004 以来，几乎每隔二至三年就要更新换代，以高档微处理器为核心构成的高档微型计算机系统已达到和超过了传统超级小型计算机水平，其运算速度可以达到每秒数亿次。由于微型计算机体积小、功耗低、性能稳定、成本低，其性能价格比占有很大优势，因而得到了广泛的应用。

2. 计算机的分类

对计算机的分类有多种方法，主要有：按计算机处理数据的方式、按计算机的应用范围、按计算机的规模和处理能力等三种分类方法。

（1）按计算机处理数据的方式进行分类。

可以分为电子数字计算机、电子模拟计算机和数模混合计算机。

电子数字计算机：是以数字量（也称不连续量）作为运算对象并对其进行运算的计算机。特点：运算速度快，精确度高，具有"记忆"（存储）和逻辑判断能力。计算机的内部操作和运算是在程序控制下自动进行的。

电子模拟计算机：是一种用连续变化的模拟量（如电压、长度、角度来模仿实际所需要计算的对象）作为运算量的计算机。现在已很少使用和见到。

数模混合计算机：兼有数字和模拟计算机的优点，也就是说，既可以接收、处理和输出数字量，也可以接收、处理和输出模拟量。

（2）按计算机的应用范围进行分类。

可分为通用计算机和专用计算机。

通用计算机：用于解决各类问题而设计的计算机。通用计算机既可以进行科学和过程计算，又可用于数据处理和工业控制等。特点：用途广泛、结构复杂。

专用计算机：为某种特定目的而设计的计算机。例如用于数控机床、轧钢控制、银行存款等的计算机。特点：针对性强、效率高、结构比通用计算机简单。

（3）按计算机的规模和处理能力进行分类。

可分为巨型机、大型机、中型机、小型机、微型机、工作站等。其分类方法主要是按计算机的体积、字长、运算速度、存储容量、外部设备、输入输出能力等主要技术指标来进行划分。

1.1.2　计算机的主要特点

1. 自动控制能力

计算机是由程序控制其操作过程的。只要根据应用的需要，事先编制好程序并输入计算机，计算机就能自动、连续地工作，完成预定的处理任务。计算机中可以存储大量的程序和数据。存储程序是计算机工作的一个重要功能，这是计算机能自动处理的基础。

2. 高速运算能力

现代计算机的运算速度最高可达每秒千亿次，即使是个人计算机，运算速度也可达到每秒几千万到几亿次，远高于人的计算速度。

3. 很强的记忆能力

计算机拥有容量很大的存储装置，它不仅可以存储处理中所需要的原始数据信息、处理的中间结果以及最后结果，还可以存储指挥计算机工作的程序。计算机不仅能保存大量的文字、图像、声音等信息资料，还能对这些信息进行加工处理、分析和重新组合，以满足应用中对这些信息的需要。

4. 很高的计算精度

由于在计算机内可以通过程序设计使计算精度得以改变，因此只要改进算法技巧，就可以使其计算精度越来越高。

5. 逻辑判断能力

计算机能够进行逻辑判断，并根据逻辑运算的结果选择相应的处理，即具有逻辑判断能力。当然，计算机的逻辑判断能力是在软件编制时就预先定义好的，软件编制时没有考虑到的问题，计算机也就无能为力了。

6. 通用性强

计算机能够在各行各业得到广泛的应用，原因之一就是它的可编程性。计算机可以将任何复杂的信息处理任务分解成一系列的基本算术和逻辑运算，反映在计算机的指令操作中，利用按照各种规律执行的先后次序把它们组织成各种不同的程序，存入存储器中，在工作过程中，利用这种存储指挥和控制计算机进行自动快速的信息处理，并且十分灵活、方便，易于变更，这就使计算机具有极大的通用性。同一台计算机，只要安装不同的软件或连接到不同的设备上，就可以完成不同的任务。

1.1.3　计算机的主要应用

计算机具有运算速度快、计算精度高、通用性强、存储和判断能力以及自动控制能力强等特点，从而决定了计算机的应用是非常广泛的，主要应用领域有如下八个方面：

1. 科学计算

科学计算是计算机最早应用的领域。利用计算机可以解决在科学技术和工程设计中的大量繁杂且人力难以完成的计算问题。由于计算机具有很高的运算速度和精度，使得过去以手工计算几年、几十年才能完成的工作，现在只需要几分钟、几小时，最多几天即可完成。例如卫星轨道的计算、飞机制造、天气预报、地质数据处理、建筑结构受力分析等。

2. 信息管理

利用计算机管理各种形式的数据资料，按不同的要求归纳、整理、分析统计，向使用者提供信息存储、查询、检索等服务，例如库存管理、财务管理、成本核算、图书检索等。

信息管理是目前计算机应用最广泛的一个领域，近年来许多单位开发了适合本部门需求的管理信息系统（MIS）。通过计算机网络，实现了信息的传输和共享，提高了信息的利用率。例如铁路民航的异地订票、股票交易、银行账目管理等。

3. 过程控制

利用计算机可以进行生产过程的数据自动采集、相关设备工作状态的监测控制，实现自动化操作等。例如数控机床、自动化生产线、导弹控制等。

过程控制在生产中的应用，使得劳动强度得以减轻，提高了劳动生产率，在节省原材料、提高产品质量等方面产生了显著的经济效益。

4. 辅助系统

计算机在辅助系统方面的应用主要包括以下几个方面：

计算机辅助设计（CAD）：利用计算机帮助设计人员进行设计，如机械设计、建筑设计、服装设计等。计算机辅助设计不但提高了设计速度，同时还提高了设计质量。

计算机辅助制造（CAM）：利用计算机进行生产设备的管理、控制与操作。

计算机辅助测试（CAT）：利用计算机进行复杂、大量的测试工作。

计算机辅助教学（CAI）：利用计算机帮助教师进行教学活动，利用多媒体技术可以使枯燥的书本教学变得生动形象、图文并茂，提高学生的学习热情。

5. 网络通信

利用计算机网络实现信息传送、交换、传播，例如电子邮件（E-mail）、电子数据交换（EDI）等。

网络通信的应用加速了社会信息化的进程，出现了"信息高速公路"。"信息高速公路"就是由通信网络、多媒体联机数据库以及网络计算机组成的一体化高速网络，向人们提供图、文、声、像信息的快速传输服务，并实现信息资源的高度共享。

6. 多媒体应用

多媒体技术能把文字、声音、图形、图像、音频、视频、动画等不同的媒体信息有机地结合起来，借助计算机的数字化技术和人机交互技术进行集成化处理，提供丰富的信息表现形式。多媒体技术被广泛应用于电子出版、教学、休闲娱乐等方面。

7. 办公自动化

利用现代通信技术、办公自动化设备和计算机系统使办公室事务处理实现综合自动化（OA）。

办公自动化系统（OA 系统）包括信息采集、信息加工、信息存取等组成部分，具有文字处理、文件管理、行政管理、信息交流、决策支持和图像处理等功能。

办公自动化技术与计算机网络技术的结合与发展，将促使传统的办公方式向家庭化、异地化方向发展，对人们的办公方式将产生重要的影响。

8. 人工智能

人工智能是指利用计算机来模仿人的高级思维活动，如智能机器人、专家系统等。这是计算机应用中最诱人也是难度最大且需要研究课题最多的领域。

1.1.4　计算机基本组成与工作原理

1. 计算机系统的基本组成

计算机系统由硬件系统（简称硬件）和软件系统（简称软件）两部分组成。硬件系统是指构成计算机的各种物理装置，是看得见、摸得着的器件，是计算机赖以工作的物质基础。软件系统是指在硬件设备上运行的各种程序（用于控制计算机执行各种动作，以便最终完成指定任务的指令序列），以及相关文档的集合，如图 1—2 所示。

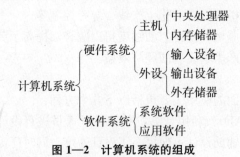

图 1—2　计算机系统的组成

　　计算机的硬件是指机器部分，它包括主机和外部设备（简称外设）；软件是指系统的语言和程序部分。硬件和软件是一个不可分割的整体，如果说硬件是工具，那么软件则是使用工具的方法。

2. 硬件系统的组成

　　1946 年冯·诺依曼提出了"存储程序原理"，奠定了计算机的基本结构和工作原理的技术基础。

　　"存储程序原理"的主要思想是：将程序和数据存放到计算机内部的存储器中，计算机在程序的控制下一步一步进行处理，直到得出结果。

　　"存储程序原理"对计算机的发展产生了巨大而深远的影响，此后的计算机几乎都是按照此原理设计的，因此人们通常称现代电子计算机为"冯·诺依曼机"。冯·诺依曼结构计算机由五大部分构成，如图 1—3 所示。

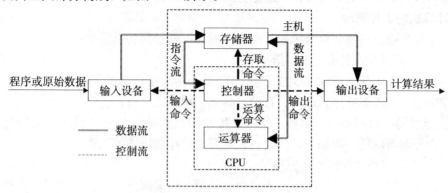

图 1—3　计算机系统的基本硬件结构

注：

（1）实线代表数据流，虚线代表控制流，计算机各部件间的联系是通过信息流来实现的。

（2）原始数据和程序通过输入设备送入存储器，在运算器处理过程中，数据从存储器读入运算器进行运算，运算结果再存入存储器，必要时再经输出设备进行输出。

（3）指令也以数据的形式存储在存储器中，运算时，指令由存储器送入控制器，由控制器控制各部件的工作。

　　计算机五大组成部分的功能如下：

　　（1）运算器。

　　运算器是计算机进行算术运算和逻辑运算的主要部件，是计算机的主体。在控制器的控制下，运算器接收待运算的数据，完成程序指令指定的基于二进制数的算术运算或逻辑运算。

　　（2）控制器。

　　控制器是计算机的指挥控制中心。控制器从存储器中逐条取出指令、分析指令，然后根据指令要求完成相应的操作，产生一系列控制命令，使计算机各部分自动、连续并协调动作，成为一个有机的整体，实现程序和数据的输入并进行运算，并将结果输出。

　　（3）存储器。

　　存储器是用来保存程序和数据，以及运算的中间结果和最后结果的记忆装置。

　　计算机的存储系统可以分为以下两大类：

　　❋ 内部存储器（简称内存或主存储器），存放将要执行的指令和运算数据，容量较小，但存取速度快。

❈ 外部存储器（简称外存或辅助存储器），容量大、成本低，但存取速度慢，用于存放需要长期保存的程序和数据。

当存放在外存中的程序和数据需要处理时，必须先将它们读到内存中，才能进行处理。

（4）输入设备。

输入设备是用来完成输入功能的部件，即向计算机送入程序、数据以及各种信息的设备。常用的输入设备有键盘、鼠标、扫描仪、磁盘驱动器和触摸屏等。

（5）输出设备。

输出设备是用来将计算机处理的中间结果及处理后得到的最后结果进行表现的设备。常用的输出设备有显示器、打印机、绘图仪和磁盘驱动器等。

3. 计算机的工作原理

冯·诺依曼提出的现代计算机的基本工作原理可概括为如下要点：

❈ 采用二进制形式表示数据和指令；

❈ 由指令组成的程序和待处理的数据一起预先存入主存储器（内存），工作时控制器按照程序中指令的逻辑顺序，连续、自动、高速、顺序地执行；

❈ 由运算器、控制器、存储器、输入设备和输出设备五个基本部件组成的计算机硬件系统，在控制器的统一控制下，协调一致地完成程序所描述的工作；

❈ 其核心思想是"存储程序原理"。

在一台计算机中，硬件和软件是不可缺少的两个组成部分。硬件是组成计算机系统的各部件的总称，它是计算机快速、可靠、自动工作的物质基础，是计算机系统的执行部分。软件是在硬件上运行的各种程序，用于控制计算机执行各种动作，以便最终完成指定任务的指令序列。没有配备软件的计算机称为"裸机"，裸机什么也不能干。

1.2　计算机中的信息表示

1.2.1　数制的概念

在介绍信息在计算机中的表示方法前，我们先了解几个与数制有关的概念。

1. 数制的概念

数制是用一组固定的数字和一套统一的规则来表示数目的方法。

进位计数制是按照进位方式计数的数制。如十进制在运算中遵循"逢十进一，借一当十"的原则；二进制则遵循"逢二进一，借一当二"的原则。

除了十进制和二进制外，常用的还有八进制和十六进制。

2. 基数的概念

基数是指在某进制中允许选用的基本数码的个数。每一种进制都有固定数目的计数符号（也被称为数码）。举例如下：

十进制：基数为 10，共有 10 个计数符号分别为 0，1，2，3，4，5，6，7，8，9。

二进制：基数为 2，共有 2 个计数符号分别为 0 和 1。

八进制：基数为 8，共有 8 个计数符号分别为 0，1，2，3，4，5，6，7。

十六进制：基数为 16，共有 16 个计数符号分别为 0，1，2，3，4，5，6，7，8，9，A，B，C，D，E，F。其中 A~F 分别对应十进制的 10~15。

3. 位权的概念

各进制的计数符号因其所处位置不同，其代表的值也是不同的。

如十进制中的数字"3"，它在十位数位置上表示"30"，在百位数上表示"300"，而在小数点后 1 位时表示"0.3"。

由此可见，每个数码所表示的数值等于该数码乘以一个与数码所在位置相关的常数，这个常数就称为位权。

如在十进制中，$30=3×10^1$（十位上的位权为 10）；$300=3×10^2$（百位上的位权为 100）。

位权大小的确定是以进制的基数为底，将数码所在位置的序号作为指数的整数次幂。

序号的确定有以下规定：以小数点为界，小数点左侧第 1 位序号为 0，小数点左侧第 2 位序号为 1，依次向左序号分别为 2，3，…；小数点右侧第 1 位序号为−1，小数点右侧第 2 位序号为−2，依次向右为−3，−4，…。

由此我们得到，各进制位权的确定方法。先以十进制为例进行说明，首先确定基数为 10，对于整数部分（小数点左侧）从右向左，每一位对应的位权值依次为 10^0，10^1，10^2，10^3，…；而小数部分（小数点右侧）从左向右，每一位对应的位权值依次为 10^{-1}，10^{-2}，10^{-3}，…。

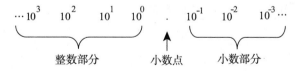

而在二进制中各位上的位权确定方法如下：首先确定基数为 2，对于整数部分（小数点左侧）从右向左，每一位对应的位权值依次为 2^0，2^1，2^2，2^3，…；而小数部分（小数点右侧）从左向右，每一位对应的位权值依次为 2^{-1}，2^{-2}，2^{-3}，…。

结论：不同的进制由于进位的基数不同，各位的权值是不同的。

1.2.2 常用的进位计数制

在计算机内部，一切信息的存取、处理和传送都是以二进制编码形式进行的。二进制是计算机信息表示、存储的基础。

计算机采用二进制主要有下列原因：

❋ 二进制数只表示 0 和 1 两个状态，技术上容易实现。

❋ 二进制数运算规则简单。

❋ 二进制数的 0 和 1 与逻辑代数的"逻辑真"和"逻辑假"相吻合，适合于计算机进行逻辑运算。

❋ 二进制数与十进制数之间的转换不复杂，容易实现。

常用的进位计数制有：十进制数、二进制数、八进制数、十六进制数。

1. 十进制数

十进制数是日常生活中最常见的进位计数制。

其特点是：基数是 10；有 0，1，2，3，4，5，6，7，8，9 十个数码；运算时遵循"逢十进一，借一当十"的原则。

【例 1—1】 将十进制数 132.75 按位权展开。

$$(132.75)_{10} = 1 \times 10^2 + 3 \times 10^1 + 2 \times 10^0 + 7 \times 10^{-1} + 5 \times 10^{-2}$$

注　意 小数点左边第一位的位权是 10^0，而不是 10^1。

为了便于表示和区别各进制数，通常在进制数的右下角标注该进制数的基数，如 $(123)_8$ 表示八进制数 123。

2. 二进制数

计算机内部采用二进制数进行运算、存储和控制。

其特点是：基数是 2；有 0 和 1 两个数码，所有的数据都由它们的组合来实现；运算时遵循"逢二进一，借一当二"的原则。

【例 1—2】 计算 $(10011)_2 + (11001)_2$ 和 $(11011)_2 - (10011)_2$。

```
    1 0 0 1 1          1 1 0 1 1
  + 1 1 0 0 1        - 1 0 0 1 1
  ─────────          ─────────
  1 0 1 1 0 0          1 0 0 0
```

3. 八进制数

其特点是：基数是 8；有 0，1，2，3，4，5，6，7 八个数码；运算时遵循"逢八进一，借一当八"的原则。

【例 1—3】 计算 $(25371)_8 + (17625)_8$ 和 $(45216)_8 - (25371)_8$。

```
    2 5 3 7 1          4 5 2 1 6
  + 1 7 6 2 5        - 2 5 3 7 1
  ─────────          ─────────
    4 5 2 1 6          1 7 6 2 5
```

4. 十六进制数

其特点是：基数是 16；有 0，1，2，3，4，5，6，7，8，9，A，B，C，D，E，F 十六个数码；运算时遵循"逢十六进一，借一当十六"的原则。

其中 A~F 与十进制数对应关系如下：

$(A)_{16}$ — $(10)_{10}$　　　$(B)_{16}$ — $(11)_{10}$

$(C)_{16}$ — $(12)_{10}$　　　$(D)_{16}$ — $(13)_{10}$

$(E)_{16}$ — $(14)_{10}$　　　$(F)_{16}$ — $(15)_{10}$

【例1—4】　计算 $(A436D)_{16} + (2F7DE)_{16}$ 和 $(D3B4B)_{16} - (2F7DE)_{16}$。

```
  A 4 3 6 D              D 3 B 4 B
+ 2 F 7 D E            - 2 F 7 D E
-----------           -----------
  D 3 B 4 B              A 4 3 6 D
```

前面我们讲到在计算机中采用二进制数进行运算，可是二进制数在书写时位数较长，很容易出错，因此常用八进制、十六进制进行书写。如：$(256)_{10} = (100000000)_2$

通常使用各进制数的英文单词的第一个字母来标识数制，将该大写字母放在进制数的最后。

D：表示十进制数，如 25 可写成 25D 或 25_{10}（如无特别说明，未加任何标识的进制数默认为十进制数）；

B：表示二进制数，如二进制数 11101 可写成 11101B 或 11101_2；

Q：表示八进制数，如八进制数 57 可写成 57Q 或 57_8；

H：表示十六进制数，如十六进制数 9F 可写成 9FH 或 $9F_{16}$。

表1—2 给出了常用整数的各数制间的对应关系。

表1—2　　　　十进制数、二进制数、八进制数和十六进制数对照表

十进制	二进制	八进制	十六进制
0	0000	0	0
1	0001	1	1
2	0010	2	2
3	0011	3	3
4	0100	4	4
5	0101	5	5
6	0110	6	6
7	0111	7	7
8	1000	10	8
9	1001	11	9
10	1010	12	A
11	1011	13	B
12	1100	14	C
13	1101	15	D
14	1110	16	E
15	1111	17	F
16	10000	20	10

1.2.3 数制间的转换

不同数制之间的转换，实质是基数间的转换。

数制间转换的一般原则：如果两个有理数相等，则两数的整数部分和小数部分一定分别相等。因此，各数制之间进行转换时，通常对整数部分和小数部分分别进行转换。

1. 二进制数、八进制数、十六进制数转换成十进制数

转换规则：按权展开（乘权求和法）。

二进制数要转换成十进制数非常简单，只需将每一位的数字分别乘以它的位权 2^n，展开后再以十进制的方法相加就可以得到它的十进制数的值。

同理，八进制数转换成十进制数、十六进制数转换成十进制数同二进制数转换成十进制数的方法相同，分别乘以相应的位权 8^n 或 16^n。

【例1—5】 将二进制数 10000100.11 转换成十进制数。

$$
\begin{aligned}
(10000100.11)_2 &= 1\times2^7 + 0\times2^6 + 0\times2^5 + 0\times2^4 + 0\times2^3 + 1\times2^2 \\
&\quad + 0\times2^1 + 0\times2^0 + 1\times2^{-1} + 1\times2^{-2} \\
&= 128 + 0 + 0 + 0 + 0 + 4 + 0 + 0 + 0.5 + 0.25 \\
&= (132.75)_{10}
\end{aligned}
$$

【例1—6】 将八进制数 204.6 转换成十进制数。

$$
\begin{aligned}
(204.6)_8 &= 2\times8^2 + 0\times8^1 + 4\times8^0 + 6\times8^{-1} \\
&= 128 + 0 + 4 + 0.75 \\
&= (132.75)_{10}
\end{aligned}
$$

【例1—7】 将十六进制数 84.C 转换成十进制数。

$$
\begin{aligned}
(84.C)_{16} &= 8\times16^1 + 4\times16^0 + C\times16^{-1} \\
&= 8\times16^1 + 4\times16^0 + 12\times16^{-1} \\
&= 128 + 4 + 0.75 \\
&= (132.75)_{10}
\end{aligned}
$$

2. 十进制数转换成二进制数、八进制数、十六进制数

十进制数转换成二进制数、八进制数、十六进制数的方法是分别转换整数和小数部分，然后将转换后得到的两部分数值用小数点进行连接，生成转换后的完整数值。

（1）整数部分的转换。

转换方法：采用"除2倒序取余"法。

具体转换步骤如下：

第一步，将十进制数的整数部分除以 2，保存余数。

第二步，若商为 0，则进行第三步，否则，用商代替原十进制数的整数部分，重复第一步。

第三步，将前面得到的所有余数依次进行排列，排列原则是最后得到的余数作为最高位，最先得到的余数作为最低位，由各余数依次排列而成的新数据就是转换后的二进制数的整数部分。

（2）小数部分的转换。

转换方法：采用"乘 2 顺序取整"法。

具体转换步骤如下：

第一步，将十进制数的小数部分乘以 2，保存整数。

第二步，若乘积的小数部分为 0 或达到满足精度要求的小数位数，则进行第三步，否则，用乘积的小数部分代替原十进制数的小数部分，重复第一步。

第三步，将前面得到的所有整数依次进行排列，排列原则是最先得到的整数作为最高位，最后得到的整数作为最低位，由各整数依次排列而成的新数据就是转换后的二进制数的小数部分。

（3）综上所述，十进制整数转换为其他进制整数的方法为："除基倒序取余"。十进制小数转换为其他进制小数的方法为："乘基顺序取整"。

【例 1—8】　将十进制数 109 转换成二进制数。

第一步，除 2 取余。

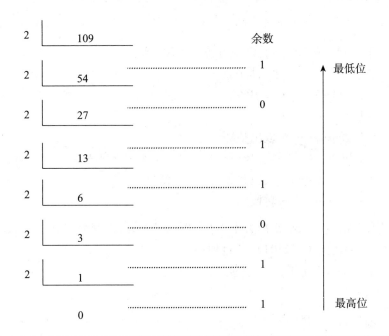

注　意　要一直除到整数部分为零为止。

第二步，倒序取余。

按照"倒序取余"的原则，得到转换后的二进制数 1101101。

第三步，验算所得结果的正确性，按权展开。

$$(1101101)_2 = 1 \times 2^6 + 1 \times 2^5 + 0 \times 2^4 + 1 \times 2^3 + 1 \times 2^2 + 0 \times 2^1 + 1 \times 2^0$$
$$= 64 + 32 + 8 + 4 + 1$$
$$= (109)_{10}$$

【例1—9】　将十进制数0.75转换成二进制数。

第一步，乘2取整。

$$
\begin{array}{r}
0.75 \\
\times \quad 2 \\
\hline
1.50
\end{array}
$$ ……………整数部分=1　｜　最高位

$$
\begin{array}{r}
0.5 \\
\times \quad 2 \\
\hline
1.0
\end{array}
$$ ……………整数部分=1　↓　最低位

> **注　意**　要一直乘到小数部分为零或达到精度要求为止。

第二步，顺序取整。

按照"顺序取整"的原则，得到转换后的二进制数0.11。

第三步，验算所得结果的正确性，按权展开。

$$(0.11)_2 = 1 \times 2^{-1} + 1 \times 2^{-2} = 0.5 + 0.25 = (0.75)_{10}$$

【例1—10】　将$(0.937)_{10}$转换成五位二进制小数。

转换过程如下：

0.937×2=1.874…………取出整数1　最高位

0.874×2=1.748…………取出整数1

0.748×2=1.496…………取出整数1

0.496×2=0.992…………取出整数0

0.992×2=1.984…………取出整数1　↓　最低位

0.984………………………转换结束

虽然第五次乘积结果的小数部分不为0，但已满足题目所要求的精度（五位小数），所以，得到转换后的数值$(0.11101)_2$为近似值。

【例1—11】　将十进制数109转换成八进制数。

第一步，除8取余。

第二步，倒序取余。

得到转换后的八进制数为155。

第三步，验算所得结果的正确性，按权展开。

$$(155)_8 = 1 \times 8^2 + 5 \times 8^1 + 5 \times 8^0 = 64 + 40 + 5 = (109)_{10}$$

【例1—12】 将十进制数 0.84375 转换成八进制数。

第一步，乘 8 取整。

$$
\begin{array}{r}
0.84375 \\
\times \quad 8 \\
\hline
6.75000 \\
\end{array}
$$ ··············整数部分=6 ｜ 最高位

$$
\begin{array}{r}
0.75 \\
\times \quad 8 \\
\hline
6.00 \\
\end{array}
$$ ··············整数部分=6 ↓ 最低位

第二步，顺序取整。

得到转换后的八进制数为 0.66。

第三步：验算所得结果的正确性，按权展开。

$$(0.66)_8 = 6 \times 8^{-1} + 6 \times 8^{-2} = 0.75 + 0.09375 = (0.84375)_{10}$$

3. 二进制数、八进制数、十六进制数间的相互转换

（1）二进制数转换成八进制数。

转换步骤如下：

第一步，将二进制数以小数点为界分成整数部分和小数部分；

第二步，整数部分从小数点左侧第一位开始，由右向左，依次每三位分成一组，最高位不足三位时可在高位补 0；

第三步，小数部分从小数点右侧第一位开始，由左向右，依次每三位分成一组，最末位不足三位时补 0；

第四步，按照分组后的每三位一组的二进制数，分别转换成对应的八进制数。

【例1—13】 将二进制数 1101001.11 转换为八进制数。

$$(001101001.11)_2 \Rightarrow 001 \quad 101 \quad 001.110 \Rightarrow (151.6)_8$$

即$(1101001.11)_2 = (151.6)_8$

（2）二进制数转换成十六进制数。

转换步骤如下：

第一步，将二进制数以小数点为界分成整数部分和小数部分；

第二步，整数部分从小数点左侧第一位开始，由右向左，依次每四位分成一组，最高位不足四位时可在高位补 0；

第三步，小数部分从小数点右侧第一位开始，由左向右，依次每四位分成一组，最末位不足四位时补 0；

第四步，最后按照分组后的每四位一组的二进制数，分别转换成对应的十六进制数。

【例1—14】 将二进制数 1101110.10 转换为十六进制数。

$$(1101110.10)_2 \Rightarrow 0110 \quad 1110.1000 \Rightarrow (5E.8)_{16}$$

即$(1101110.10)_2 = (5E.8)_{16}$

（3）八进制数转换成二进制数。

转换步骤如下：

第一步，把八进制数的每一位数均转换为对应的三位二进制数；

第二步，不足三位的在前面补0。

【例1—15】　将八进制数573.26转换为二进制数。

$$
\begin{array}{ccccccc}
5 & 7 & 3 & . & 2 & 6 \\
\downarrow & \downarrow & \downarrow & & \downarrow & \downarrow \\
101 & 111 & 011 & . & 010 & 110
\end{array}
$$

即 $(573.26)_8 = (101111011.010110)_2$

（4）十六进制数转换成二进制数。

转换步骤如下：

第一步，把十六进制数的每一位数转换为对应的四位二进制数；

第二步，不足四位的在前面补0。

【例1—16】　将十六进制数2FD.6转换为二进制数。

$$
\begin{array}{ccccc}
2 & F & D & . & 6 \\
\downarrow & \downarrow & \downarrow & & \downarrow \\
0010 & 1111 & 1101 & . & 0110
\end{array}
$$

即 $(2FD.6)_{16} = (001011111101.0110)_2$

通常为了简化运算，在将八进制数、十六进制数转换为十进制数时可以借助二进制数作为中间转换过程。转换可分以下两步完成：

第一步，将待转换的八进制或十六进制数转换成二进制数；

第二步，将二进制数转换成十进制数。

【例1—17】　将八进制数72.4转换成十进制数。

$$
\begin{aligned}
(72.4)_8 &= (111010.100)_2 \\
&= 1 \times 2^5 + 1 \times 2^4 + 1 \times 2^3 + 1 \times 2^1 + 1 \times 2^{-1} \\
&= 32 + 16 + 8 + 2 + 0.5 \\
&= (58.5)_{10}
\end{aligned}
$$

【例1—18】　将十六进制数9E.C转换成十进制数。

$$
\begin{aligned}
(9E.C)_{16} &= (10011110.1100)_2 \\
&= 1 \times 2^7 + 1 \times 2^4 + 1 \times 2^3 + 1 \times 2^2 + 1 \times 2^1 + 1 \times 2^{-1} + 1 \times 2^{-2} \\
&= 128 + 16 + 8 + 4 + 2 + 0.5 + 0.25 \\
&= (158.75)_{10}
\end{aligned}
$$

1.2.4　计算机中的数据及编码

1. 数据和信息的基本概念

信息是人们由客观事物得到的，使人们能够认知客观事物的各种消息、情报、数字、信号、图形、图像、语音等所包括的内容。

数据是指那些未经加工的事实或是对某种特定现象的描述，即人们为了反映客观世界而记录下来的可以识别的符号。它既可以是字母、数字或其他符号，也可以是图像、声音或视频。例如，当前的空气湿度，一个产品的售价，某工厂的员工姓名、岗位工资、产品库存数量、销售订单等。因此，对计算机而言，数据是指能够使其处理的经过数字化的信息。

信息与数据既有联系又有区别，数据是人们为了反映客观事物而记录下来的可以识别的符号；信息则是对数据进行提炼、加工的结果，是对数据赋予了一定意义的解释。信息不随承载它的实体形式的改变而变化；数据则不然，随着载体的不同，数据的表现形式也可以不同。

总之，信息和数据是两个不可分割的概念，信息需以数据的形式来表征，对数据进行加工处理，又可得到新的数据，新数据经过解释往往可以得到更新的信息。但在一些非严格的场合，人们常将二者视为同义。例如数据处理又可称为信息处理，数据管理亦可称为信息管理等。

2. 数据的单位

在计算机中数据的常用单位有位、字节和字。

位（bit，也称为比特，常用"b"表示）：计算机中所有的数据都是以二进制来表示的，一个二进制代码称为一位，记为 1bit。位是计算机中最小的数据单位。

字节（Byte，常用"B"表示）：是信息的基本单位。在对二进制数据进行存储时，以八位二进制代码为一个单元存放在一起，称为一个字节，记为 1Byte。字节是计算机中次小的存储单位，也是用来表示计算机存储容量大小的单位。

1Byte＝8bit

> 注 意　位是计算机中最小的数据单位，字节是计算机中基本的信息存储单位。

字（word）：字由若干个字节组成，常用来表示数据或信息的长度，是计算机操作、传送或存储的一组二进制数（指令数据）。

字长：是指每个字所包含的二进制位数，即在 CPU 中每个字所包含的二进制代码的位数。例如如果一个字由两个字节（即 16 位）组成，那么字长为 16 位。字长是衡量计算机性能的一个重要指标。字长越长则运算速度越快、处理信息越多、计算准确度越高。如果一台计算机以 32 位（4 个字节）为单位存放一条指令，就称这台计算机的字长为 32 位。

容量：是衡量计算机存储能力的一个指标，主要指存储器所能存储信息的字节数。常用的容量单位有 B、KB、MB、GB，它们之间的关系如下：

1KB＝1 024B＝2^{10}B

1MB＝1 024KB

1GB＝1 024MB

1TB＝1 024GB

3. 字符编码

计算机不仅能进行数值型数据的处理，而且还能对非数值型的数据进行处理。最常见的非数值型数据就是字符。

字符在计算机中也是用二进制数表示的，每个字符对应一个二进制数，称为该字符的二进制编码。

不同计算机上的字符编码应是一致的，这样便于信息交换。目前计算机中普遍采用的是 ASCII 码（American Standard Code for Information Interchange，即美国信息交换标准码），它由美国国家标准局制定，后来被国际标准化组织（ISO）采纳，成为一种国际通用的信息交换代码。

（1）ASCII 码。

ASCII 码由 7 位二进制数组成，并能表示 128（$2^7 = 128$）个字符数据，包括常用的英文字母、数字、标点符号、算术运算符号以及控制符等。

ASCII 码是 7 位二进制编码，但计算机是以字节为单位进行信息处理的。为了方便计算机处理，一般将 ASCII 码的最高位前增加一位 0，这样就构成了一个字节。

一个字节（即 8 位）可以代表一个数字、一个字母或一个特殊符号。如字母 A、B 的 ASCII 码的二进制编码及其对应的十进制数值。

字母	$(b_7$	b_6	b_5	b_4	b_3	b_2	b_1	$b_0)$	十进制数值
A	0	1	0	0	0	0	0	1	65
B	0	1	0	0	0	0	1	0	66

若用一个字节表示 ASCII 码，则又可多表示 128 个字符，这些字符称为扩充 ASCII 码（包含希腊字符和制表符号）。7 位 ASCII 码也称为基本 ASCII 码。每个基本 ASCII 字符占一个字节，由 8 位编码组成，最高位为 0。

常用的 ASCII 码字符有 128 个，编码从 0 到 127，可分为控制字符和普通字符两种。

※ 控制字符：编码为 0～31 和 127，共 33 个，不可显示；

※ 普通字符：共 95 个，分别表示 10 个阿拉伯数字、52 个大小写英文字母、33 个运算符。

要记住几个常见字符的 ASCII 码值："A"为 65；"a"为 97；"0"为 48，见表 1—3。

表 1—3   ASCII 码表

字符	范　　围	
	十六进制数值	十进制数值
空格	20H	32
0～9	30H～39H	48～57
A～Z	41H～5AH	65～90
a～z	61H～7AH	97～122

（2）汉字编码。

汉字也是一种字符数据，在计算机中同样也用二进制数进行表示。计算机在处理汉字信息时，必须将汉字转化为二进制代码，即对汉字进行编码。

由于汉字具有特殊性，计算机在处理汉字信息时，在汉字的输入、存储、处理及输出过程中所使用的汉字代码是不相同的，其中有用于汉字输入的输入码，用于机内存储和处理的机内码，用于输出显示和打印的字模点阵码（或称字形码），也就是说，在汉字处理中需要进行汉字输入码（外码）、汉字机内码、汉字字形码的三码转换。

我国采用国标码（GB 2312）作为汉字机内码。GB 2312—1980 规定：一个汉字由两个字节组成，每个字节只用后 7 位。计算机在处理汉字时，不能直接使用国标码，而是将最高位置成 1，变换成汉字机内码后再进行处理。这是为了区别汉字码和 ASCII 码，当最高位是 0 时，表示为字符的 ASCII 码，当最高位是 1 时，表示为汉字码。

1.3 微型计算机的硬件组成

微型计算机也称为个人计算机或 PC 机，具有小巧玲珑、性能稳定、价格低以及对环境无特殊要求等特点。主要由主机、显示器、键盘等组成（见图 1—4）。

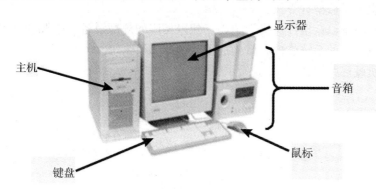

图 1—4 微型计算机的组成

1.3.1 微型计算机概述

首先我们介绍一下微型计算机的发展历史。1971 年 Intel 公司使用大规模集成电路（LSI）率先推出微处理器 4004，成为计算机发展史上的新里程碑。

微型计算机的字长从 4 位、8 位、16 位、32 位至 64 位迅速增长，速度越来越快，容量越来越大，其性能已赶上甚至超过 20 世纪 70 年代的中、小型机。

微型计算机（简称微型机）自 20 世纪 70 年代诞生以来，至今已经历了 3 代演变，并进入了第四代。微型计算机的换代是按其 CPU 的字长和功能进行划分的，见表 1—4。

表 1—4　　微型计算机的发展历史

发展时期	代　表
第一代(1971—1973 年)：4 位或低档 8 位微处理器和微型机	美国 Intel 公司 4004 微处理器以及由它组成的 MCS—4 微型计算机
第二代(1973—1978 年)：中档 8 位微处理器和微型机	美国 Intel 公司 8080、Motorola 的 MC6800
第三代(1978—1983 年)：16 位微处理器和微型机	美国 Intel 公司 8086、Z8000 和 MC68000
第四代(1983 年以后)：32 位高档微型机	美国 Intel 公司 80386、80486 等，以及 Pentium(奔腾)系列

1.3.2　微型计算机的基本结构

1. 微型计算机的组成

微型计算机的硬件与传统的计算机硬件并无本质区别，也是由运算器、控制器、内存储器（主存储器）、输入设备和输出设备等五个主要部分组成。它们的不同之处在于，微型计算机把运算器和控制器集成在一个大规模集成电路芯片上，构成了中央处理器 CPU（也称微处理器）。

以 CPU 为核心，再加上内存储器、输入/输出接口芯片、系统总线以及必需的输入/输出设备，便组成了微型计算机。

微型计算机系统以微型计算机为中心，配以相应的外部设备、电源和辅助电路，以及指挥微型计算机工作的系统软件，就构成了微型计算机系统。

微型计算机硬件系统如图 1—5 所示。

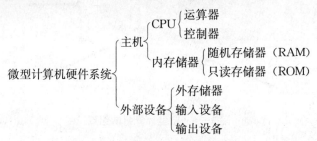

图 1—5　微型计算机硬件系统组成

微型计算机的结构如图 1—6 所示。

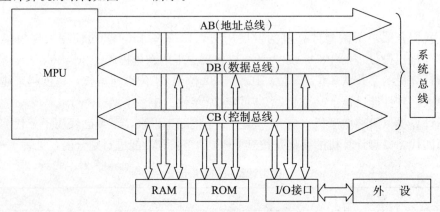

图 1—6　微型计算机的结构框图

在图 1—6 中，微型化的中央处理器称为微处理器（MPU），包括运算器和控制器，它是微型计算机系统的核心；ROM 和 RAM 是内存储器；微处理器送出三组总线，即地址总线（AB）、数据总线（DB）和控制总线（CB）。各部分通过这三组总线连接在一起。微处理器和内存储器构成了微型计算机的主机。此外还有外设，包括外存储器、输入设备和输出设备等。

计算机硬件的基本功能是接收计算机程序的控制来实现数据输入、运算、数据输出等一系列操作。

计算机的制造技术从计算机出现到今天已发生了巨大的变化，但基本的硬件结构还一直沿袭冯·诺依曼的传统框架，即计算机硬件系统由控制器、运算器、存储器、输入设备和输出设备五大基本部件构成。

微型计算机五大基本部件的功能如下：

❀ 输入设备：负责把用户的信息（程序和数据）输入到计算机中；

❀ 输出设备：负责将计算机中的信息（程序和数据）传送到外部介质，供用户查看或保存；

❀ 存储器：负责存储数据和程序，并根据控制命令提供这些数据或程序，它包括内存储器和外存储器；

❀ 运算器：负责对数据进行算术运算和逻辑运算（即对数据进行加工处理）；

❀ 控制器：对程序所规定的指令进行分析，控制并协调输入、输出操作或对内存的访问。

2. 微型计算机的硬件构成

（1）主板。

主板是主机箱中的一块印刷电路板，上面有 CPU、内存储器、输入/输出控制电路、键盘接口、磁盘接口、电源接口等（见图 1—7）。为了与外设连接，主板上还有若干个扩展槽，可插入与不同外设连接的接口电路板（即适配器，简称接口卡），如显示器卡、声卡等（见图 1—8）。CPU、主存储器以及所有扩展槽之间通过总线连接。

图 1—7　主板

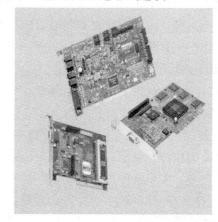

图 1—8　各种接口卡

（2）中央处理器（CPU）。

中央处理器是由一片或几片大规模集成电路组成的，由运算器和控制器两部分组成，又称微处理器，是计算机系统的核心硬件（见图 1—9）。

运算器的主要功能是对二进制编码进行算术运算（加、减、乘、除等）和逻辑运算。

控制器是整个计算机的控制指挥中心。它的功能是负责从存储器中取出指令，确定指令的类型并对指令进行译码，控制整个计算机系统按步骤完成各种操作。

CPU 是计算机的核心部件，因此常以 CPU 的类型来衡量计算机的性能。

CPU 的技术指标有主频和字长。主频是指 CPU 的时钟频率，它在很大程度上决定了主机的工作速度，如 Intel PIII 700，表示该 CUP 芯片的主频是 700MHz。字长是指计算机一次所能处理数据的最大位数，微型计算机按字长可分为 8 位机、16 位机、32 位机、64 位机。

（3）存储器。

存储器分为内存储器和外存储器。

内存储器也称为主存储器（简称内存），是计算机的主要组成部件之一。用来存放正在运行的程序或正在处理的数据。它的特点是速度快，但容量有限。

外存储器简称外存，用于存放备用的程序和数据。它的特点是存储容量大，但存取速度比内存低。常用的外存有磁盘机、磁带机、光盘机等。

1）内存储器。

内存储器被划分为许多存储单元，每个存储单元存放一个字节的信息。为了区分、识别存储单元，每个存储单元都有一个唯一的编号，称为存储单元地址或内存地址。

图 1—9　CPU 芯片

内存中所有存储单元的总数称为内存储容量，以字节为单位，常用的单位还有 KB、MB、GB 或 TB。

内存容量是反映计算机性能的一个很重要指标，目前常用的微机内存容量有 128MB、256MB、512MB、1GB、2GB 等，也有高达 4GB 的。

内存储器按性质可分为以下两大类：

❀ 随机存取存储器（RAM）：计算机工作时，RAM 中的数据可以随时读出和写入。RAM 主要用于存放待处理的数据，开机工作时，程序和数据调入 RAM 中执行，见图 1—10。由于 RAM 用半导体器件制成，关机或停电时，RAM 中的数据信息将丢失。

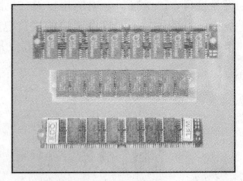

图 1—10　RAM

❀ 只读存储器（ROM）：其中的内容是在生产 ROM 时由生产厂家写入的，不能被重写或修改，用于存放固定的程序或数据（如计算机的启动程序、自检程序等）。计算机开机工作后，只能读出，不能写入。关机或停电时，ROM 中的内容不会丢失。

此外，高速缓冲存储器（Cache）用来协调 CPU 和 DRAM（动态随机存储器）之间的速度差。

2）外存储器。

外存的信息存储量大，但由于存在机械运动问题，所以存取速度要比内存慢得多。

由于外存具有很大的存储容量，因此它可以存放大量信息代码。如开机后需要立即启动的操作系统、用户的应用软件以及数据等。

由于外存是计算机存放备用程序和数据的，外存中存放的程序或数据必须调入内存后，才能被执行和处理。

常用的外存储器有硬盘、软盘、光盘和磁带等。下面仅介绍前三种。

❀ 硬盘。

硬盘是在金属盘片上涂以磁性材料，通过对磁性材料磁化后的剩磁状态来存储二进制信息的存储设备（见图 1—11）。硬盘主要由磁盘、驱动装置、磁头和读/写控制电路组成，密封装配，不能随意拆卸。磁盘安装在微型计算机的机箱内，通过扁平电缆线与主板连接。

图 1—11　硬盘

硬盘的特点是数据存储密度大、速度快。

硬盘的盘片分成许多同心圆，称为磁道。磁道由外向里顺序编号，即 0 道、1 道等；每个磁道又分为若干段，称为扇区，也是顺序编号；每个扇区一般存储 512 个字节的信息。硬盘就是采取这样的格式记录信息的。

随着计算机技术的飞速发展，硬盘存储容量从 10MB 发展到 320GB，甚至 500GB 或更大。

磁盘的读写以扇区为单位，通过盘面号、磁道号和扇区号寻址，一次至少读写 512 个字节。

新的硬盘在使用前需要格式化，但使用中的硬盘不能随便格式化，否则将丢失全部数据。

❀ 软盘。

软盘是在塑料盘片上涂以磁性材料制作而成的（见图 1—12）。通过磁盘驱动器（简称软驱）来读写信息。软盘可以从软驱中取出，放到其他的计算机中使用。

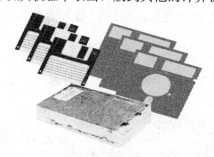

图 1—12　软盘

软盘的记录格式与硬盘相同，信息也是分道分区存放。

目前常用的软盘是 3 寸盘（3.5 英寸），容量为 1.44MB。

软盘驱动器是将驱动装置、磁头、读/写控制电路装配在一起，安装在机箱内，通过扁平电缆线与主板相连的设备，负责向软盘中写入或从软盘中读出数据。

❄ 光盘。

光盘的读写原理与磁介质存储器完全不同，它是根据激光原理设计的一套光学读写设备。

光盘的优点是存储密度高、存取速度快、存储容量大（600MB 左右）、数据保存时间长及安全可靠。

光盘主要有两种：CD-ROM（只读光盘，见图 1—13）和 CD-RW（可重写光盘，刻录光驱）。

图 1—13　CD-ROM

CD-ROM 的标准容量为 680MB，双速驱动器的速度为 30KB/秒。

VCD（Video CD）是用来存放采用 MPEG 标准编码的全动态图像及其相应声音的数据光盘，它可以在一张普通的光盘上记录 70 分钟的全屏幕活动音频和视频数据及相关的处理程序。

VCD 的特点是体积小，价格便宜，且有很好的音频和视频质量和很好的兼容性，在普通的 CD-ROM 驱动器上就能播放。

❄ U 盘。

U 盘，中文全称"USB（通用串行总线）接口的闪存盘"，英文名"USB Flash Disk"。它是一种无需物理驱动器和外接电源的微型高容量移动存储设备，可以通过 USB 接口与计算机连接，实现即插即用。由于它具有存取速度快，便于携带等优点而被广泛使用。

（4）常用输入设备和输出设备。

1）输入设备。

输入设备的作用是接受操作者向计算机提供的原始信息，如文字、图形、图像、声音等，将其转变为计算机能识别和接收的信息形式，并存入存储器中。

常用的输入设备有键盘、鼠标、扫描仪、触摸屏、游戏杆等。

❄ 键盘。

键盘是微型计算机最常用的设备，是用户用来输入命令、程序、数据的主要输入设备。

常用的标准键盘按键个数有 101 键和 104 键两种（见图 1—14）。键盘从内部结构可以分为机械式键盘和电容式键盘两种。电容式键盘是目前被广泛应用的键盘类型，按键多采

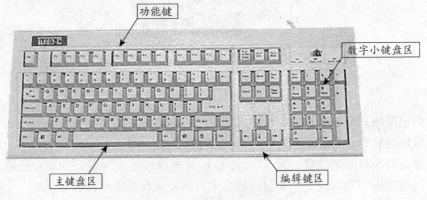

图 1—14　键盘（104 键）

用电容式无触点开关。

键盘上的常用键见表 1—5。

表 1—5　　　　　　　　　　　　　键盘上常用键的功能

按　　键	功　　能	按　　键	功　　能
Esc	退出和终止	Shift	选择双排键的上排字符
Caps Lock	英文大小写切换	Enter	回车换行
←↑→↓	移动光标	Space	空格
BackSpace	删除光标左侧字符	Ctrl＋Space	中英文输入状态切换
Delete	删除光标右侧字符	Ctrl＋Shift	中文输入法切换
Print Screen	屏幕拷贝		

❋ 鼠标。

鼠标也是一种常用的输入设备，是快速输入设备，可以取代键盘的光标移动键。鼠标在桌面或专用平板上滑动时，光标在屏幕上同步移动，光标位置确定后可按鼠标上的确认键，进行选择或定位，能方便、准确、快速地进行操作。

一般鼠标有左、右两个键，一些鼠标有左、中、右三个键，大部分操作使用左键，根据不同软件要求有时使用右键。

鼠标的操作可分为左单击、右单击、左双击及拖动四种，不同的操作可以实现不同的功能。

目前使用的鼠标有机械式和光电式两种。机械式鼠标灵敏度较低，但价格便宜（见图 1—15）；光电式鼠标灵敏度较高，但价格稍贵（见图 1—16）。

图 1—15　机械式鼠标　　　图 1—16　光电式鼠标

近几年还出现了无线鼠标和键盘，它们与主机之间通过红外线或"蓝牙（Blue Tooth）"等技术进行连接通信。

❋ 扫描仪。

扫描仪是一种用来输入图片资料的输入装置，有彩色和黑白两种，一般是作为一个独立的装置与计算机连接（见图 1—17）。

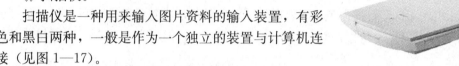

图 1—17　扫描仪

扫描仪的扫描面积一般分为 A4、A3、A1、A0 几种，以 A4 幅面为主流；扫描分辨率最高的可达 28 800dpi（点/英寸）。

2）输出设备。

输出设备的作用是把计算机处理的数据、计算结果等内部信息，转换为人们习惯接受的信息形式（如字符、曲线、图像、表格、声音等）进行输出，或转化为能被其他机器接受的形式进行输出。

常用的输出设备有显示器、打印机、绘图仪等。

❋ 显示器。

显示器用来显示计算机的运算结果、程序清单或其他用户需要的信息。当用户通过键盘输入数据时，在显示器屏幕上同步显示由键盘输入的内容。

显示器按显示颜色可分为两种：彩色显示器和黑白显示器。

显示屏规格有 14 英寸、15 英寸、17 英寸、19 英寸等。

显示器类型有 CRT 阴极射线显示器、LCD 液晶显示器等。

显示器分辨率是显示器的一项重要指标，用来衡量显示器的清晰度。显示器上显示的字符和图像由一个个像素点（Pixel，可控制的最小光点）组成，像素越密，分辨率越高，图像清晰度越高。分辨率用屏幕上 X 方向和 Y 方向总的像素点的数目表示，一般用整个屏幕上像素的列数与行数的乘积来表示分辨率，这个乘积越大，分辨率就越高。常用的分辨率有 640×480、800×600、1024×768、1 280×1 024 等。

显示卡亦称显示适配器，是驱动显示器工作的接口电路板，直接插入主板的扩展槽中。显示器通过显示卡与主机连接，为了充分发挥显示器的功能，通常配有显示驱动程序以支持显示卡工作。

显示卡的规格有：CGA（Color Graphics Adapter）标准（320×200，彩色）；EGA（Enhanced Graphics Adapter）标准（640×350，彩色）；VGA（Video Graphics Array）标准，其图形分辨率在 640×480 以上，能显示 256 种颜色，适用于高分辨率的彩色显示器；SVGA 和 TVGA 是新兴的高分辨率显示卡，分辨率在 1 024×768 以上，而且有些具有 16.7 百万种彩色，称为"真彩色"。

❋ 打印机。

打印机是计算机重要的输出设备之一，由一根打印电缆与计算机上的并口相连接，用来打印计算结果、程序清单、屏幕显示内容以及其他用户需要的信息。打印出的信息可长期保存，因此也称为硬拷贝。

打印机按打印方式分可分为两大类：击打式和非击打式。

击打式是利用机械冲击力，通过打击色带，在纸上印上字符或图形。非击打式是用电、磁、光、喷墨等物理、化学方法来印刷字符和图形。

打印分辨率是用来度量打印质量的指标，单位是"点数/英寸"，即 dpi（Dot per Inch）。

常用的打印机有针式打印机、激光打印机和喷墨打印机三种。

针式打印机利用打印针撞击色带和打印纸，由点阵构成字符或图形。目前使用最多的是 24 针打印机。其特点是价格便宜、对纸张无特殊要求，但噪声比较大，速度慢，且打印质量差。

激光打印机利用激光与电子照相技术，把文字和图像转印到纸上。其特点是速度快、分辨率高、质量好，且无击打噪声，但价格高。

喷墨打印机通过喷墨管把墨水喷射到纸上，实现文字和图像的输出。其特点是成本低、噪声低、质量和精度较高，且价格适中。

❀ 绘图仪。

绘图仪是计算机的图形输出设备。它利用画笔在纸上画线，所以适合绘制工程图，在气象、地址测绘中是重要的输出设备。

绘图仪主要分为两种：平台式和滚筒式。

1.3.3　微型计算机的总线与接口

1. 微型计算机的总线及标准

（1）总线的概念。

所谓总线是计算机硬件各部分间实现相互连接，进行数据信息传输的一组公共信号线。这些信号线构成了微机各部件之间相互传送信息的公用通道。CPU（包括内存）与外设、外设与外设之间的数据交换都是通过总线来进行的。

微型计算机总线可以分为以下三种（见图1—18）：

❀ 芯片总线（又称内部总线）：CPU内部的总线，根据其功能可分为地址总线、数据总线和控制总线。

❀ 系统总线（又称板总线）：用来连接各种插件板，以扩展系统功能。

❀ 外部总线（又称通信总线）：用来连接外部设备，常见的外部总线有ISA（工业标准体系接口）总线、PCI（外部设备互联）总线、SCSI（小型计算机系统接口）总线等。

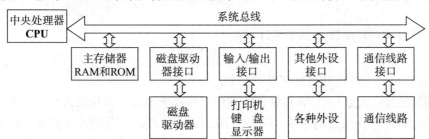

图1—18　微型计算机系统所采用的总线结构

总线通常由以下三部分组成：

❀ 数据总线（DB）：用于CPU与主存储器、CPU与I/O接口之间传送数据。数据总线的宽度（根数）等于计算机的字长。

❀ 地址总线（AB）：用于CPU访问主存储器或外部设备时，传送相关的地址。此地址总线的宽度决定CPU的寻址能力。

❀ 控制总线（CB）：用于传送CPU对主存储器和外部设备的控制信号。

（2）总线标准。

在微型计算机中，常用的系统总线标准有：IBM PC总线、ISA总线、EISA总线以及PCI总线等。

PCI（Peripheral Component Interconnect）总线是一种高性能的局部总线，是连接CPU与外部设备的高速通道。它支持多个外部设备，与CPU时钟无关，并用严格的规定来保证高度的可靠性和兼容性。其主要特点是高性能、兼容性好、高效益、与处理器

CPU 无关、预留发展空间、自动配置等。

目前在个人计算机中，基本上都使用 PCI 总线，并保持一定数量的 ISA 总线插槽。

2. 微型计算机的接口及标准

所谓接口就是设备与计算机或其他设备连接的端口，主要用来传送信号（数据信号、控制信号）。其作用如下：

❀ 匹配主机与外设之间的数据形式。

❀ 匹配主机与外设之间的工作速度。

❀ 在主机与外设之间传递控制信息。

接口类型决定数据的传输方式，主要有串行接口和并行接口两种。

（1）串行接口：用于数据的串行传输。被传送的数据排成一串，一次发送。其特点是传输稳定、可靠、传输距离长，但数据传输速率较低。其标准有 RS-232（外接鼠标或 Modem 的 COM1 和 COM2 接口）、USB 接口（通用串行总线标准）。USB 接口的特点是即插即用，可连接扫描仪、打印机、鼠标、键盘、外置硬盘、数码相机、音箱等，具有很好的通用性。

（2）并行接口：用于数据的并行传输。同时并行传送数据的宽度为 1 位～128 位或者更宽，在微型计算机中最常用的是 8 位，这样微处理器可以通过接口一次传输 8 个数据位。其优点是数据传输速率较高、协议简单、易于操作；其缺点是传输中易受干扰、传输距离短、有时会丢失数据等。

1.3.4　微型计算机的主要性能指标

微型计算机的主要性能指标有以下五个：

❀ 运算速度：衡量 CPU 工作快慢的指标。通常所说的计算机运算速度（平均运算速度），是指每秒钟所能执行的指令条数。一般用百万次/秒（MIPS）来描述。计算机的运算速度与主频有关，还与内存、硬盘等的工作速度及字长有关。

❀ 时钟频率（主频）：CPU 在单位时间（秒）内发出的脉冲数。通常，时钟频率以兆赫（MHz）为单位。如 486DX/66 的主频为 66MHz，Pentium/100 的主频为 100MHz。时钟频率越高，其运算速度就越快。

❀ 字长：以二进制位为单位，其大小是 CPU 能够同时处理的数据的二进制位数，它直接关系到计算机的计算精度、功能和速度。字长越长，表示一次读写数据的范围越大，处理数据的速度越快。

❀ 内存容量：衡量计算机记忆能力的指标。内存一般以 KB 或 MB 为单位。内存容量反映了内存储器存储数据的能力。其存储容量越大，其处理数据的范围就越广，并且运算速度一般也越快。一般微型计算机的内存容量至少为 640KB，并且可以根据需要再进行扩充。

❀ 输入输出数据传输速率：外设和与其他外设间交换数据的速度。提高计算机的输入输出传输速率可以提高计算机的整体速度。

以上只是一些主要的性能指标，在对一种微型计算机的优劣进行评定时不能仅靠一两项指标，而需要进行全面的综合考虑。比如还要考虑是否经济合理、使用是否方便以及性价比是否最佳等因素。

除了上述这些主要性能指标外，还有一些其他的指标，如外设配置、软件配置等，当然还要考虑可靠性和兼容性。

1.3.5　微型计算机的系统配置

要选择适用合理的系统配置，需要从下面几个方面进行考虑：

❈ 首先应明确它的用途；

❈ 再根据用途选购适用的软件；

❈ 然后按用途、软件和资金，选择合适的硬件。

也就是说既要满足软件运行和开发环境的软件和硬件要求，又要符合用户应用的要求，同时还要考虑价格因素，以取得性价比高的最佳选择。

从用户的角度出发，一台微型计算机（PC）的硬件系统的基本配置包括主机、键盘、鼠标、显示器和打印机。主机由微处理器（CPU）、主板、内存条、硬盘驱动器、软盘驱动器、光盘驱动器、显示卡、机箱（含电源）等部件组成。此外根据需要还可配置网卡、声卡、解压卡、音箱、扫描仪、摄像头等辅助部件。

1.4　计算机的软件系统

1.4.1　软件的概念与分类

1. 计算机指令

指令是计算机执行某种操作的命令（如加法指令）。CPU 就是根据指令来指挥和控制计算机各部分协调工作，完成规定操作。

同一类（如 80×86）计算机具有的所有指令集合构成该机的指令系统。它们都由二进制编码表示，也称机器语言的指令。

指令由操作码（功能码）和地址码构成。操作码规定了指令操作的性质（进行什么样的操作）；地址码表示操作数和操作结果的存放地址。

指令的主要功能是数据传送、数据运算、输入/输出、控制等。

2. 计算机程序

为完成某项规定任务，把计算机指令按一定次序进行编排组合所形成的指令集称为程序。实质上，程序设计语言的语句包含了一系列指令。

程序在计算机中的执行过程实质上就是执行人们所编制的程序的过程，即逐条执行指令的过程。计算机每执行一条指令都可分为三个阶段：取指令、分析指令和执行指令。

3. 计算机软件

能够指挥计算机工作的程序和程序运行时所需要的数据，以及与这些程序和数据有关的文字说明和图表资料统称为软件，其中文字说明和图表资料又称文档。

计算机软件系统的分类如图1—19所示。

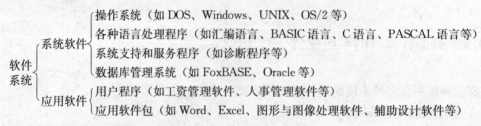

图 1—19　软件系统的分类

1.4.2　操作系统的概念和功能

操作系统（Operating System，OS）是计算机软件系统的核心，是用户和计算机之间的桥梁，其作用是有效地管理计算机系统的所有硬件资源和软件资源，合理组织计算机的工作流程，提高系统效率，为用户提供强有力的操作功能和灵活方便的操作环境。

操作系统主要有以下功能：

（1）进程管理：又称处理机管理，实质上是对处理机执行"时间"的管理，即如何将CPU真正合理地分配给每个任务；

（2）作业管理：包括任务管理、界面管理、人机交互、图形界面管理、语音控制和虚拟现实等；

（3）存储管理：实质是对存储"空间"的管理，主要指对内存的管理；

（4）设备管理：实质是对硬件设备的管理，其中包括对输入输出设备的分配、启动、完成和回收；

（5）文件管理：又称为信息管理。

1.4.3　程序设计语言和语言处理程序

1. 程序设计语言

要使计算机进行某项工作，必须把自己的意图用程序设计语言编写成程序，输入到计算机，然后再由计算机执行，完成程序指定的工作。

程序设计语言的种类见图1—20。

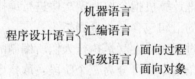

图 1—20　程序设计语言的分类

(1) 机器语言。

机器语言是由 0 和 1 组成的二进制代码序列，计算机可直接执行，是计算机唯一能直接识别、直接执行的计算机语言，因不同的计算机指令系统不同，所以机器语言程序没有通用性。

(2) 汇编语言。

汇编语言是用一些助记符表示指令功能的计算机语言，它和机器语言基本上是一一对应的，但更便于记忆。用汇编语言编写的程序称为汇编语言源程序。汇编语言源程序需要由汇编程序进行汇编，即"翻译"成机器语言源程序以后，计算机才能执行。

(3) 高级语言。

高级语言与具体的计算机指令系统无关，其表达方式更接近人们对求解过程或问题的描述方式。它是面向程序的、易于掌握和书写的程序设计语言。使用高级语言编写的程序称为源程序，必须编译成目标程序，再与有关的库文件链接成可执行程序后，才能在计算机上运行。

2. 语言处理程序

语言处理程序是把用一种程序设计语言表示的程序转换为与之等价的另一种程序设计语言表示的程序。如在计算机中经常用到的语言处理程序是把汇编语言或高级语言"翻译"成机器语言的翻译程序。

用汇编语言和各种高级语言编写出来的程序称为源程序，高级语言或汇编语言经"翻译"后产生的机器语言程序称为目标程序。

语言处理程序"翻译"源程序有两种方式：解释方式和编译方式。

(1) 解释方式。

解释方式是按照源程序中语句的执行顺序，由解释程序将高级语言逐句翻译成机器指令，翻译一句执行一句，直到程序全部翻译执行完。

(2) 编译方式。

编译方式是先由翻译程序把源程序静态地翻译成目标程序，然后再由计算机执行目标程序。它有两个明显的阶段：前一阶段称为生成阶段，后一阶段称为运行阶段。

【本章小结】

本章介绍了计算机的基本概念，包括计算机的发展过程、计算机的分类、应用范围及特点，计算机系统的基本组成及各部件的主要功能等；对数制、数制间的转换进行了详细的介绍，并列举了大量示例进行说明；重点介绍了主机、CPU、存储器、输入/输出设备以及微型计算机的主要性能指标等；介绍了计算机软件系统的相关概念。

【习题】

一、简答题

1. 冯·诺依曼的"存储程序原理"的主要思想是什么？

2. 计算机内部为什么要采用二进制？

3. 什么是 CPU？

4. 什么是程序？

5. 计算机的发展经历了哪几个阶段？各个阶段的主要特征是什么？

6. 计算机具有哪些主要特征？

7. 计算机的硬件系统由哪些功能部件组成？其工作过程如何？

8. 内存储器与外存储器之间有什么区别？

二、单选题

1. 世界上第一台电子数字计算机诞生于_____。

A. 1946 年　　　　B. 1952 年　　　　C. 1959 年　　　　D. 1962 年

2. 个人计算机属于_____。

A. 微型计算机　　　　　　　　　B. 小型计算机

C. 中型计算机　　　　　　　　　D. 小巨型计算机

3. 计算机的通用性可以使其求解不同的算术和逻辑问题，这主要取决于计算机的_____。

A. 高速运算　　　　B. 指令系统　　　　C. 可编程性　　　　D. 存储功能

4. 计算机的应用范围很广，下列说法中正确的是_____。

A. 数据处理主要应用于数值计算

B. 辅助设计是用计算机进行产品设计和绘图

C. 过程控制只能应用于生产管理

D. 计算机主要用于人工智能

5. 计算机网络的目标是实现_____。

A. 数据处理　　　　　　　　　　B. 文献检索

C. 资源共享和信息传输　　　　　D. 信息传输

6. 一个完备的计算机系统应该包含计算机的_____。

A. 主机和外设　　　B. 硬件和软件　　　C. CPU 和存储器　　　D. 控制器和运算器

7. 冯·诺依曼计算机的基本原理是_____。

A. 程序外接　　　　B. 逻辑连接　　　　C. 数据内置　　　　D. 存储程序

8. 计算机中用来保存程序和数据，以及运算的中间结果和最后结果的装置是_____。

A. RAM　　　　　　B. 内存和外存　　　C. ROM　　　　　　D. 高速缓存

9. 8 个字节包含_____个二进制位。

A. 8　　　　　　　　B. 16　　　　　　　C. 32　　　　　　　D. 64

10. 计算机软件一般分为系统软件和应用软件，不属于系统软件的是_____。

A. 操作系统　　　　B. 数据库管理系统　　C. 客户管理系统　　D. 语言处理程序

11. 指令的操作码表示的是_____。

A. 做什么操作　　　B. 停止操作　　　　C. 操作结果　　　　D. 操作地址

12. 计算机系统应包括硬件和软件两部分，软件又必须包括_____。

A. 接口软件　　　　B. 系统软件　　　　C. 应用软件　　　　D. 支撑软件

13. 与二进制数 11111110 等值的十进制数是_____。

A. 251　　　　　　　B. 252　　　　　　　C. 253　　　　　　　D. 254

14. 在微型计算机中，应用最普遍的字符编码是_____。

A. BCD 码　　　　　B. ASCII 码　　　　　C. 汉字编码　　　　　D. 补码

15. 微型计算机中的"奔3"（PⅢ）或"奔4"（PⅣ）指的是_____。

A. CPU 的型号　　　B. 显示器的型号　　　C. 打印机的型号　　　D. 硬盘的型号

16. 计算机的主存储器是指_____。

A. RAM 和磁盘　　　B. ROM　　　　　　C. RAM 和 ROM　　　D. 硬盘和光盘

17. cache 的中文意思是指_____。

A. 缓冲器　　　　　　　　　　　　　B. 高速缓冲存储器

C. 只读存储器　　　　　　　　　　　D. 可编程只读存储器

18. 下面各组设备中，同时包括了输入设备、输出设备和存储设备的是_____。

A. CRT、CPU、ROM　　　　　　　　B. 绘图仪、鼠标器、键盘

C. 鼠标器、绘图仪、光盘　　　　　　D. 磁带、打印机、激光印字机

19. 计算机存储单元中存储的内容_____。

A. 可以是数据和指令　　　　　　　　B. 只能是数据

C. 只能是程序　　　　　　　　　　　D. 只能是指令

20. 下列各项中，不是微型计算机的主要性能指标的是_____。

A. 字长　　　　　　B. 存储周期　　　　　C. 主频　　　　　　D. 内存容量

第二章

Windows 操作系统及其应用

【学习重点】

请使用 4 学时学习本章内容，着重掌握以下知识点：

⊙ Windows 操作系统的运行环境及相关知识。

⊙ Windows 操作系统的基本操作方法及使用。

⊙ Windows 资源管理器窗口的组成及文件夹和文件的管理。

⊙ Windows 控制面板的使用。

⊙ Windows 附件中常用工具的使用。

【考试要求】

1. 了解 Windows 运行环境；Windows 桌面的组成；窗口的组成；菜单的约定；剪贴板的概念；资源管理器窗口的组成；控制面板的功能；磁盘清理、磁盘碎片整理程序等常用系统工具的使用。

2. 理解 文件、文件夹（目录）、路径的概念。

3. 掌握 工具栏、任务栏的操作；开始菜单的定制；命令行方式；时间与日期的设置；程序的添加和删除；显示属性的设置；记事本、写字板、计算器、画图等基本工具的简单使用。

4. 熟练掌握 Windows 的启动和退出；一种汉字输入方法；鼠标的使用；窗口的基本操作；菜单的基本操作；对话框的操作；剪贴板的操作；快捷方式的创立、使用及删除；文件夹与文件的使用及管理。

2.1　Windows 基本概念

操作系统是现代计算机必不可少的系统软件，是计算机正常运行的指挥中枢。它能有效地管理计算机系统的所有软件和硬件资源，合理地组织整个计算机的工作流程，为用户提供高效、方便、灵活的使用环境。

操作系统的主要功能是进行文件管理和设备管理。在操作系统的管理下，用户的数据以文件的形式存储在外存储器中，用户对文件"按名存取"，因此，必须正确掌握文件的概念及其命名规则、文件夹结构和存取路径，以及相应的操作。

操作系统是衡量计算机性能优劣的最重要的软件，是系统软件的核心，它管理、调度、指挥计算机的软件和硬件资源，使其协调工作。操作系统在计算机系统中占有重要地位，所有其他软件都在它的管理和支持下工作，从而在计算机与用户之间起到接口的作用。

目前常见的操作系统有 DOS、OS/2、UNIX、LINUX、Windows 98、Windows 2000、Windows XP、NetWare、Windows NT 等。

操作系统可以分为单用户操作系统和网络操作系统。

❀ 单用户操作系统：最大特点是每次只允许一个用户使用计算机系统。例如，MS-DOS、Windows98 等。

❀ 网络操作系统：把计算机系统网络中各台计算机有机地结合起来，提供一种统一、有效地使用各台计算机的方法，可使各计算机间互相传送数据。例如，Windows NT 4.0 Server、Windows 2000 Server 等。

本章重点介绍 Windows XP 操作系统，下文简称 Windows。

2.1.1　Windows 的运行环境

Windows 操作系统对个人计算机的中央处理器、内存容量、硬盘自由空间、显示器、光盘驱动器及光标定位设备等的最低硬件配置指标如下：

❀ 中央处理器：233MHz Pentium 或更高的微处理器（或相当的其他微处理器）。Windows XP Professional 支持双 CPU。

❀ 内存容量：推荐最小 128MB 内存。

❀ 硬盘自由空间：至少应大于 2GB，并保留 850MB 的可用空间。如果从网络安装，还需更多的可用磁盘空间。

❀ 显卡：4MB 显存以上的 PCI、AGP 显卡。

❀ 光盘驱动器：CD-ROM 或 DVD-ROM 驱动器。

❀ 光标定位设备：Microsoft 的鼠标器或与其兼容的定位设备。

上述硬件配置只是可运行 Windows 操作系统的最低指标，更高的指标可以明显提高其运行性能。如需要连入计算机网络和增加多媒体功能，还需配置网卡或调制解调器（MODEM）、声卡、解压卡等附属设备。

2.1.2　Windows 的启动和退出

1. 启动 Windows

在安装了 Windows 操作系统的计算机上，每次启动计算机都会自动引导该系统。系统启动成功后，屏幕上出现 Windows 的桌面（Desktop），如图 2—1 所示。

图 2—1　Windows 桌面的组成

注　意　　Windows 系统启动过程中，会在屏幕上出现提示用户登录到 Windows 的对话框，用户必须在对话框中输入正确的用户名和密码后，单击"确定"按钮，才可进入 Windows 系统。

在系统启动过程中，如按下 F8 键，可进入系统安全模式。安全模式是 Windows 操作系统中的一种特殊模式，在安全模式下用户可以轻松地修复系统的一些错误，起到事半功倍的效果。安全模式的工作原理是在不加载第三方设备驱动程序的情况下启动电脑，使电脑运行在系统最小模式，这样用户就可以方便地检测与修复计算机系统的错误。

2. 退出 Windows

用完计算机后，正常的关机（退出）操作步骤如下：

第一步，关闭所有的窗口和正在运行的应用程序。

第二步，在桌面上用鼠标单击桌面左下角的"开始"按钮打开"开始"菜单。具体操作方法是将鼠标指针移到"开始"按钮处，单击鼠标的左键。

第三步，在"开始"菜单中，用鼠标单击"注销"或"关闭计算机"按钮，系统将分别弹出"注销 Windows"对话框（见图 2—2）和"关闭计算机"对话框（见图 2—3）。

第四步，在"注销 Windows"对话框中，如选择"切换用户"命令，可在不关闭当前

图 2—2　"注销 Windows" 对话框　　　　图 2—3　"关闭计算机" 对话框

用户程序和文件的情况下，登录新的用户；如选择"注销"命令，将关闭当前用户的程序和文件，同时结束该用户与 Windows 的对话。在"关闭计算机"对话框中，如选择"待机"命令，可减少计算机的电力消耗；如选择"关闭"命令，系统将自动安全地关闭电源，完成关机操作。

3. 重新启动 Windows

在启动 Windows 以后，有时由于某种原因（如机器故障或调整系统配置等），需要重新启动系统。

重新启动系统的操作方法是，在"关闭计算机"对话框中选择"重新启动"命令。

如果因故障而无法激活"开始"菜单（如已死机），则可以通过按复位按钮"Reset"（主机箱面板上的一个按钮）强制重新启动系统。

2.1.3　鼠标的基本操作

在 Windows 中，通过鼠标可以几乎完成所有的操作。当用户手握鼠标在平面上（台面或专用的平板上）进行移动时，屏幕上的鼠标指针也随之相应移动。

1. 常用鼠标操作

（1）指向。

把鼠标指针移到（不按鼠标键）某一操作对象（文件、文件夹或命令按钮等）上。这种操作一般用于激活对象或显示有关提示信息，用于鼠标的定位。

如当把鼠标指针移动到桌面左下角的"开始"按钮上时，系统将在按钮旁边给出"单击这里开始"的提示信息。

（2）单击。

单击是指把鼠标指针指向某一操作对象，按一下鼠标的左键或右键。

❋ 单击左键：用于选定某一操作对象或执行某一菜单命令。如应用程序窗口下菜单命令的选择。

❋ 单击右键：通常会弹出一个对选定对象进行操作的快捷菜单。如在桌面上单击鼠标右键，通过弹出的快捷菜单中的命令，可对桌面的图标进行重新排列。

注　意　　除非特别说明是单击右键，否则一般所说的单击都是指单击左键。

（3）双击。

双击是指把鼠标指针指向某一操作对象，然后快速、连续地按左键两次（在此过程中不移动鼠标）。

双击鼠标通常用于启动一个应用程序或打开一个应用程序窗口。如在资源管理器中，双击某个 Word 文档的文件名，就可以进入 Word 应用程序窗口并打开该文档。

（4）拖动。

拖动是指把鼠标指针指向某一操作对象后，按住鼠标左键不放（此时的鼠标指针的形状变成如图 2—4 中的"移动"形状）并移动鼠标，当把鼠标指针移到指定的新位置时，再松开左键。

图 2—4　鼠标指针形状的含义

鼠标拖动常用于复制或移动选定的对象，改变窗口的大小等操作。

2. 鼠标指针的形状

一般情况下，鼠标指针的形状呈空心箭头状（"⬉"），但随着鼠标位置和操作状态的不同而有所差异。

鼠标指针的形状取决于它所在的位置以及它与其他屏幕元素的相互关系。图 2—4 列出了常见的鼠标指针的形状及其含义。

2.1.4　Windows 的桌面组成

桌面是 Windows 启动成功后，还没有做其他操作时的整个屏幕工作区。桌面配置因 Windows 安装时所选的安装内容不同而有差异，用户可根据自己的需要改变桌面上的配置。

桌面上可以放置一些经常使用的工具、文件或文件夹，以便快速、方便地使用这些工具、文件或文件夹。而这些工具、文件或文件夹都以图标的形式显示在桌面上。

桌面由三部分组成：桌面图标、"开始"按钮、任务栏（见图 2—1）。

1. 桌面图标

Windows 中文件（文档或应用程序）、文件夹、磁盘驱动器和打印机等不同的对象都是以一些小的图形标识来表示的，这些图形标识简称为图标。

图标主要由两部分组成：图案部分和名称部分。如"网上邻居"图标的图案是地球和两个连接在一起的计算机，名称为"网上邻居"（见图 2—5）。

对象的图标除了具有上述可直观看到的内容外，通常还有辅助性的文字说明，即当光标指向对象图标时，会出现对该对象的进一步文字说明。如图 2—5 中的文字"显示到网站，网络计算机和 FTP 站点的快捷方式"就是当光标指向"网上邻居"时，给出的该对象的文字说明。

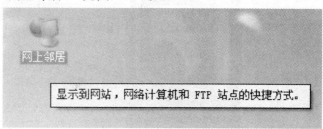

图 2—5　桌面图标及文字说明

一个图标即表示一个应用程序，用户可以通过双击图标运行应用程序或打开相应的应用程序窗口进行具体操作。

（1）桌面上图标的调整。

1）在桌面上添加新的图标。

可用鼠标拖动的办法从其他文件夹窗口中拖入新的图标，在桌面上添加一个新的图标；也可在桌面空白处单击鼠标右键利用快捷菜单创建新的图标。

利用快捷菜单在桌面创建对象快捷方式的操作方法如下：

操作　第一步，在桌面空白处单击鼠标右键，弹出快捷菜单（见图 2—6）。

图 2—6　桌面快捷菜单

第二步，单击快捷菜单中的"新建"命令，继续选择级联菜单中的"快捷方式"命令，弹出"创建快捷方式"对话框（见图2—7）。

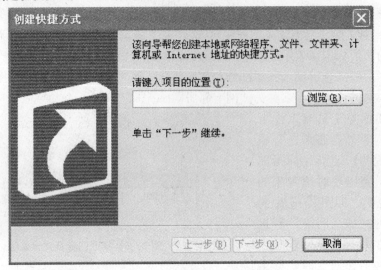

图2—7　"创建快捷方式"对话框

第三步，在"创建快捷方式"对话框中，单击"浏览"按钮，打开"浏览文件夹"对话框，在文件夹列表中选择要添加到桌面的对象，单击"确定"按钮。

第四步，单击"下一步"、"完成"按钮，即可将选定对象的快捷方式添加到桌面上。

2）删除桌面上的图标。

在要删除的图标上单击鼠标右键，选择快捷菜单中的"删除"命令即可将该对象从桌面上删除。

操作　第一步，在桌面图标上单击鼠标右键，弹出快捷菜单（见图2—8）。

第二步，单击快捷菜单中的"删除"命令，即可将选定的图标从桌面上删除。

（2）排列桌面图标。

1）任意放置图标。

用鼠标拖动图标到桌面上的任意位置。前提是未设定"自动排列"功能。

2）按规定排列图标。

可以对桌面上的图标按名字、类型、大小及日期四种方式进行排列。

操作　第一步，在桌面空白处单击鼠标右键，弹出快捷菜单（见图2—9）。

第二步，单击快捷菜单中的"排列图标"命令，在其级联菜单中选择任一种排列

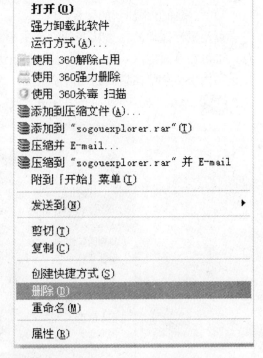

图2—8　桌面图标对象的快捷菜单

方式。

3）自动排列图标。

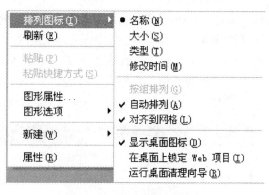

当设置完图 2—9 中的"自动排列"（即在该选项前面加"√"符号）功能时，系统将自动在屏幕上从左边开始以列排列图标。用户在桌面进行拖动、添加或删除图标等操作后，桌面上的图标都将被自动排列整齐。

（3）桌面上的常用图标。

1）我的电脑。

图 2—9　排列图标快捷菜单

我的电脑是用户访问计算机资源的入口，用于查看和操作计算机所有驱动器上的文件、设置计算机的各种参数等。

操作　第一步，双击桌面"我的电脑"图标，打开"我的电脑"窗口（见图2—10）。在该窗口中包括了计算机系统中的各种资源设置，如硬盘、可移动存储设备以及控制面板等。

图 2—10　"我的电脑"窗口

第二步，当双击其中某个对象后，就会在窗口中显示该对象的相关资源信息。如双击"本地磁盘（C:）"，将显示该磁盘所包含的文件夹以及文件等信息。

2）我的文档。

我的文档是系统预先为用户设置的一个文件夹，不同用户拥有各自独立的"我的文档"文件夹。我的文档也是该用户保存文档的默认存储区，也就是说，当该用户在应用程序（如 Word 或 Excel 等）中保存文档时，若未指定保存位置，则该文档将自动保存到该用户的"我的文档"文件夹中。主要是为了方便用户保存和快速找到自己建立的文件。

在"我的文档"文件夹中还包含"图片收藏"和"我的音乐"两个文件夹。

操作 双击桌面"我的文档"图标，显示如图 2—11 所示"我的文档"窗口。

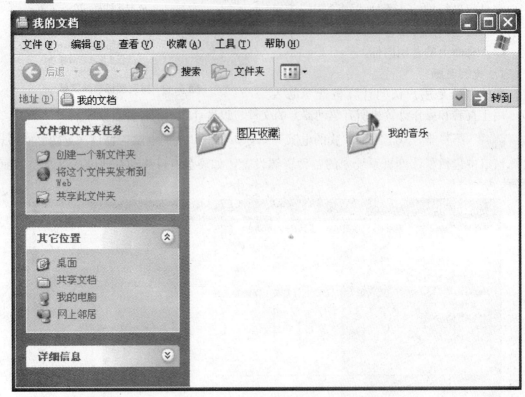

图 2—11   "我的文档"窗口

3）回收站。

回收站用于暂时存放被用户删除的文件。当对文件进行删除操作时，计算机并不是直接将文件从硬盘进行物理删除，而是将其放入回收站。因此，如发现删除操作有误时，可从回收站中将该文件进行恢复（还原）。如确认删除操作无误，应及时清除回收站中的文件（清空），此时文件才被真正地物理删除。

操作 第一步，双击桌面"回收站"图标，打开"回收站"窗口（见图2—12）。

第二步，在该窗口中显示出以前删除的文件（文件夹）信息，用户可以从中恢复被误删除的文件或物理删除无用的文件。

4）网上邻居。

通过网上邻居可以访问局域网上的其他计算机，实现网络资源的共享。

操作 第一步，双击"网上邻居"图标，打开"网上邻居"窗口（见图2—13）。

第二步，双击"邻近的计算机"可查看和自己在同一工作组下的计算机连接情况，并可通过对相关资源设置"共享"属性，实现资源的共享访问。

图 2—12　"回收站"窗口

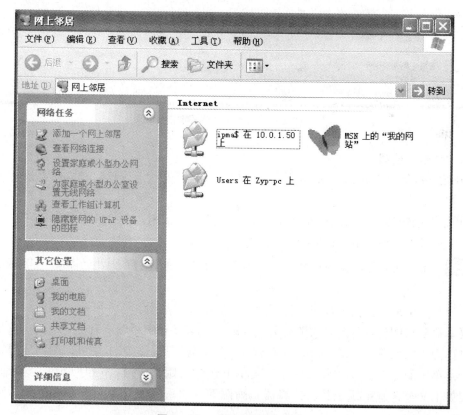

图 2—13　"网上邻居"窗口

第三步，双击要访问的计算机图标，即可看到该计算机上的共享资源。

5）资源管理器。

用户利用资源管理器窗口提供的菜单命令，可对文件（文件夹）进行各种操作。

※ 鼠标右键单击"开始"按钮，选择快捷菜单中的"资源管理器"，显示如图2—14所示的窗口。

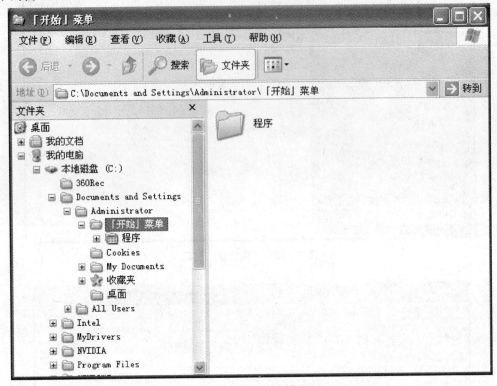

图2—14   资源管理器窗口

2．"开始"按钮

"开始"按钮是Windows的应用程序入口，通过"开始"菜单启动程序是最常用的程序执行方式。

"开始"按钮位于桌面的最左下角。单击"开始"按钮，可打开Windows的"开始"菜单，用户可以在该菜单中选择相应的命令进行操作。

操作   第一步，移动鼠标指针到"开始"按钮处，系统会在其上方显示"单击这里开始"。

第二步，单击"开始"按钮，打开"开始"菜单，如图2—15所示。

菜单命令右侧若带有向右的黑箭头（"▶"）则表示该菜单项下有下一级的子菜单，这种菜单称为级联菜单。当鼠标指向该菜单命令时，会打开下一级子菜单，用户还可以继续执行子菜单中的命令。如"所有程序"菜单下包含有附件、Microsoft Office等，而"附件"菜单下又包含有系统工具、计算器、画图等，"系统工具"又包含有备份、磁盘清理等。

菜单命令右侧若带有省略号（"..."）则表示选择该命令项后将弹出一个对话框，如"运行"命令。

图 2—15　"开始"菜单

（1）在"开始"菜单中常设置的项目。

在"开始"菜单中常设置的项目有：

❈ 所有程序：列出计算机上目前安装的应用程序，可以通过选择某个应用程序使其运行。

❈ 我的文档：可以打开"我的文档"窗口。

❈ 我最近的文档：可快速打开最近使用过的文档。

❈ 我的电脑：存放系统中所有硬盘、软盘、光盘上文件资源的系统文件夹，是用户访问计算机资源的入口之一。

❈ 控制面板：可改变 Windows 系统设置，包括网络连接、打印机、用户账户等属性的设置。

❈ 帮助和支持：打开 Windows 联机帮助系统。

❈ 搜索：通过文件名、文件大小或日期等搜索选项查找文件（文件夹）以及局域网上的用户和计算机。

❈ 运行：通过输入命令来启动程序、打开文档或文件夹，以及浏览 Web 站点；通常用来运行在"所有程序"菜单中没有列出的程序。如检测网络是否连通的 Ping 命令，就可以通过"运行"命令提供的对话框输入并执行。

❈ 注销与关闭计算机：提供了切换用户、注销、待机、重新启动及关机等命令。

（2）Windows"开始"菜单的定制。

1）更改"开始"菜单的样式。

操作　第一步，在"开始"按钮或在任务栏空白区单击鼠标右键，选择快捷菜单中的"属性"命令，打开"任务栏和「开始」菜单属性"对话框（见图 2—16）。

图 2—16　"「开始」菜单"选项卡

第二步，在"「开始」菜单"选项卡中，通过"「开始」菜单"单选按钮（默认选择），可以设置如图 2—15 所示的开始菜单样式；也可通过选择"经典「开始」菜单"单选按钮，设置如图 2—17 所示的开始菜单样式。

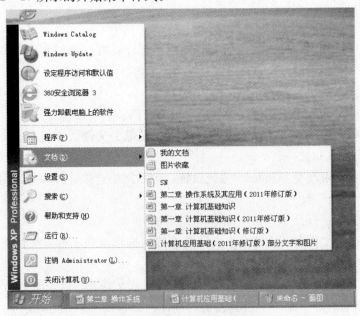

图 2—17　经典「开始」菜单

2）将所选项目添加到"开始"菜单。

第一步，右键单击"开始"按钮，选择快捷菜单中的"属性"命令，打开"任务栏和「开始」菜单属性"对话框。

第二步，在「开始」菜单选项卡中，单击"自定义"按钮，弹出"自定义「开始」菜单"对话框（见图 2—18）。

图 2—18　"自定义「开始」菜单"对话框"高级"选项卡

第三步，选择"高级"选项卡，在"「开始」菜单项目"列表框中，选择想要在"开始"菜单上显示的项目。

第四步，设置完成后，单击"确定"按钮，所选项目就会出现在"开始"菜单上。

3. 任务栏

一般情况下，任务栏位于桌面的底部，从左到右依次为："开始"按钮、快速启动工具栏、任务按钮区（用于放置当前打开程序的最小化窗口）、通知区域（包含音量图标、系统时间以及发生某事件时系统所显示的通知图标等），见图 2—19。

图 2—19　任务栏

（1）任务按钮区。

它的主要功能是实现多个应用程序之间的切换。每当启动一个应用程序，在任务栏上就会出现一个与之相对应的任务按钮（或称程序按钮）。

查看任务栏就可以知道当前正在运行的应用程序。在多个运行的应用程序中，只有一个应用程序能够接收用户的键盘输入，这个程序被称为前台程序（或称当前程序），其他运行的程序则称为后台程序。前台程序的窗口（也称活动窗口或当前窗口）总是覆盖在别的窗口之上，其标题栏以反白显示。

通过单击任务栏上的任务按钮，可实现应用程序窗口间的切换。如单击某应用程序的任务按钮，则该应用程序的窗口就移到了最上面，此时该窗口对应的应用程序就成为前台程序，用户的所有操作都是针对该窗口进行的。通过组合快捷键 Alt＋Tab，也可实现应用程序窗口间的切换。

当关闭一个应用程序窗口时，与其对应的任务按钮也将从任务栏上消失。

（2）设置任务栏的属性。

操作　※ 在"开始"按钮或任务栏空白区单击鼠标右键，选择快捷菜单中的"属性"命令，打开"任务栏和开始「菜单」属性"对话框，通过"任务栏"选项卡（见图 2—20）可设置任务栏的显示状态。

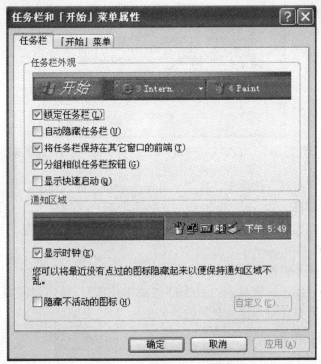

图 2—20　"任务栏"选项卡

（3）Windows 任务栏的使用。

1）任务栏的移动。

启动 Windows 后，任务栏位于桌面屏幕的底部。通过拖动任务栏，可将其移动到屏幕的指定位置。

操作　将鼠标指针移到任务栏的空白区域并拖动它到预定位置，释放鼠标即可。

2）任务栏的调整。

可以用鼠标指针拖动任务栏的边缘（此时鼠标指针形状变成 ↕ 或 ↔），以改变其高度（或宽度）。

3）任务栏的隐藏。

有时我们希望将任务栏隐藏起来，使得任务栏在屏幕上不可见，当需要使用它时，能随时出现在屏幕上。如任务栏挡住了其他程序的状态条，或者不希望别人看到当前打开了哪些窗口，就可将"开始"按钮和"任务栏"隐藏起来。

操作 第一步，在任务栏空白处单击鼠标右键，在出现的快捷菜单中单击"属性"，打开"任务栏和「开始」菜单属性"对话框。

第二步，选择"任务栏"选项卡，选中"自动隐藏任务栏"的复选框即可（见图2—20）。

2.1.5 Windows 的窗口组成

1. 窗口的基本概念

窗口是 Windows 最基本的用户界面。Windows 采用了多窗口技术，即每个应用程序都在自己的窗口内运行全部操作，每当启动一个应用程序就会打开一个相应的窗口，关闭窗口也就结束了该应用程序的运行。例如，在 Windows 桌面上双击"我的电脑"图标，就会出现如图2—10所示窗口。

典型的 Windows 窗口主要由标题栏、菜单栏、控制按钮、最小化按钮、最大化按钮（或往下还原按钮）、关闭按钮以及主窗口等组成。

Windows 的窗口除了上述各部分外，还包括地址栏和标准按钮栏。这两部分显示与否可以通过"查看"菜单中的"工具栏"命令进行设置。

在使用 Windows 操作系统时，桌面上可能会出现多种类型的窗口，其中包括应用程序窗口、文档窗口、文件夹窗口、对话框窗口等。

（1）应用程序窗口。

如果应用程序正在运行，在其窗口的顶部会出现该应用程序的名称以及菜单栏，如图2—21 所示。

1）控制按钮。

控制按钮位于每个窗口的左上角。通过控制菜单可对窗口进行还原、移动、改变大小、最小化、最大化和关闭等操作。

控制菜单的打开方式：直接单击控制按钮，或按 Alt＋空格键。

双击控制按钮则可以关闭窗口。

2）标题栏。

每一个窗口最上面都有一个名称，称为标题，该区域称为标题栏。从标题栏可以看到应用程序名称以及在窗口中打开的文件的名称。如从图 2—21 中的标题栏可以看出，它是一个 Microsoft PowerPoint 应用程序窗口，在该窗口中打开的文件的名称为"第一章计算机基础知识"。

3）菜单栏。

菜单栏位于标题栏之下，可列出所有可选的操作命令项。菜单栏中的每一项称为菜单项。

操作 单击菜单项，系统将弹出一个包含若干个命令项的下拉菜单。

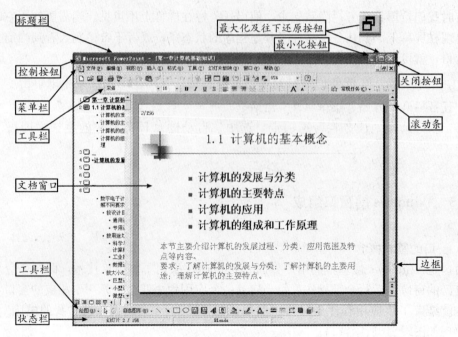

图 2—21　应用程序窗口

4）工具栏。

工具栏一般位于菜单栏的下方，它是为方便、快捷地进行操作而设置的。

工具栏中包含常用工具按钮，工具按钮可以实现的功能完全可以通过菜单命令实现，但通过工具栏执行命令要方便得多。

例如，单击工具栏上的复制按钮"⬚"，其作用与单击"编辑"菜单中的"复制"命令是一样的。

在不同的窗口，可以设置显示不同的工具栏，如图 2—22 所示。

图 2—22　工具栏

5）地址栏。

地址栏显示的是当前窗口文件所处的位置，可以是本机位置，如"我的电脑"、"C:\"、"C:\windows"等，也可以是 Internet 上某一个网址。

6）关闭按钮。

单击此按钮可以关闭窗口。

7）最小化按钮。

单击此按钮可将窗口缩小成图标，并置于任务栏中。

注　意　当一个应用程序的窗口被最小化后，虽然在屏幕上看不到该窗口，但是该应用程序仍然在后台运行，它们仍然需要占用内存资源。所以当一个应用程序不再需要运行时，应该将其关闭而不是最小化。

8）最大化与往下还原按钮。

单击"最大化"按钮可使窗口扩大到整个屏幕，以便看清其中更多的内容。

当窗口最大化后，该按钮就变成"往下还原"按钮，用鼠标单击"往下还原"按钮可以将窗口恢复成原来的状态（此时该按钮又变成"最大化"按钮）。

9）滚动条。

当窗口工作区容纳不下要显示的信息时，窗口右侧或底部会出现滚动条，分别称为垂直滚动条或水平滚动条。

垂直滚动条操作　❋ 单击滚动条上、下端的滚动箭头，可向上、向下移动显示内容。

❋ 拖动滚动块（中间活动部分），可使窗口内容快速移动。

❋ 单击滚动块的上、下方空白处，可使窗口中内容向上、向下滚动一屏。

水平滚动条的操作方法与垂直滚动条类似。

如果利用键盘进行操作，则可使用↑、↓、←、→四个箭头键进行上、下、左、右的移动显示，使用 PageUp 或 PageDn 键可以进行向前或向后翻页显示。

10）状态栏。

状态栏位于窗口底部，用于显示当前窗口的一些状态信息。

11）边框。

边框是窗口的边界。当窗口不是最大化时，拖动边框可改变窗口宽度或高度。

12）工作区（文档窗口）。

工作区用于对工作对象的信息进行显示和处理。

（2）文档窗口。

在应用程序窗口中出现的其他窗口称为文档窗口，通常显示用户的文档或数据文件，如图 2—23 所示。

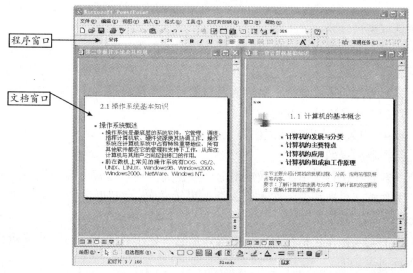

图 2—23　文档窗口

文档窗口和应用程序窗口的区别在于：应用程序窗口配有菜单栏，而文档窗口没有菜单栏，文档窗口共享应用程序窗口的菜单栏。当打开一个文档窗口后，所选择的应用程序菜单命令将影响文档窗口及其中的信息。

在同一应用程序窗口下可以打开多个文档窗口。

（3）文件夹窗口。

文件夹是用来存放文件和子文件夹的，双击文件夹图标可打开一个文件夹窗口，在窗口中显示该文件夹中包含的内容和组织方式，如图 2—24 所示。

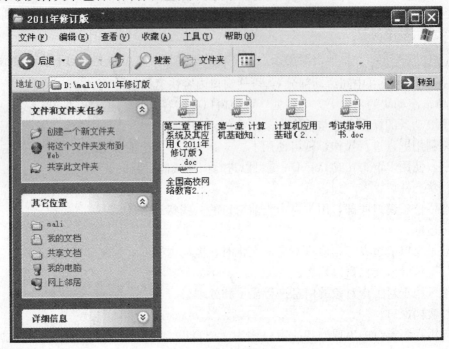

图 2—24　文件夹窗口

（4）对话框窗口。

对话框窗口也称为对话框。当 Windows 系统为了完成某项任务而需要从用户那里得到更多的信息时，它就显示一个"对话框"。顾名思义，对话框是系统与用户对话、交互的场所，是窗口界面的重要成分。对话框窗口的特点是没有最大化、最小化按钮，也就是说对话框窗口的大小是不能改变的。

在 Windows 中大量使用对话框作为人机交互的基本手段，对话框的大小、形状各异，基本上是一组控制命令的集合。

对话框一般是在执行菜单命令或单击命令按钮后出现，通常由标题栏、命令按钮、下拉列表框、复选框、单选按钮、文本输入框、提示文字、"帮助"按钮及选项卡等诸多元素组成，如图 2—25 所示。

对话框中的基本操作包括在对话框中输入信息、使用对话框中的帮助按钮、使用对话框中的命令按钮等。

用户设置完了对话框的所有选项后，单击"确定"按钮，表示确认所有输入信息和选项，系统就会执行相应的操作，对话框也随之消失。

2. Windows 窗口的基本操作

窗口的操作包括打开、关闭、移动、放大及缩小等。在桌面上可同时打开多个窗口。

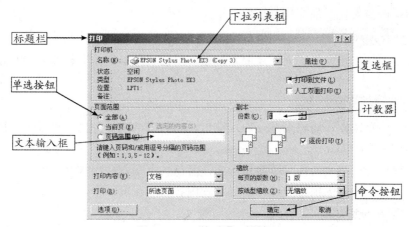

图 2—25　"打印"对话框

（1）移动窗口。

当窗口不是最大化时，可以按照以下方法来移动窗口的位置。

操作　将鼠标指针指向窗口的标题栏，按住左键不放，把它拖动到指定的新位置上，然后松开左键。

（2）改变窗口大小。

当窗口不是最大化时，可以按照以下方法来改变其大小。

操作　※ 改变窗口宽度：当把鼠标指针移到左、右边框位置时，指针形状变成水平双向箭头"↔"，按住鼠标的左键不放，并拖动鼠标到所需位置。

※ 改变窗口高度：当把鼠标指针移到上、下边框位置时，指针形状变成垂直双向箭头"↕"，按住鼠标的左键不放，并拖动鼠标到所需位置。

※ 同时改变高度和宽度：当把鼠标指针移动到窗口的四个边角的任意位置时，鼠标指针变成对角方向的双向箭头形状"⤢"或"⤡"，按住鼠标的左键不放，拖动鼠标到所需位置。

（3）排列窗口（多窗口时可用）。

除了采用前面介绍的方法来改变窗口大小或把它移动到合适的位置外，用户还可以使用命令来排列窗口。

操作　右击任务栏上的空白处，弹出快捷菜单（见图2—26），根据需要可对打开的多个窗口进行层叠、横向平铺、纵向平铺。

（4）窗口之间的切换（多窗口时可用）。

如果同时打开了若干个窗口，这就需要在窗口之间进行切换（即改变当前窗口）。

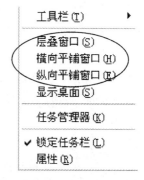

图 2—26　"任务栏"快捷菜单

操作　单击任务栏中指定对象的任务按钮，即可将该对象的窗口确定为当前窗口，继而可对该对象进行操作。

此外，如果需要切换的窗口在当前桌面上可见，单击该窗口的任何部位，该窗口就被激活成为当前窗口。

（5）窗口的最大化、最小化与还原。

窗口的最大化与还原操作　　用鼠标单击窗口中的最大化按钮，则窗口放大到充满整个屏幕空间，最大化按钮变成"向下还原"按钮，单击"向下还原"按钮则窗口恢复成原来的大小。

窗口的最小化与还原操作　　用鼠标单击窗口中的最小化按钮，则窗口缩小为图标，成为任务栏中的一个按钮；要将图标还原成窗口，则只需单击任务栏中的该图标按钮即可。

（6）窗口内容的滚动。

如当前窗口未把整个文档全部显示出来，窗口的下端就会出现水平滚动条，右端就会出现垂直滚动条，可操纵鼠标，将所需显示的内容显示在窗口中。

操作　❋ 小步滚动窗口内容：单击滚动箭头。

❋ 大步滚动窗口内容：单击滚动箭头和滚动滑块之间的区域。

❋ 滚动窗口内容到指定位置：拖动滚动滑块到指定位置。

（7）窗口的控制菜单。

用鼠标单击窗口左上角控制按钮（应用软件的标识）将出现控制菜单。图 2—27 是在 PowerPoint 应用程序窗口下，单击控制按钮后给出的控制菜单。

控制菜单中各命令的含义如下：

❋ 还原：将窗口还原成最大化或最小化前的状态。

❋ 移动：使用键盘上的上、下、左、右移动键将窗口移动到另一位置。

❋ 大小：使用键盘改变窗口的大小。

❋ 最小化：将窗口缩小成任务栏中的一个按钮。

❋ 最大化：将窗口放大到最大。

❋ 关闭：关闭窗口。

图 2—27　控制菜单

2.1.6　Windows 的菜单

菜单是提供一组相关命令的清单。Windows 操作系统的功能和基本操作大部分都是通过菜单完成的。如前面介绍的单击"开始"按钮可弹出"开始"菜单；除此之外，Windows 系统的每一个窗口几乎都有菜单栏。此外，单击鼠标右键还可弹出快捷菜单。

菜单的分类：

❋ 下拉式菜单：包含有若干条命令，为了便于使用，命令按功能分组，分别放在不同的菜单项里。如"编辑"菜单。

❋ 弹出式快捷菜单：快捷菜单中给出的命令，是与上下文相关的，即根据单击鼠标时箭头所指的对象和位置的不同，弹出的菜单命令的内容也不同。

1. 下拉式菜单

对于窗口上的菜单栏，单击菜单栏中的菜单名，可将该菜单打开，然后从菜单中选择相应的命令。图 2—28 是在 PowerPoint 下点击菜单栏中的"插入"命令后系统给出的下拉式菜单。

　　❀ 有效命令：菜单中将当前能够执行的菜单命令以深色显示，并可选择。如图 2—28 中的"幻灯片编号"命令。

　　❀ 无效命令：在当前状态下不能使用的命令则呈灰色，不可选择。如图 2—28 中的"超链接"命令。

　　❀ 带有"…"的命令：表示选择该菜单命令后将弹出一个对话框，以期待用户输入必要的信息或作进一步的选择。如图 2—28 中的"日期和时间"命令。

　　❀ 带有"▶"的命令：表示有下一级子菜单。如图 2—28 中的"图片"命令。

2. 弹出式快捷菜单

　　将鼠标指向某个选中对象或屏幕的某个位置，单击鼠标右键即可打开一个弹出式菜单（也称为快捷菜单）。在快捷菜单中列出了与选中对象直接相关的命令。

　　快捷菜单中给出的命令，是与上下文相关的，即根据鼠标右键单击的对象和位置的不同，弹出的菜单命令的内容也不同。

　　图 2—29 是在 PowerPoint 下，在幻灯片的空白处点击鼠标右键后系统给出的弹出式菜单。

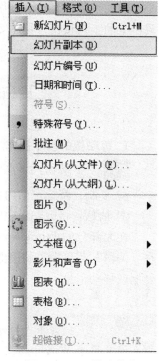

图 2—28　下拉式菜单

3. Windows 菜单的基本操作

　　操作　❀ 菜单命令的执行：鼠标左键单击窗口中菜单栏上的菜单名，弹出下拉式菜单，移动鼠标指针，在选中的菜单项上单击鼠标左键，即可执行相应的菜单命令。

　　❀ 退出菜单选择状态：用鼠标左键单击菜单外的任何区域即可。

　　菜单命令项右边的键符或组合键符，如图 2—29 中的"背景（K）"命令中的"K"，表示在该菜单选择状态下，既可用鼠标直接单击执行"背景"命令，也可直接按键盘上的字母"K"执行"背景"命令。

图 2—29　弹出式菜单

2.1.7　Windows 的剪贴板

　　剪贴板是 Windows 中的一个非常实用的工具，它是程序间、文件间实现信息交换的临时存储区。在对选定的内容进行复制、剪切或粘贴时要用剪贴板。

　　操作　第一步，把选定的内容通过执行"复制"（或"剪切"）命令，临时保存在剪贴板中。

第二步，将光标定位到需要插入剪贴板中内容的目标位置上。

第三步，执行"粘贴"命令，把剪贴板中的当前内容插入到指定的位置上。

剪切、复制、粘贴操作既可以通过"编辑"菜单中提供的相关命令实现，也可通过工具栏上的工具按钮（见图2—30），还可以通过组合键进行快速操作。

图 2—30　工具栏

1. 剪贴板的基本操作

操作　❋ 剪切：将选定的内容移到剪贴板中。

❋ 复制：将选定的内容复制到剪贴板中。

❋ 粘贴：将剪贴板中的内容插入到指定的位置。

在大部分的 Windows 应用程序窗口中都包含有以上三个基本操作命令，它们一般放在"编辑"菜单中。利用剪贴板，可以方便地在文档内部、各文档之间、各应用程序之间复制或移动信息。

注　意　　如果没有清除剪贴板中的内容，或没有新的内容被剪切或复制到剪贴板，则在没有退出 Windows 之前，剪贴板中的内容将一直被保留，随时可将它粘贴到指定的位置。

2. 屏幕复制

在 Windows 环境下，任何时候按下 Print Screen 键，都可将当前整个屏幕信息复制到剪贴板中。

在 Windows 环境下，任何时候同时按下 Alt 与 Print Screen 键，可将当前活动窗口信息复制到剪贴板中。

在实际应用中，上面两个屏幕复制操作非常有用，它可以帮助我们很方便地把所需要的屏幕窗口信息复制到任意文档中，或通过绘图软件加工处理后粘贴到文档中。

2.1.8　Windows 的快捷方式

快捷方式可以和用户界面中的任意对象相连，它是一种特殊类型的文件。每一个快捷方式用一个左下角带有弧形箭头的图标表示，称之为快捷图标（见图2—31）。

快捷图标是一个链接对象的图标，它不是这个对象本身，而是指向这个对象的指针。利用快捷方式可以定制的工作环境有桌面、"开始"菜单、任务栏等。

图 2—31

1. 快捷方式的创建

（1）利用菜单在桌面创建应用程序的快捷方式。

1）利用"资源管理器"或"我的电脑"在桌面创建应用程序的快捷方式。

操作　第一步，在"资源管理器"或"我的电脑"窗口中，选定要创建快捷方式的对象，如文件、文件夹或打印机等。

第二步，单击菜单栏的"文件"，选择"创建快捷方式"命令；或用鼠标右键打开快捷菜单，单击"创建快捷方式"命令；或直接选择快捷菜单中的"发送到"→"桌面快捷方式"命令。①

第三步，若是文件（文件夹），将在所在文件夹下创建快捷图标，可以用鼠标将快捷图标拖到桌面上；若是驱动器、打印机等硬件设备，将在桌面上创建快捷图标。

2）直接在桌面创建应用程序的快捷方式。

操作　第一步，在桌面空白处单击鼠标右键，选择快捷菜单中的"新建"→"快捷方式"，弹出"创建快捷方式"对话框。

第二步，通过"浏览"按钮，在"浏览文件夹"对话框中找到要创建快捷方式的对象，单击"确定"按钮即可。

（2）利用鼠标在桌面创建应用程序的快捷方式。

操作　第一步，在"资源管理器"的文件夹窗口（即左侧窗口）中选中该应用程序所在的文件夹作为当前文件夹，然后在文件夹内容窗口（即右侧窗口）中选定应用程序图标。

第二步，将"资源管理器"窗口缩小到使桌面可见。

第三步，利用鼠标的复制操作将选定的应用程序复制到桌面上，即按住 Ctrl 键将鼠标指针指向应用程序图标，按住鼠标左键，将该图标拖动到桌面上，释放鼠标左键。此时，就在桌面上创建了该应用程序的快捷方式。

2. 快捷方式的使用

直接双击桌面上的快捷图标即可。

3. 快捷方式的删除

选中快捷图标，单击鼠标右键，弹出快捷菜单，选择"删除"命令即可将快捷方式删除。

注　意　应用程序快捷方式的删除不会导致与其关联的程序文件被一起删除。

2.1.9　Windows 的命令行方式

在 Windows 环境下可以切换到 MS-DOS 模式下，进行 DOS 命令的输入，如 ipconfig 命令。

---

①　为叙述简便，在本书中用"→"连接上下两步操作，省略文字叙述。

操作　单击"开始"按钮选择"所有程序"→"附件"→"命令提示符"，就切换到了 MS-DOS 模式下，操作窗口如图 2—32 所示。

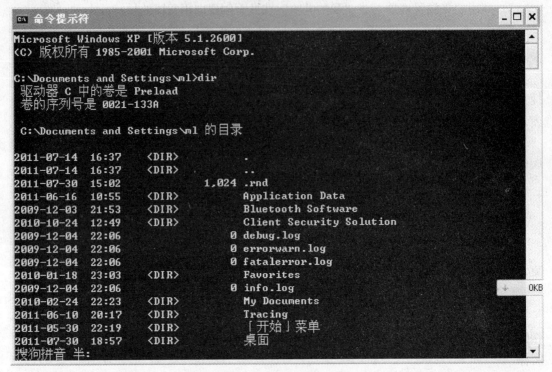

图 2—32　"命令提示符"窗口

在"命令提示符"窗口下的 DOS 命令输入提示符")"的后面，可以输入各种 DOS 命令进行相关的操作，如复制、删除。图 2—32 中显示的内容就是在输入了 DOS 命令"dir"后，显示的结果。

在"命令提示符"窗口下可以通过"Alt＋Enter"组合键在全屏幕方式和窗口方式之间进行切换。

❈ 全屏幕方式：在全屏幕中运行程序，看起来同以前的 MS-DOS 版本的运行没什么两样。

❈ 窗口方式：在窗口中运行程序，窗口中将出现控制菜单，最大化、最小化和关闭按钮等（见图 2—32）。

2.1.10　Windows 的汉字输入方法

在安装 Windows 时，系统已经将常用的输入法安装好，并在任务栏右侧显示语言栏，该语言栏是一个浮动的工具条。

汉字输入法的启动：单击语言栏上表示语言的按钮或表示键盘的按钮，打开如图 2—33所示输入法列表，在列表中选择需要的输入法即可切换到该输入法。汉字输入法前面的黑色三角"▶"表示该输入法为当前汉字输入状态。

当切换到汉字输入法时，一般会在 Windows 窗口的左下角出现相应的输入法状态框，如图 2—34 所示是智能 ABC 输入法的状态框，可以通过鼠标单击其中的按钮进行全角/半角、打开软键盘等相应的设置。

图 2—33　　　　　　　　　　　图 2—34

也可用组合键完成以上操作，常用的组合键操作有如下几种：

❀ Ctrl＋Space：在当前正在使用的汉字输入法和英文输入法之间进行切换。

❀ Shift＋Space：输入字符在全角和半角之间进行切换。

❀ Ctrl＋Shift：在已安装的所有输入法之间按顺序进行切换。

❀ Ctrl＋.（小数点）：在中英文标点之间进行切换。

2.2　Windows 文件管理

2.2.1　与文件相关的概念

1. 文件的概念

文件是有名称的一组相关信息的集合。文件是 Windows 中最基本的存储单位，可用来保存各种信息，这些信息既可以是我们平常所说的文档（如用户编辑的文章、信件和图形等），也可以是可执行的应用程序。文件的物理存储介质通常是磁盘和光盘。文件的基本属性包括文件名、大小、类型、创建和修改时间等。

（1）文件名。

一个磁盘可以存放许多文件，为了区分它们，对于每一个文件，都必须给它们取一个名字（即文件名）。当存取某一个文件时，只要在命令中指定其文件名，而不必指定它存储的物理位置，就可以把文件存入或取出，实现"按名存取"。

文件名一般由主文件名和扩展名两部分组成。它们之间以英文的下圆点"."分隔。格式如下：

〈主文件名〉[．〈扩展名〉]

主文件名是文件的主要标记，而扩展名则用于表示文件的类型。

文件名的命名规则如下：

❀ 文件名最多可达 255 个字符。也就是说，在 Windows 中可以使用长文件名，不再局限于 DOS 的"8.3"命名规定（即主文件名和扩展名分别不能多于 8 个和 3 个字符）。

❋ 文件名中可以包含有空格。例如：chapter1 part2. doc 是一个合法的文件名。

❋ 文件名中不能包含的字符有?、\、＊、"、〈、〉、:、/。

❋ 允许使用多分隔符（即多个英文的下圆点）作为文件名，例如：chapter1. part2. doc，只有最后一个分隔符的后面部分（即 doc）才是扩展名。

❋ 系统保留用户指定的文件名的大小写格式，但大小写没有区别。例如，computer. doc 与 COMPUTER. DOC 是等价的。

❋ 可以使用汉字。例如，计算机应用基础. doc。

注 意　虽然文件名可以由用户任意指定，但最好选用能反映文件含义且便于记忆的名字。如 rshgl. exe（人事管理程序），学生信息表. dbf 等。

（2）文件名通配符。

在进行文件操作时，有时用户想对一组文件做相同的处理，例如显示某一组类型相同的文件，查询一组主文件名相同的文件，等等。

为了避免键入太多的字符，可以在主文件名和扩展名中使用如下通配符：

• ?：代替所在位置上的任一字符。如 a?. doc，可表示 a1. doc、a4. doc、ab. doc 等。

• ＊：代替从所在位置起的任意一个或一串字符。如 a＊. doc，可表示 a1. doc、a11. doc、abc. doc 等。

（3）文件类型。

在 Windows 中，根据文件存储内容的不同，可以把文件分为许多不同的类型。文件类型不同时，其显示的图标及描述也不同。

常用的文件类型及对应的扩展名如下：

❋ 应用程序文件：. exe、. com 等。

❋ 系统文件：. sys。

❋ 声音文件：. wav、. mid 等。

❋ 文本文件：. txt。

❋ 图形文件：. bmp、. jpg、. gif 等。

❋ Excel 工作簿文件：. xls。

❋ Word 文档文件：. doc。

❋ PowerPoint 演示文稿文件：. ppt。

2. 文件夹的概念

在计算机的存储磁盘中可以存放很多文件，例如，一个大容量的硬盘可以容纳成千上万个文件，为了便于管理，可以把文件存放在不同的文件夹中。

引入文件夹的主要目的是可以将不同类型的文件置于不同文件夹下。一个文件夹既可以存放文件，又可以存放其他的文件夹（称为子文件夹），同样，子文件夹也可以存放文件和子文件夹。因此，Windows 的文件组织结构是分层次的，即树形结构，如图 2—35 所示。

每个磁盘都有一个根文件夹，它类似于 DOS 中的根目录。根文件夹用符号"\"表示，C 盘的根文件夹就表示为"C:\"。根文件夹是在磁盘格式化时自动建立的，而其他文

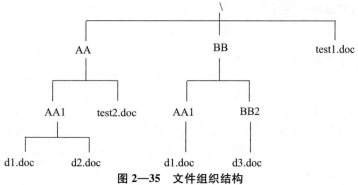

图 2—35　文件组织结构

件夹则是由用户按需要来建立的。

　　文件夹的命名规则与文件的命名规则相同，但习惯上文件夹名中不采用扩展名。

　　使用中，用户可通过有关命令来创建文件夹，也可对文件夹进行相应的复制、移动、重命名和删除等操作。

　　在 Windows 中，不在同一文件夹下的子文件夹或文件可以同名，但在同一文件夹下不允许有相同的子文件夹名和相同的文件名。

　　图 2—36 是 Windows 资源管理器对文件（文件夹）进行管理的窗口界面。

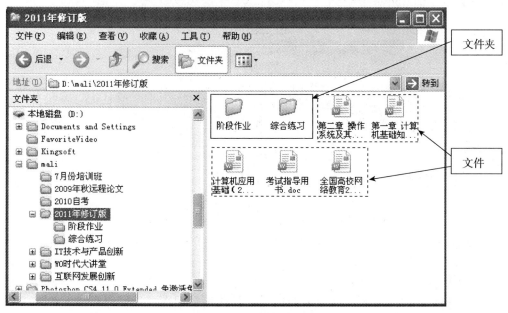

图 2—36　资源管理器窗口

3. 文件的路径

　　为了访问一个文件，需要知道这个文件的位置，即它处在哪个磁盘的哪个文件夹中。文件的存放位置又称为文件的路径。

　　路径是操作系统描述文件位置的一条通路，一个完整的文件名应包括如下内容：

　　盘符（即驱动器号）＋该文件顺序经过的全部文件夹＋文件名．扩展名

　　文件夹之间用符号"\"隔开。如要访问图 2—35 中的 d2. doc 文件，我们假定它在 D

盘上，那么它的完整访问路径为：D:\AA\AA1\d2. doc。

2.2.2　通过资源管理器管理文件

1. 资源管理器的启动

资源管理器是 Windows 对文件（文件夹）进行管理的专用工具。使用资源管理器可对磁盘上的有关资源、文件夹和文件的各种信息进行管理操作。

资源管理器的启动方式有三种。

操作　❋ 单击"开始"按钮，选择"所有程序"→"附件"→"Windows 资源管理器"。

❋ 或双击"资源管理器"的快捷方式图标启动资源管理器。

❋ 或用鼠标右键单击"开始"按钮，弹出快捷菜单后，单击"资源管理器"命令。

2. 资源管理器的窗口组成

默认情况下打开的资源管理器窗口主要有文件夹树窗口（左窗口）和文件夹内容窗口（右窗口）两部分，其中左窗口可关闭（见图2—37）。由图 2—37 中可看到，资源管理器主要由以下几个部分组成。

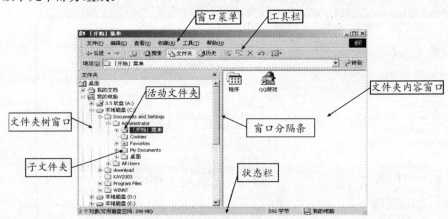

图 2—37　"「开始」菜单"窗口

（1）文件夹树窗口。

文件夹树窗口位于资源管理器的左窗口。在此窗口中按文件的树形结构显示文件夹树。文件夹树的最上方为该磁盘上的根文件夹，如"本地磁盘（C:）"。在此窗口下的树形结构中包含有桌面、我的电脑、存储磁盘、网上邻居、回收站以及存储磁盘展开后的文件夹等形状各异的图标。

单击文件夹树窗口右上角的关闭按钮"❌"，可关闭此窗口。

（2）文件夹内容窗口。

文件夹内容窗口位于资源管理器的右窗口。此窗口显示在文件夹树窗口中选定的文件夹所包含的内容（文件或子文件夹）。

（3）子文件夹。

在文件夹树形结构中从属于某个上层文件夹的低层文件夹称为所在文件夹的子文件夹。在资源管理器的左窗口和右窗口均可逐级显示子文件夹。

（4）活动文件夹。

活动文件夹是指当前处于活动状态的文件夹。在窗口中以反白方式和表示张开状态的图标"📂"表示。

（5）窗口分隔条。

窗口分隔条处于资源管理器窗口的左窗口和右窗口之间。将鼠标指针置于窗口分隔条上按住左键左、右移动（此时鼠标指针变成"↔"），窗口分隔条随之移动，从而改变左、右窗口的相对大小。

（6）状态栏。

状态栏位于资源管理器窗口的底部。用于显示当前文件夹中文件的个数、该文件夹占用存储容量的总字节数、当前外存储器中尚可使用的存储容量的字节数及选择的文件占用的字节数等信息。

（7）窗口菜单。

资源管理器窗口的第二行是菜单栏。其主要菜单项有"文件"、"编辑"、"查看"、"收藏"、"工具"和"帮助"等几项。

（8）工具栏。

工具栏可出现在菜单栏的下一行，也可隐藏。工具栏的显示/隐藏切换可通过资源管理器窗口的菜单栏"查看"菜单的"工具栏"命令选项来实现。

3. 创建资源管理器的快捷方式

在 Windows 的初始桌面上没有资源管理器的图标，可以通过以下方法为其在桌面上创建快捷方式图标。

操作 第一步，单击"开始"按钮，选择"所有程序"→"附件"→"Windows 资源管理器"。

第二步，单击鼠标右键，在弹出的快捷菜单中选择"发送到"→"桌面快捷方式"命令（或按住 Ctrl 键的同时拖动其到桌面）。

4. 资源管理器的基本操作

（1）选择文件夹或文件。

在对文件夹或文件进行操作前，都要先将其选定。用鼠标选定的操作方法有以下几种：

1）选择单个文件夹或文件。

用鼠标左键单击所选的文件夹或文件的图标及名字。

2）选择多个文件。

※ 选择一组连续排列的文件：先单击要选择的第一个文件，然后按住 Shift 键，移动鼠标指针至要选择的最后一个文件并单击之，再释放 Shift 键，一组文件即被选定。

※ 选择不连续排列的多个文件：按住 Ctrl 键，逐个单击要选择的文件即可。

3）选择全部文件夹和文件。

从资源管理器菜单栏中的"编辑"菜单中选择"全选"命令选项，即可全部选定。

4）取消已选定的文件。

如在已选定的文件夹和文件中，要取消一些项目，则可按住 Ctrl 键，鼠标单击要取消的项目。如要全部取消，则只需用鼠标单击窗口上的空白处即可。

（2）展开和折叠文件夹。

1）可展开标记（"□+"）。

在资源管理器左侧的文件夹树中，有的文件夹图标左侧有"□+"标记，表示该文件夹有下属的子文件夹，可进一步打开，要打开时，只需用鼠标单击该图标即可。

2）已展开标记（"□-"）。

在资源管理器左侧的文件夹树中，有的文件夹图标左侧含有"□-"标记，表示该文件夹已经展开。如用鼠标单击该图标，则系统将显示退回上层文件夹的状态，将该文件夹下的子文件夹隐藏起来，该标记变为"□+"。

3）无任何标记。

如果文件夹图标左侧既没有"□+"标记也没有"□-"标记，则表示该文件夹下没有子文件夹，不可进行展开或隐藏操作。

5. 管理文件和文件夹

（1）创建新的文件夹。

可在资源管理器窗口中的文件夹树的任何位置建立一个新的文件夹。

操作　※ 在当前文件夹窗口中使用菜单命令"文件"，选择"新建"→"文件夹"。

※ 或在文件夹内容窗口空白处单击鼠标右键，在弹出的快捷菜单中选择"新建"→"文件夹"。

（2）移动与复制文件。

1）文件的移动。

如在不同的外存储器间进行文件或文件夹的移动，首先选择要移动的文件或文件夹，然后按住 Shift 键，用鼠标拖动选定的文件或文件夹到目标位置，即可完成文件或文件夹的位置移动。如在同一个外存储器的不同文件夹间移动文件或文件夹，不必按住 Shift 键，否则就是将文件或文件夹进行了复制操作。

2）文件的复制。

如在同一外存储器的不同文件夹间进行文件或文件夹的复制，首先选择要复制的文件或文件夹，然后按住 Ctrl 键，用鼠标拖动选定的文件或文件夹到目标位置，即可完成文件或文件夹的复制。如在不同外存储器间复制文件或文件夹，不必按住 Ctrl 键。

3）文件的剪切与粘贴。

在对文件进行移动或复制操作时，就要用到文件的剪切与粘贴操作。

操作　第一步，选定所需移动（或复制）的文件。

第二步，打开资源管理器菜单栏中的"编辑"菜单，选择"剪切"（或"复制"）命令。

第三步，选择要移动（或复制）到的目标文件夹，此时该文件夹呈反显状态（蓝底白字）。

第四步，继续从"编辑"菜单中选择"粘贴"命令，单击后即完成文件的移动（或复制）。

以上操作也可通过快捷菜单实现。

（3）删除文件或文件夹。

对于不再使用的信息加以清理，可有以下五种删除文件的方法。

操作 ❋ 用鼠标左键单击资源管理器窗口工具栏上的"✕"删除按钮，可删除从文件夹树中选定的文件夹或文件。

❋ 或用鼠标左键单击资源管理器窗口菜单栏上的"文件"菜单中的"删除"命令，也可删除从文件夹树中选定的文件夹或文件。

❋ 或用鼠标右键单击要删除的文件夹或文件，在随后出现的快捷菜单中，单击"删除"命令，可将选定的文件或文件夹删除。

❋ 或在选定要删除的文件夹或文件上按住鼠标左键，直接将其拖动到资源管理器左窗口的"回收站"文件夹中。进行此项操作时应先使"回收站"文件夹处于可见位置。

❋ 或选定要删除的文件夹或文件，直接按 Delete 键，即可删除。

（4）从回收站恢复文件。

Windows 的回收站起到保护误删信息的作用，只要回收站存储容量未满，就可随时将回收站中的信息恢复到被删除前的原来位置。

回收站窗口的打开，可通过双击桌面上的"回收站"图标，也可通过单击资源管理器左侧文件夹树列表中的"回收站"，打开"回收站"窗口（见图2—12）。对回收站的操作有恢复文件、调整回收站的大小及清理回收站等。

1）恢复文件。

操作 ❋ 选定要恢复的文件，单击回收站窗口菜单栏的"文件"菜单，选择菜单中的"还原"命令，系统即可将文件从回收站恢复到原来所处的位置。

❋ 或选定要恢复的文件，单击鼠标右键弹出快捷菜单，单击"还原"命令。

❋ 或用剪切/粘贴技术将文件从回收站恢复到指定的外存储器或文件夹中。

2）调整回收站的大小。

需要对回收站的大小进行调整时，右击桌面上的"回收站"图标，选择快捷菜单中的"属性"选项，在随后出现的对话框中，用鼠标指针将表示"回收站最大尺寸"的滑杆进行左右移动，就可调整回收站所占磁盘存储容量的百分比（见图2—38）。

3）清理回收站。

操作 ❋ 清空回收站：在"回收站"窗口的菜单栏中，选择"文件"菜单，再从其菜单选项中选定"清空回收站"选

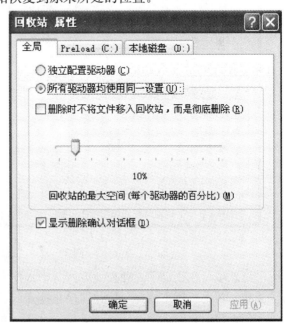

图2—38 "回收站属性"对话框

项，则回收站中的信息将被全部物理删除。

※ 有选择地删除回收站信息：先选中要被清除的文件，通过工具栏中的 "✕" 删除按钮或按 Delete 键，可将选中的文件删除。

从回收站清除信息的操作是永久性删除，被删除的信息不可能再恢复，因此，在进行回收站清理前应慎重。

（5）查找文件、文件夹和应用程序。

Windows 在不同的应用程序窗口中均提供了快速查找文件夹或文件的功能。这里介绍在资源管理器窗口用工具栏上的 "🔍搜索" 按钮进行查找的方法。

操作 第一步，单击工具栏 "🔍搜索" 按钮，出现如图 2—39 所示对话框；可按文件或文件夹的名称和位置进行搜索，也可选择按日期、类型、大小等方式进行查找。

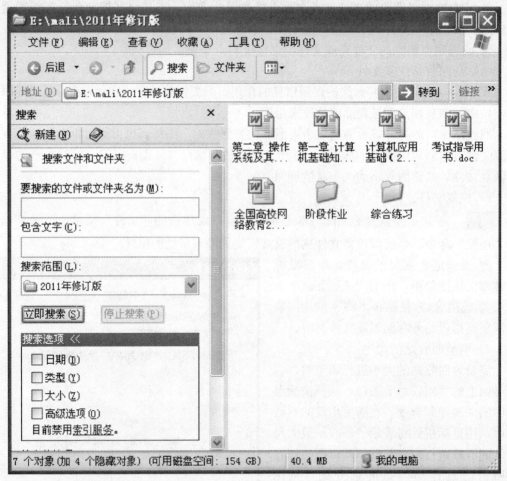

图 2—39 "搜索" 对话框

第二步，在选定了一种查找方式并输入搜索关键字后，单击 "立即搜索" 按钮，即开始查找；单击 "停止搜索" 按钮即停止搜索。

（6）显示和隐藏文件。

Windows 资源管理器中显示的文件，有些是系统文件，不可以删除，否则将导致系统

无法正常启动和工作。为了避免对文件的误删除，可以将这些被设置了隐藏属性的文件或
文件夹不显示出来。

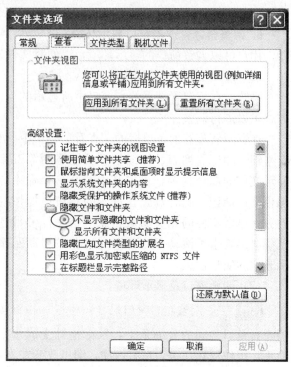

操作　第一步，选择资源管理器窗口菜单栏中的"工具"菜单→"文件夹选项"，打开"文件夹选项"对话框。

第二步，选择"查看"标签，得到如图 2—40 所示的"查看"对话框窗口，选择"不显示隐藏的文件和文件夹"选项，被设置为"隐藏"属性的文件和文件夹在资源管理器中将不被显示出来。

如果想重新在资源管理器中看到具有隐藏属性的文件或文件夹，可选中图 2—40 的"显示所有文件和文件夹"选项。

（7）文件或文件夹重命名。

操作　第一步，选定需要重命名的文件或文件夹（单击）。

图 2—40　"文件夹选项"对话框

第二步，再次单击文件或文件夹名，此时被选中的文件或文件夹名被加上了矩形框并呈反显状态，如图 2—41 所示。

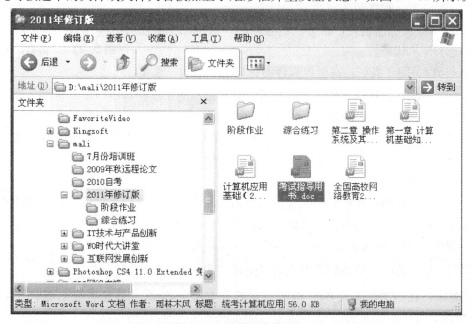

图 2—41　文件重命名操作

第三步，在反显的文件名方框中键入新的名字，单击方框外任何地方，即完成重命名的操作。

也可用鼠标右键单击文件或文件夹，在弹出的快捷菜单中选择"重命名"来实现此操作。

6. 调整资源管理器窗口显示环境

用户可以调整窗口的显示环境，以便对文件进行各种处理，控制文件的显示形式。

（1）改变文件的显示形式。

系统对在资源管理器的右窗口中所显示的当前文件夹中的子文件夹和文件信息的显示方式可以进行调整。

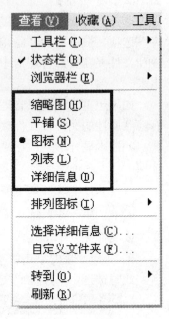

图2—42   "查看"子菜单

在资源管理器的菜单栏的"查看"菜单中（见图2—42），有平铺、图标、列表、详细信息及缩略图等五个以互斥方式显示文件的命令选项，单击其中的某一个命令，其左端出现黑色圆点标记，此时资源管理器的右窗口即按与此命令对应的方式显示文件的相关参数信息。当文件参数超出显示窗口范围时出现水平滚动条，可以通过左右移动水平滚动条来显示其他的属性信息。

（2）调整窗口及显示环境。

`操作` ※ 调整左右窗口尺寸：将鼠标指针置于资源管理器左右窗口之间的分隔条上，鼠标指针变成水平方向的双向箭头，按住鼠标左键，左右拖动，即可改变左右窗口的宽度。

※ 打开/关闭状态栏：单击资源管理器窗口菜单栏中的"查看"菜单，再单击其中的"状态栏"命令，此命令项左端出现"√"标志，在资源管理器底部即显示状态栏。再次单击此命令，"√"标志消失，状态栏被隐藏。一般情况下应使状态栏处于显示状态。

※ 打开/关闭工具栏：在资源管理器窗口的"查看"菜单中，单击其中的"工具栏"命令，再在其子菜单给出的工具栏选项（如"标准按钮"、"地址栏"、"链接"等）中，根据需要进行选择设置（加"√"），可同时选择多个选项。

※ 刷新：在资源管理器菜单栏的"查看"菜单中单击"刷新"命令，将当前文件夹树的结构和文件夹中的内容，更新为调整变动后的当前情况。

（3）查看对象属性。

通过资源管理器菜单栏的"文件"菜单的"属性"选项命令，可以了解使用中的计算机的硬件设置、磁盘驱动器当前状况、文件及文件夹的属性。

1）查看计算机系统的特性。

`操作` 第一步，在资源管理器左窗口选定"我的电脑"图标。

第二步，在"文件"菜单中单击"属性"命令，出现"系统属性"对话框，如图2—43所示。

第三步，"系统属性"对话框包含有"常规"、"计算机名"、"硬件"、"高级"、"系统还原"、"自动更新"及"远程"等选项卡。每个选项卡都有相应的窗口，从中能广泛了解此计算机的性能和系统配置的详细情况。

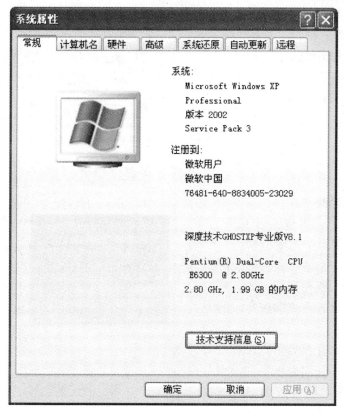

图 2—43　"系统属性"对话框

2）查看磁盘驱动器属性。

操作　第一步，在资源管理器左窗口选定某个磁盘驱动器的图标。

第二步，在"文件"菜单中选择"属性"命令，即出现该驱动器的属性对话框。

第三步，对话框中有"常规"、"工具"、"硬件"、"共享"等选项卡。

选择"常规"选择卡，出现的窗口如图 2—44 所示。显示驱动器的卷标、总容量、已用容量及可用容量等信息。

3）查看文件及文件夹属性。

操作　第一步，在资源管理器左窗口的文件夹树中选定要查看的文件夹或文件。

第二步，在"文件"菜单中单击"属性"命令，即出现文件夹或文件的属性对话框，如图 2—45 所示。在"常规"选项卡中有文件名，文件类型，文件的创建、

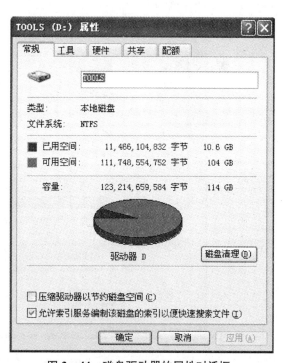

图 2—44　磁盘驱动器的属性对话框

修改及访问时间等信息，在对话框的下部有属性多选框，可设置"只读"、"隐藏"属性。可以用鼠标单击复选框，改变其属性。

（4）文件夹和文件的排序。

在资源管理器的右窗口中，可以按文件名称的 ASCII 码或汉语拼音的前后顺序、文件的字节多少、文件类型、最后存储的日期等四种不同的方式，进行文件夹和文件的排列。

要实现文件夹或文件的排序，首先在资源管理器菜单栏的"查看"菜单中单击"排列图标"命令，出现一个级联菜单（见图 2—46）；其四个选项分别为："名称"、"大小"、"类型"和"修改时间"，各自对应上文中的四种排列方式；从中选定一种，关闭菜单后系统即按选定的方式排列文件夹和文件。

也可以在资源管理器中直接点击右窗口中的相应"名称"、"大小"、"类型"和"修改时间"按钮，即可按选定的内容进行排列。在图 2—47 中，文件和文件夹是按"修改时间"进行的排列。

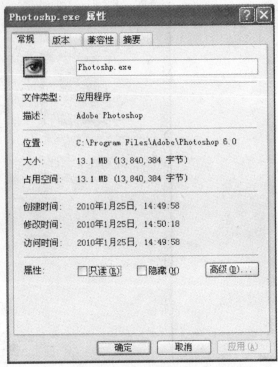

图 2—45　文件或文件夹的属性对话框

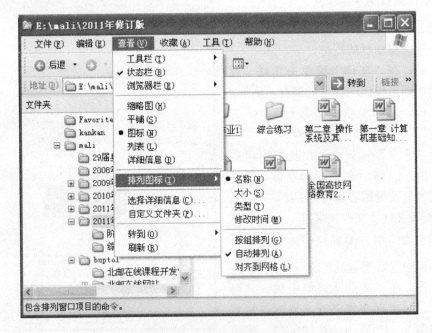

图 2—46　"排列图标"菜单

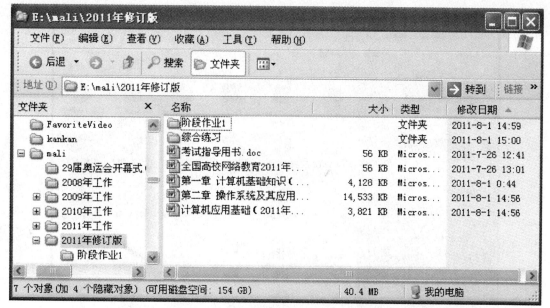

图 2—47　按"修改时间"进行排列

2.3　Windows 系统管理

2.3.1　Windows 的控制面板功能

　　"控制面板"是用来对系统进行设置的一个工具集，用户可以通过这些工具程序来查看或改变 Windows 的系统设置（Windows 系统安装时，一般都给出系统环境的最佳设置）。

　　有些工具可调整计算机设置，从而使得操作计算机更加有趣。例如，可以通过"鼠标"将标准鼠标指针替换为可以在屏幕上移动的动画图标，或通过"声音和多媒体"将标准的系统声音替换为自己选择的声音。其他工具可将 Windows 设置得更容易使用。例如，如果习惯使用左手，则可以利用"鼠标"更改鼠标按钮，以便利用右键执行选择和拖放等主要功能。

　　打开"控制面板"的途径有以下三种：

　　（1）用鼠标单击桌面上的"开始"按钮，在出现的菜单中单击"控制面板"，即可打开"控制面板"窗口（见图2—48）。

　　（2）双击桌面上"我的电脑"图标，在出现的"我的电脑"窗口中，再单击"控制面板"图标。

　　（3）用鼠标右键单击桌面上的"开始"按钮，在出现的快捷菜单中单击"资源管理器"，打开资源管理器窗口后，在其左窗口中，单击"控制面板"即可。

　　在"控制面板"窗口中，可看到最常用的工具，而有些工具下还包含有一些子工具，如"管理工具"下又包含"本地安全策略"、"数据源（ODBC）"等。

图 2—48 "控制面板"窗口

在"控制面板"窗口中，单击某一工具的图标，可查看该工具具有的功能、修改时间以及大小等信息。双击某一工具的图标，可打开该工具的对话框或操作窗口。

除了在"控制面板"窗口中可以打开这些工具外，还可以通过"开始"菜单→"控制面板"的级联菜单打开所需的工具。当在"控制面板"中看不到级联菜单时，可进行如下设置使其级联菜单可见。

操作 第一步，鼠标右键单击"开始"按钮→"属性"命令，弹出"任务栏和「开始」菜单属性"对话框，选择"「开始」菜单"选项卡，单击"自定义"按钮，打开"自定义「开始」菜单"对话框。

第二步，选择"高级"选项卡，在"「开始」菜单项目"列表框中，选中"控制面板"的"显示为菜单"单选按钮（见图 2—18）。

第三步，单击"应用"按钮。

2.3.2 Windows 中日期和时间的设置

在"控制面板"窗口中的"日期和时间"应用程序用于更改系统的日期和时间。

操作 双击"日期和时间"图标（或双击任务栏右下角显示的时间），可打开"日期和时间属性"对话框，如图 2—49 所示。

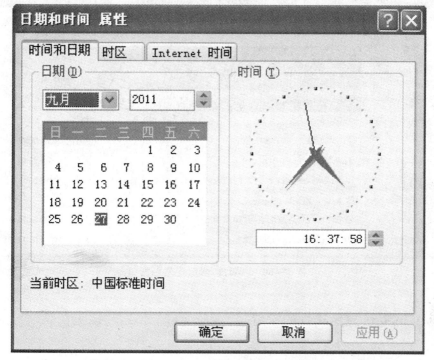

图 2—49　"日期和时间属性"对话框

此对话框中有三个选项卡，可以调整日期、时间、时区以及设置是否与 Internet 时间服务器同步。

2.3.3　Windows 中程序的添加和删除

Windows 提供了运行文字处理、电子表格和图像处理等应用程序的平台。而这些应用程序需要安装在计算机里。

目前大多数的应用程序都带有自动安装程序（如 setup.exe），双击该文件（有些可自动运行）便可开始安装应用程序，用户按照安装向导的提示可完成安装操作。对于不能自动安装的软件，可以通过"控制面板"中的"添加或删除程序"来安装。

从图 2—50 可以看到，通过"添加或删除程序"窗口可以对 Windows 中已安装的程序进行更改或删除，可以从光盘或软盘添加新的应用程序到系统中，也可以通过 Internet 对 Windows 进行系统更新，还可以对 Windows 的组件进行添加或删除等操作。

如果想删除不再使用的应用程序，通常情况下软件大都自带有卸载程序，执行卸载程序即可；或通过图 2—50 中的"更改或删除程序"来完成。

不能采用删除一般文件的简单删除方式对应用程序进行删除（如直接将应用程序所在的文件夹删除），否则会留下不少隐患。因为这些应用程序在安装时，不仅把内容拷贝到了特定位置，而且可能在系统初始化文件中留下了运行所需的信息。

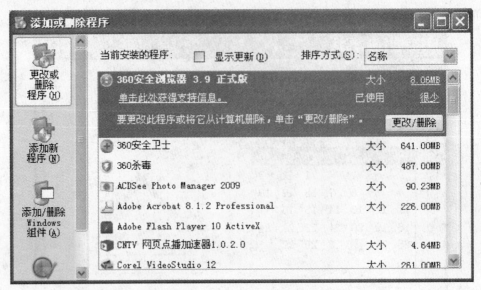

图 2—50 "添加/删除程序"窗口

2.3.4 Windows 显示属性的设置

设置 Windows 桌面显示属性是用户个性化工作环境的最重要的体现。用户可以根据自己的爱好，设置桌面的外观、屏幕显示的颜色和分辨率等。

操作 ※ 通过"资源管理器"或"我的电脑"打开"控制面板"窗口，选择"显示"功能。

※ 或右击桌面空白处，从快捷菜单中选择"属性"命令。

系统弹出"显示属性"对话框（见图 2—51），提供"主题"、"桌面"、"屏幕保护程序"、"外观"、"设置"等选项卡，根据需要可以通过不同的选项卡进行相关属性的设置。

"主题"选项卡：可以设置个性化的窗口风格。

"桌面"选项卡：可以根据自己的喜好为桌面选择各种图片、照片作为桌面背景。

"屏幕保护程序"选项卡：可以为计算机设置屏幕保护密码，选择屏幕保护程序，设置电源保护方式等。

"外观"选项卡：可为 Windows 的所有可操作项目进行显示外观的设置，而桌面、菜单、窗口、标题栏、边框等都是 Windows 的可操作项目。

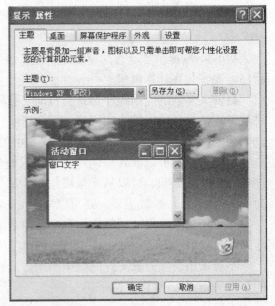

图 2—51 "显示属性"对话框

"设置"选项卡：为显示器设置颜色、屏幕分辨率等。

2.4　Windows 附件常用工具

2.4.1　Windows 的系统工具

操作　第一步，单击"开始"菜单，选择"所有程序"→"附件"→"系统工具"（见图 2—52）。

第二步，根据需要，选择磁盘清理、备份、磁盘碎片整理程序等功能。

下面介绍最常用的两个系统工具"磁盘清理"和"磁盘碎片整理程序"的使用方法。

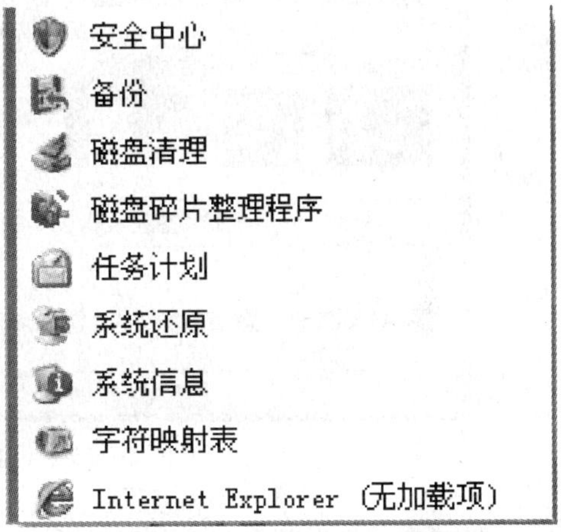

1. 磁盘清理

在 Windows 工作过程中会产生大量的临时文件，这些临时文件会占据磁盘空间，造成空间浪费。这些临时文件包括系统生成的临时文件、回收站内的文件以及从 Internet 上下载的文件等。

Windows 提供了专门用来清理无用文件的"磁盘清理"程序，以便回收硬盘空间。

- 安全中心
- 备份
- 磁盘清理
- 磁盘碎片整理程序
- 任务计划
- 系统还原
- 系统信息
- 字符映射表
- Internet Explorer (无加载项)

图 2—52　"系统工具"菜单

操作　第一步，在"我的电脑"窗口中，鼠标右键单击相应的磁盘图标，选择快捷菜单中的"属性"，弹出该磁盘的"属性"对话框。

第二步，选择"常规"选项卡（见图 2—44），单击"磁盘清理"按钮即可。

"磁盘清理"命令也可以通过"附件"的"系统工具"执行。

2. 磁盘碎片整理程序

一般来说，在一个新磁盘中保存文件时，系统会使用连续的磁盘区域保存文件内容。但是当以后用户修改文件内容时，随着修改次数的增多，就会使文件的存放位置不连续，这样的磁盘空间称为磁盘碎片。

如果一个文件存在大量的磁盘碎片就会降低系统的读写速度。因为当系统读取存储位置相隔很远的文件时，必然不停地移动磁头的位置，而磁头移动属于机械运动，速度相对较慢，这就严重地影响了系统的总体性能。除此之外，大量的磁盘碎片还有可能导致文件链接错误，程序运行出错，甚至由于大量的移动而加速磁盘的损坏。因此，应经常检查磁盘碎片情况，当碎片比较多需要整理时，Windows 系统会给出需要整理的提示。

操作　第一步，在"我的电脑"中右击相应的磁盘，选择"属性"，弹出该磁盘的属性对话框。

第二步，选择"工具"选项卡，单击"开始整理"按钮，弹出"磁盘碎片整理程序"

对话框（见图 2—53）。

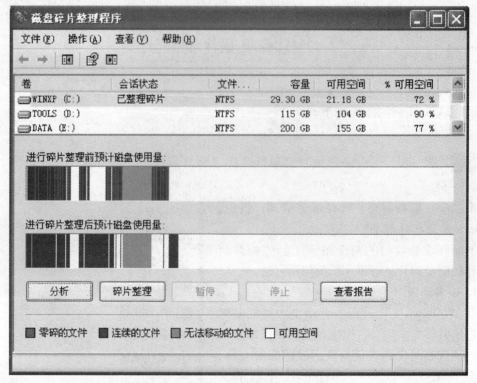

图 2—53　"磁盘碎片整理程序"对话框

第三步，可先单击"分析"按钮，对磁盘上的碎片进行分析，如果需要整理，系统会给出整理提示，否则可以先不做整理。

第四步，如果需要整理，单击"碎片整理"按钮即可。

"磁盘碎片整理程序"也可以通过"附件"的"系统工具"执行，其作用是把整个磁盘空间重新排列，使得同一个文件和文件夹的所有簇都排列在连续的硬盘空间上，从而提高了磁盘的使用性能。在实际使用中，一般建议定期（一般每个月一次）整理硬盘空间。

2.4.2　记事本

记事本是 Windows 中自带的一个简单的文本编辑器，默认的文件扩展名为".txt"。由于它只具备最基本的编辑功能，所以体积小巧，启动快，占用内存低，容易使用。同时，由于记事本只能处理纯文本文件，所以它可以保存无格式文件，也就是说，可以把记事本编辑的文件保存为：".html"，".java"，".asp"等任意格式，所以记事本也就成了使用最多的源代码编辑器。

操作　第一步，单击"开始"菜单，选择"所有程序"→"附件"→"记事本"，打开"记事本"窗口（见图 2—54）。

第二步，在编辑窗口中输入相关的文字和字符，并可进行简单的编辑处理。

第三步，单击"文件"→"保存"即可。

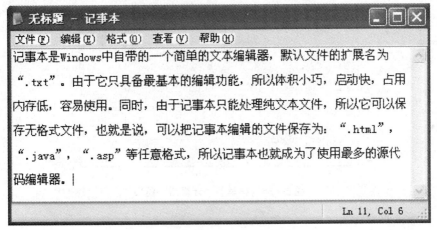

图 2—54　"记事本"窗口

2.4.3　写字板

写字板是 Windows 自带的一个功能比记事本稍微强大的文本处理工具，它接近标准的文字处理软件，是适用于短小文档的文本编辑器，在写字板中可用各种不同的字体和段落样式来编排文档，默认的文件扩展名为".rtf"。

2.4.4　计算器

操作　单击"开始"菜单，选择"所有程序"→"附件"→"计算器"，打开"计算器"窗口。

Windows 提供的计算器有两种基本类型，通过"查看"菜单可以进行两种类型的切换。

※ 标准型（按输入顺序计算）见图 2—55。

图 2—55　标准型"计算器"窗口

※ 科学型（按运算顺序计算）见图2—56。

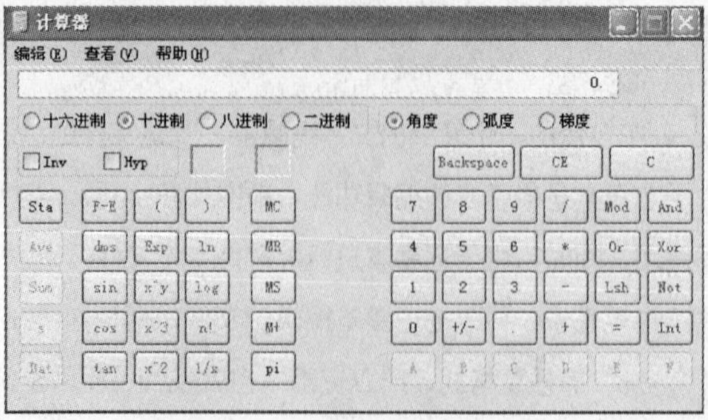

图2—56 科学型"计算器"窗口

2.4.5 画   图

启动"附件"中的画图软件，显示如图2—57所示窗口，窗口的基本组成包括标题栏、菜单栏、绘图栏、绘图区、工具栏、调色板和状态栏等部分。

图2—57 画图工具窗口

利用画图软件提供的各种工具，可以建立、编辑、打印各种图形，可将设计好的图形插入到其他应用程序中，也可将其他应用程序中的图形复制、粘贴到"画图"窗口中来。

在画图软件中，可对图形裁剪、拼贴、移动、复制、保存和打印。默认的文件扩展名为".bmp"。

【本章小结】

本章对 Windows 的基本概念进行了介绍，包括桌面、窗口、菜单、剪贴板、回收站等的基本概念及操作方法；重点介绍了文件、文件夹以及路径的相关概念，并重点介绍了资源管理器的使用方法；介绍了控制面板的使用方法，并对日期和时间、程序添加和删除、显示属性的设置方法进行了重点介绍；对 Windows 附件中的常用工具如系统工具、记事本、写字板、计算器、画图等软件的使用进行了介绍。

【习题】

一、简答题

1. 操作系统主要管理哪些资源？具有哪些功能？

2. 简述 Windows 资源管理器的功能及窗口组成情况。

3. 简述 Windows 的控制面板功能及其包含的几种设置模块。

4. 目录与文件有什么差别？

5. 什么是剪贴板？它的作用是什么？"复制"与"粘贴"操作与剪贴板有什么关系？

6. 简述回收站的作用。

7. 屏幕保护的作用是什么？

二、单选题

1. 操作系统是_____。

A. 用户与软件的接口   B. 系统软件与应用软件的接口

C. 主机与外设的接口   D. 用户与计算机的接口

2. 在 Windows 下，不可能出现在任务栏上的内容为_____。

A. 对话框窗口的图标   B. 正在执行的应用程序窗口图标

C. 已打开文档窗口的图标   D. 语言栏对应图标

3. 当 Windows 的任务栏在桌面屏幕的底部时，其右端的"指示器"显示的是_____。

A. "开始"按钮   B. 用于多个应用程序之间切换的图标

C. 快速启动工具栏   D. 网络连接状态图标、时钟等

4. 在 Windows 中，对桌面背景的设置可以通过_____。

A. 鼠标右键单击"我的电脑"，选择"属性"菜单项

B. 鼠标右键单击"开始"菜单

C. 鼠标右键单击桌面空白区，选择"属性"菜单项

D. 鼠标右键单击任务栏空白区，选择"属性"菜单项

5. 在操作系统中，对文件的确切定义应该是_____。

A. 用户手写的程序和数据

B. 打印在纸上的程序和数据

C. 显示在屏幕上的程序和数据的集合

D．记录在存储介质上的程序和数据的集合

6．在文件系统的树形目录结构中，从根目录到任何数据文件，其通路有_____。

A．二条　　　　　B．唯一一条　　　C．三条　　　　　D．多于三条

7．在 Windows 中，打开一个窗口后，通常在其顶部是一个_____。

A．标题栏　　　　B．任务栏　　　　C．状态栏　　　　D．工具栏

8．在资源管理器左窗口中，文件夹图标左侧的"＋"标记表示_____。

A．该文件夹中没有子文件夹　　　　B．该文件夹中有子文件夹

C．该文件夹中有文件　　　　　　　D．该文件夹中没有文件

9．在查找文件时，通配符＊与？的含义是_____。

A．＊表示任意多个字符，？表示任意一个字符

B．？表示任意多个字符，＊表示任意一个字符

C．＊和？表示乘号和问号

D．查找＊.？与？.＊的文件是一致的

10．在 Windows 资源管理器中，选定了文件或文件夹后，若要将它们移动到不同驱动器的文件夹中，操作为_____。

A．按下 Ctrl 键拖动鼠标　　　　　B．按下 Shift 键拖动鼠标

C．直接拖动鼠标　　　　　　　　　D．按下 Alt 键拖动鼠标

11．在 Windows 资源管理器中，选定文件后，打开"文件属性"对话框的操作是_____。

A．单击"文件"→"属性"菜单项　　B．单击"编辑"→"属性"菜单项

C．单击"查看"→"属性"菜单项　　D．单击"工具"→"属性"菜单项

12．在 Windows 下，将某应用程序中所选的文本或图形复制到另一个文件，先要在"编辑"菜单中选择的命令是_____。

A．剪切　　　　　B．粘贴　　　　　C．复制　　　　　D．选择性粘贴

13．在 Windows 状态下，不能启动"控制面板"的操作是_____。

A．单击桌面上的"开始"按钮，在出现的菜单中单击"控制面板"

B．打开"我的电脑"窗口，再单击左窗口中"其他位置"下的"控制面板"

C．打开"资源管理器"，在左窗口中，选择"控制面板"选项，再单击

D．单击"附件"中"控制面板"命令

14．在 Windows 中，可以设置并控制计算机硬件配置和修改显示属性的应用程序是_____。

A．Word　　　　　B．Excel　　　　　C．资源管理器　　D．控制面板

15．在控制面板中，使用"添加/删除程序"的作用是_____。

A．设置字体　　　　　　　　　　　B．设置显示属性

C．安装未知新设备　　　　　　　　D．安装或卸载程序

三、操作题

1．通过资源管理器，在驱动器 D 上建立一个以自己姓名命名的文件夹，完成如下操作：

（1）在新建文件夹（如 D：\ student）下建立"操作练习"文件夹；

（2）在"操作练习"文件夹下建立"第二章"、"画图"和"记事本"3个子文件夹；

（3）将"画图"和"记事本"文件夹复制到"第二章"文件夹中；

（4）将"第二章"文件夹中的"画图"和"记事本"子文件夹设置为"隐藏"属性（仅将更改应用于所选文件）。

2. 在本地计算机中搜索扩展名为". bmp"的文件，并将其复制到自己的文件夹下（如 D：\ student），完成如下操作：

（1）为复制到自己文件夹下的 bmp 文件创建桌面快捷方式，快捷方式名称为"BMP"；

（2）将屏幕颜色质量设置为32位，屏幕保护程序选为"三维管道"，且等待时间为5分钟；

（3）将桌面背景选定为自己文件夹下的 bmp 格式的图片，并居中显示。

第三章

文字编辑软件 Word

📖 **【学习重点】**

请使用 8 学时学习本章内容，着重掌握以下知识点：

⊙ Word 文档的主要功能和使用。

⊙ Word 文件的建立、打开与保存和文档的基本编辑操作。

⊙ Word 文档格式的编辑。

⊙ Word 文档模板与样式的创建和使用。

⊙ Word 文档中表格的建立与编辑。

⊙ Word 文档中图形的制作与编辑。

⊙ Word 文档中对象的插入及图文混排。

⊙ Word 文档的页面设置和打印。

⚙ **【考试要求】**

1. 了解　Word 的主要功能；任务窗格的作用；Word 帮助命令的使用；项目符号和编号；模板的概念。

2. 理解　Word 工作窗口的基本构成元素。

3. 掌握　Word 的启动和退出；定位、替换和查询操作；插入符号的操作；边框、底纹、页眉和页脚的添加；样式的建立与使用；表格格式和内容的基本编辑；绘制自选图形的操作；图形元素的基本操作；图片的插入；文本框的插入；图文混排技术；页面设置；打印预览、打印基本参数设置和打印输出。

4. 熟练掌握　文档的基本操作；视图的使用；文本编辑的基本操作；剪贴、移动和复制操作；字体和段落设置；表格的建立。

MS-Office 是微软公司开发的一套办公自动化软件。该软件全面支持简、繁体中文，并可以进行文字处理、电子表格处理、电子演示文稿处理、数据库处理、网页制作以及其他一些信息处理，目前最新的版本为 Office 2010。本教材主要介绍目前被广泛使用的 Office 2003 版本。

在 Office 2003 中，包括：文本处理软件 Word 2003、电子表格处理软件 Excel 2003、幻灯片演示软件 PowerPoint 2003、数据库管理软件 Access 2003、邮件管理软件 Outlook 2003、网页制作软件 FrontPage 2003、电子记事本软件 OneNote 2003、表单制作软件 InfoPath 2003 以及出版物编辑软件 Publisher 2003 等软件和一些 Office 工具。

3.1　Word 基本知识

Word 2003 是一种字处理程序，可使文档的创建、共享和阅读变得更加容易，同时，它还具有很强的图文混排功能。除此之外，Word 2003 还支持"可扩展标记语言（XML）"文件格式，所以可作为功能完善的 XML 编辑器来使用。

3.1.1　Word 的主要功能

❋ 文字编辑功能：可以进行文字的输入、修改、删除、移动、复制、查找、替换等操作。

❋ 文字校对功能：可以进行拼写检查、自动更正等操作。

❋ 格式编排功能：可以进行字体格式、段落格式及页面格式的编排操作。

❋ 图文处理功能：可以绘制和插入图形、图片、艺术字等，可以编排出图文混排的版式，还可以设置三维效果。

❋ 表格绘制功能：可以创建或修改表格，还可以进行文本与表格间的转换。

❋ 帮助功能：系统提供的 Office 助手可以使用户获得相关帮助信息。

3.1.2　Word 的启动和退出

1. 启动

操作　❋ 单击"开始"按钮，选择"开始"菜单→"所有程序""Microsoft Office"→"Microsoft Office Word 2003"选项，即可启动 Word 2003 应用程序。启动后，屏幕显示 Word 2003 的工作窗口。

❋ 或若已在 Windows 桌面上建立了 Word[①] 的快捷方式，双击该快捷方式图标也可快速启动 Word。

---

① 为叙述方便，本章中的"Word 2003"简写成"Word"。

❋ 或直接双击一个已存在的 Word 文档，也可打开 Word，并进入该文档的编辑状态。

2. 退出

操作 　❋ 在 Word 主窗口的菜单栏上选择"文件"→"退出"命令。

❋ 或双击 Word 主窗口的控制菜单按钮（或单击控制菜单按钮，选择"关闭"命令）。

❋ 或单击 Word 主窗口的关闭窗口按钮。

3.1.3　Word 工作窗口

启动 Word 后，就进入了 Word 的工作窗口，如图 3—1 所示。

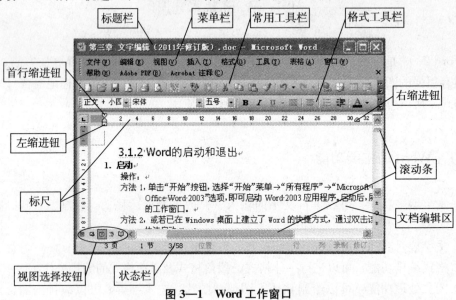

图 3—1　Word 工作窗口

从图 3—1 可以看到，与其他窗口类似，Word 窗口依次显示的是标题栏、菜单栏、常用工具栏、格式工具栏、标尺、文档编辑区、状态栏以及水平和垂直滚动条等。

1. 标题栏

窗口的最上面一行就是标题栏。标题栏用于显示应用程序名（"Microsoft Word"）以及当前正在编辑的文档的文件名。在标题栏的最左端是控制菜单按钮，双击此按钮可关闭 Word。最右边有三个控制按钮，分别为最大化按钮、最小化/还原按钮和关闭按钮，这三个控制按钮用来控制 Word 窗口的最大化、最小化、还原以及关闭。

2. 菜单栏

菜单栏位于标题栏之下，单击菜单按钮，可弹出相应的子菜单（下拉式菜单），单击子菜单中的命令就可执行它，或继续给出下一级的子菜单。

Word 应用程序共包含以下九个菜单项：

❋ "文件"菜单：包括新建、打开、关闭、保存、页面设置、打印预览等命令。

❋ "编辑"菜单：包括剪切、复制、粘贴、查找、替换、撤消等命令。

❋ "视图"菜单：包括文档版式设置、工具栏添加、页眉和页脚设置等命令。

❀ "插入"菜单：包括分隔符、日期和时间、页码、符号（特殊符号）、图片、文本框、超链接等命令。

❀ "格式"菜单：包括字体、段落、项目符号和编号、首字下沉、边框和底纹、分栏、背景、样式和格式等命令。

❀ "工具"菜单：包括字数统计、修订等命令。

❀ "表格"菜单：包括对表格的各种操作命令。

❀ "窗口"菜单：包括重排、拆分等命令。

❀ "帮助"菜单：通过 Office 助手可获得 Word 使用帮助等。

3. 工具栏

工具栏一般位于菜单栏下方。工具栏以按钮和列表框的形式提供了常用的功能命令（如格式工具、绘图工具、表格工具等）。

单击工具栏上的按钮就可以执行相应的命令。一般工具栏上的按钮都有其对应的菜单命令。如果按钮显示呈暗灰色，则表示此按钮暂时不能使用。

工具栏的添加操作　单击"视图"菜单→"工具栏"命令，在给出的子菜单中选择想要添加到工具栏的相关工具。如选择了"表格和边框"（前面加"√"），则在 Word 工作窗口中出现"表格和边框"工具，它既可以在窗口中独立出现并被自由拖动（按住其标题栏拖动鼠标到任意位置），又可以将其统一放置到工具栏的位置上（按住其标题栏拖动鼠标到工具栏位置，系统将自动将其安排在工具栏中）。

4. 标尺

Word 提供了水平和垂直两种标尺，其作用首先是显示当前页面的尺寸。标尺在表格设置、段落格式设定以及调整文档版式时会用到。

5. 文档编辑区

文档编辑区是用于编辑和显示文档内容的。在此区域，主要进行文字、图形、表格的输入与排版等工作。

6. 滚动条

滚动条有两个，即垂直方向和水平方向的滚动条。利用滚动条可以左右或上下移动文档编辑区的内容。

7. 视图选择按钮

在水平滚动条的左侧有五个按钮，分别为"普通视图"、"Web 版式视图"、"页面视图"、"大纲视图"以及"阅读版式"，它们被用来定义不同的文本显示方式。

8. 状态栏

状态栏位于 Word 窗口的最下方，主要作用是显示当前的状态信息，如文档的页数、光标当前所在的具体位置等。

3.1.4　任务窗格的使用

任务窗格是 MS-Office 办公软件中，为各套装软件提供常用命令的窗口。如在 Word 的任务窗格中，提供有新建文档、剪贴画、剪贴板、样式和格式等操作命令；而在 Power

Point 的任务窗格中，除了剪贴画、剪贴板命令外，还提供有幻灯片设计、自定义动画、幻灯片切换等操作命令。

通过任务窗格，使用者可直观、快速地使用它所提供的命令对文档进行编辑处理。

任务窗格的显示和关闭操作：

单击"视图"菜单→"任务窗格"命令，在 Word 工作窗口右侧给出任务窗格（也可拖动它到窗口的任意位置）。

单击任务窗格的"关闭"按钮，即可关闭任务窗格。

3.1.5   Word 帮助命令的使用

Word 提供了一套丰富的联机帮助系统。

操作 单击"帮助"菜单→"Microsoft Office Word 帮助"命令，在 Word 窗口右侧显示出"Word 帮助"任务窗格。

在"Word 帮助"窗格中，在"搜索"输入框中输入要寻求帮助的关键字，单击"开始搜索"按钮，Office 助手将把搜索到的所有与关键字有关的内容显示出来；单击"目录"可获得具体的帮助信息。

3.2   文档的基本操作

3.2.1   新建文档

在 Word 环境下，建立文档的方法有以下两种方法。

1. 自动新建 Word 文档

当进入 Word 以后，系统会自动创建一个新的 Word 文档，该文档的文件名默认为"文档 n"（$n=1$，2，…）并显示在标题栏中。用户可直接在文档窗口进行新文档的录入及编辑工作。

2. 通过"新建"命令新建 Word 文档

操作 ※"文件"菜单→"新建"命令。

※ 或单击工具栏上的"□"按钮，新建空白文档。

※ 或直接按组合键 Ctrl＋N。

3.2.2   保存文档

1. 保存新建文档（第一次保存）

操作 第一步，单击"文件"菜单→"保存"命令（或工具栏"■"按钮），自动弹出一个"另存为"对话框（见图 3—2）。

第二步，在对话框中的"保存位置"框中，单击右侧的下拉按钮。在下拉出的文件夹树结构中选择文档保存的位置。

第三步，在"文件名"输入框中输入文件名（没有输入之前有默认的名字，如"Doc1"），若有必要，可在"保存类型"框中选择文件的类型。

第四步，单击"保存"按钮，即可将当前 Word 编辑窗口中的文档按给定的文件名保存在相应的文件夹下。

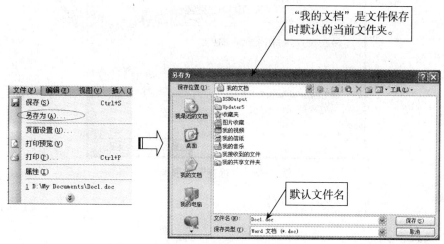

图 3—2　"另存为"对话框

2. 以原文件名保存编辑后的文档（已有文件）

操作　单击"文件"菜单→"保存"命令（或工具栏"💾"按钮）。

3. 以新文件名保存编辑后的文档（另存为新的文档）

如果正在编辑的文档需要保存到其他位置（例如要存入 U 盘），或以新的文件名进行保存，可选择"文件"菜单中的"另存为"命令来实现。

操作　第一步，单击"文件"菜单→"另存为"命令，打开"另存为"对话框。

第二步，在"另存为"对话框中，选择新的路径，输入新的文件名，或选择其他文件类型。

第三步，单击"保存"按钮，即按新输入的文件名及选择的路径保存该文件。

4. 自动保存文档

为了避免因意外原因（如突然断电、应用程序异常退出等）使文档丢失，可以利用系统提供的自动保存文档功能定时保存文档。

操作　第一步，单击"工具"菜单→"选项"命令，打开"选项"对话框。

第二步，选择"保存"选项卡，设置"自动保存时间间隔"值。如图 3—3 中设置自动保存时间间隔为 10 分钟，即每隔 10 分钟，系统自动将当前正在编辑的文档内容进行存盘。

第三步，设置完必要的参数后，单击"确定"按钮。

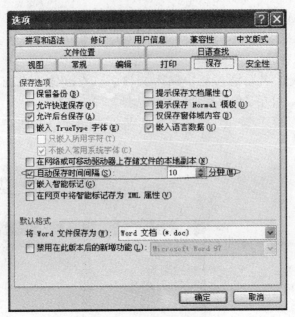

图 3—3　"保存"选项卡

3.2.3　打开文档

Word 文档以文件的形式保存在磁盘中，只有将其打开，才能进行编辑修改、排版等操作。

操作　※ 直接在资源管理器中找到需要打开的文档，并用鼠标双击该文档名。

※ 或进入 Word 后，如要打开最近使用过的文档，可直接单击"文件"菜单下列出的文档名（默认情况下，"文件"菜单下列出四个最近使用的文档。用户可以设置列出文档的个数，通过"工具"→"选项"→"常规"选项卡，设置"列出最近 6 个用文件"的值，最多可列出最近所用的 9 个文档）。

※ 或在"开始"菜单→"我最近的文档"中也可以找到最近使用的文档，单击该文件名即可打开，并进入 Word 编辑窗口。

※ 或通过"文件"菜单打开。

第一步，单击"文件"菜单→"打开"命令，显示"打开"对话框（见图 3—4）。

第二步，在"打开"对话框的"查找范围"栏内找到存放该文档的位置（文件夹）。

第三步，在文件列表框中找到要打开的文件，用鼠标双击文件名可打开该文档。

3.2.4　显示文档

在 Word 中，可以按不同的方式来显示文档。显示文档的方式被称为视图。用户可根据需要在"视图"菜单中选择某种视图显示方式，也可直接单击窗口左下角的视图选择按钮选择文档的显示方式。

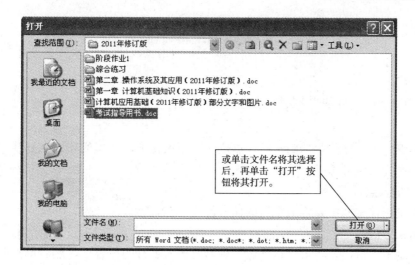

图 3—4　"打开"对话框

在文档窗口左下角有以下五个视图选择按钮：

※ 普通视图：Word 的默认视图方式。它可以将所有的排版信息都显示出来，如分页符用虚线表示等。

※ Web 版式视图：正文显示区域更大，并自动换行以适应窗口大小。

※ 页面视图：此种方式不仅显示文档的正文格式和图形对象，同时还显示文档的页面布局，如页眉和页脚、分栏、文本框等复杂格式。

※ 大纲视图：能将所有标题分级显示出来，在此种方式下某些图形对象是不可见的。

※ 阅读版式：如果打开文档是为了进行阅读，阅读版式视图将优化阅读体验，它将隐藏除"阅读版式"和"审阅"工具栏以外的所有工具栏。如果要修改文档，只需在阅读时简单地编辑文本，而不必从阅读版式视图中切换出来。通过"审阅"工具栏，可以方便地使用修订记录和注释来标记文档。

3.2.5　关闭文档

当文档编辑结束时，为确保文档的安全，应按正常操作方法将其关闭。

操作　　"文件"菜单→"关闭"命令。

如果文档在关闭之前被修改过，当执行"关闭"命令时，屏幕上会出现提示对话框（见图 3—5）。如果需要保存，单击"是（Y）"按钮即可；如果不保存，则单击"否（N）"按钮；如果单击"取消"按钮，则回到文档编辑状态，不执行关闭操作。

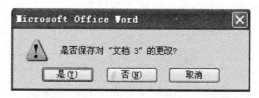

图 3—5　执行关闭文档命令的提示框

3.3　文本的编辑与排版

3.3.1　文本编辑的基本操作

文本编辑的基本操作包括确定插入点位置，输入文字，文本的移动、复制、剪切与粘贴，文字的查找与替换等。

1. 确定插入点位置

插入点是指在文档中要输入字符的插入位置。

（1）用鼠标快速定位。

在当前编辑窗口内，将鼠标指针定位到需要插入字符的位置处，然后单击鼠标，即可确定插入点位置。

（2）用键盘操作键（组合键）快速定位。

可利用表 3—1 列出的操作键来移动插入点。

表 3—1　　　　　　　　　　　　　操作键功能

操作键	作　　用
←或→	向左或向右移动一个字符
↑或↓	向上或向下移动一行
Home	移至行首
End	移至行尾
PageUp	向上移动一屏
PageDown	向下移动一屏
Ctrl＋PageUp	移到上页顶端
Ctrl＋PageDown	移到下页顶端
Ctrl＋Home	移到文档开头
Ctrl＋End	移到文档末尾

（3）使用定位命令。

使用"编辑"菜单中的"定位"命令，打开"查找和替换"对话框。选择"定位"选项卡，确定"定位目标"（默认定位到"页"）及输入相应的定位值（见图 3—6），然后单击"定位"按钮，即可确定文本插入点的大致位置。

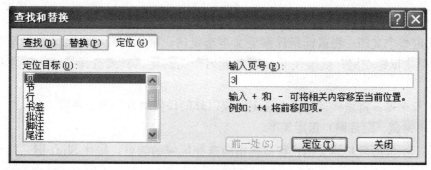

图3—6 "定位"选项卡

注 意 这种定位操作不是对插入点的准确定位，如要确定具体的插入点位置，还需要用鼠标或键盘进行精确定位。

2. 选定文本内容

在对文本内容进行格式定义、复制、移动、重排或删除之前，应遵循"先选定，后操作"的原则。被选取的文本一般以反白方式显示在屏幕上。

（1）用鼠标选定文本。

操作 ※ 选定一段文本：将光标移到要选择的字符左侧，按下鼠标左键，拖动鼠标至最后一个字符，释放鼠标，被选中的文本将以反白显示，如图3—7所示。

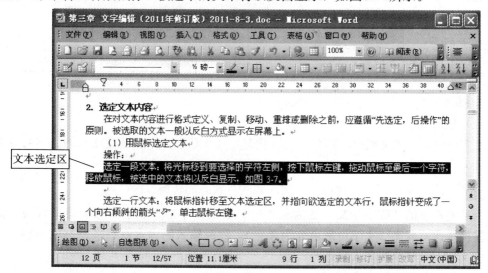

图3—7 选定一段文本

※ 选定一行文本：将鼠标指针移至文本选定区，并指向欲选定的文本行，鼠标指针变成了一个向右倾斜的箭头"⌐"，单击鼠标左键。

※ 选定一个段落文本：将鼠标指针移至文本选定区，并指向欲选定的文本行，鼠标指针变成了一个向右倾斜的箭头"⌐"，双击鼠标左键。

※ 选定矩形区域内文本：将鼠标指针移到要选区域的左上角，按住 Alt 键不放，再按

鼠标左键并拖动到要选区域的右下角。

　　※ 选定整个文档：将鼠标指针移至文本选定区，鼠标指针呈向右倾斜的箭头 "⇗"，连续三次单击鼠标左键；或按住 Ctrl 键的同时单击选定区；或选择 "编辑" 菜单→ "全选" 命令。

　　※ 取消选定：将鼠标指针移至选定区域以外的任何地方，单击左键。

　　（2）用键盘（组合键）选定文本。

　　操作　　※ 选择较长的文档：将鼠标指向选择区域的起点，按住 Shift 键，同时按住鼠标左键，移动光标，可方便地选择大范围的文档内容。

　　※ 选定特定范围的文档：单击欲选定文档的起始处，然后按住 Shift 键，单击欲选定文档的结尾处。

　　※ 选定整个文档：按组合键 Ctrl＋A。

　　表 3—2 列出了选定文本操作的组合键。

表 3—2　　　　　　　　　　　　　　　　选定文本操作的组合键

按　键	功　能	按　键	功　能
Shift＋→	右选取一个字符	Shift＋←	左选取一个字符
Shift＋↑	选取上一行	Shift＋↓	选取下一行
Shift＋Home	选取到当前行首	Shift＋End	选取到当前行尾
Shift＋PageUp	选取上一屏	Shift＋PageDown	选取下一屏
Shift＋Ctrl＋→	右选取一个字或单词	Shift＋Ctrl＋←	左选取一个字或单词
Shift＋Ctrl＋Home	选取到文档开头	Shift＋Ctrl＋End	选取到文档末尾

3. 插入内容

　　（1）插入文本。

　　在 Word 打开的文档中，其默认编辑状态是插入状态，即从键盘输入的文本可直接插入到插入点处。

　　操作　　用 Insert（Ins）键可进行插入和改写状态的转换。

　　当状态栏上的 "改写" 文字变为灰色时，表示处于插入状态。当双击 "改写" 文字时，转换成改写状态（文字由灰色变为黑色），此时输入的内容将替换原有的内容。再次双击该文字，又转换到插入状态。

　　（2）插入其他文件内容。

　　操作　　选择 "插入" 菜单→ "文件" 命令，弹出 "插入文件" 对话框，选择要插入的文件，单击 "插入" 按钮，即可将选定文件的内容插入到当前正在编辑的文档的插入点位置上。

4. 删除文本

　　（1）删除一段文本。

　　操作　　第一步，选定要删除的内容。

第二步，直接按 Delete 键；或单击"编辑"菜单→"清除"命令；或单击工具栏上的
"　"剪切按钮；或组合键（Ctrl＋X），即可删除选定的内容。

（2）删除一个字符（汉字）。

Delete 键：删除光标右侧字符（汉字）。

BackSpace 键：删除光标左侧字符（汉字）。

（3）恢复删除的内容。

对编辑的文档内容未做存盘操作前，可将误删除的内容进行恢复，当然也可以对其他的编辑操作进行恢复。

操作　单击"编辑"菜单→"撤消清除"命令；或单击工具栏的"　"撤消按钮；或组合键 Ctrl＋Z。

5. 移动或复制文本

操作　第一步，选定需要移动或复制的文本。

第二步，如移动文本，单击"编辑"菜单中的"剪切"命令；或单击工具栏上的
"　"剪切按钮；或直接按组合键 Ctrl＋X。如复制文本，单击"编辑"菜单中的"复制"命令；或单击工具栏上的"　"复制按钮；或直接按组合键Ctrl＋C。

第三步，将光标定位到准备插入或复制内容的目标位置处。

第四步，选择"编辑"菜单→"粘贴"命令；或单击工具栏上的"　"粘贴按钮；或直接按组合键 Ctrl＋V，即可完成文本的移动或复制。

如移动或复制的距离不远（如在同一页内），直接拖动最简便。移动文本可用鼠标左键拖动所选文本区，移动到目标位置释放左键即可。复制文本可同时按住 Ctrl 键进行同样操作即可。

6. 查找与替换

在文本编辑过程中常见的操作之一，就是在一个文档中查找或修改指定的文本、图形或其他元素。

查找与替换的对象主要包括：文字、短语或词，制表符或段落标志等。

它可实现的操作有：查找指定文本在文档中出现的所有位置；查找文本并用其他文本替换，可以在改变文本内容的同时，改变其格式；查找或替换格式或样式。

（1）查找。

利用查找功能，可以在文档中快速找到指定的内容，并确定其出现的位置。

操作　第一步，单击"编辑"菜单→"查找"命令，或组合键 Ctrl＋F，打开"查找和替换"对话框（见图 3—8）。

第二步，在"查找"选项卡的"查找内容"栏中输入需要查找的内容。

第三步，单击"查找下一处"按钮。于是，Word 将从当前光标所在位置开始向下搜索，将光标定位到被查找内容第一次出现的位置，并将其反白显示。如果需要继续查找，再次单击"查找下一处"按钮即可。

（2）替换。

利用替换功能，可以用指定内容替换已查找到的内容。

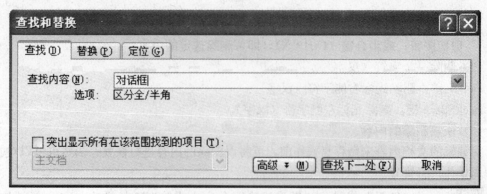

图 3—8　"查找"选项卡

操作　第一步，单击"编辑"菜单→"替换"命令，或组合键 Ctrl＋H，打开"查找和替换"对话框（见图 3—9）。

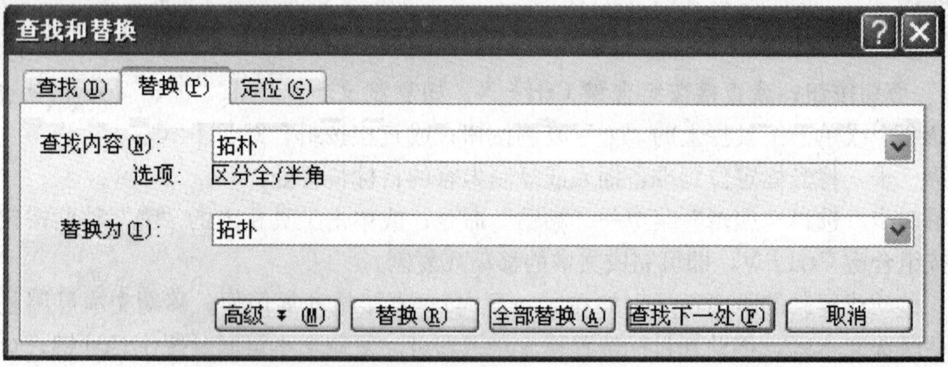

图 3—9　"替换"选项卡

第二步，在对话框的"查找内容"栏中输入需要查找的内容，例如输入"拓朴"；在"替换为"栏中输入新的内容，例如输入"拓扑"。即用"拓扑"一词替换文档中的"拓朴"。

第三步，单击"替换"按钮或"全部替换"按钮，其中"替换"操作是在用户的参与下依次对找到的内容进行确认替换，而"全部替换"则是一次性完成所有需要替换内容的操作。

3.3.2　Word 的文档格式

在 Word 中对文档可进行以下三种格式设置：

❈ 字符格式：对英文字母、汉字、数字和各种符号进行格式编辑，以实现用户所要求的屏幕显示和打印效果。

❈ 段落格式：对段落的文本对齐方式、段落缩进、段落行距、段落间距、首字下沉、分栏等进行设置。

❈ 页面格式：对文档的显示方式进行设置（在 3.3.3 中详细介绍）。

1. 字符格式设置

在对文字进行格式设置之前，必须首先选定要改变格式的文字。

设置字符格式的主要方法有以下两种。

方法一：通过格式工具栏。格式工具栏是常用的格式设置工具，通过它可以快速设置字体、字号、字形（包括常规、加粗、倾斜、加粗并倾斜等）、加下划线、添加边框、添加底纹，并能进行字符缩放，改变字符颜色等（见图 3—1）。

方法二：通过"格式"菜单→"字体"命令。用"字体"对话框可设置更具特殊效果的文字格式、字符间距和文字效果。

在"字体"对话框中的"字体"选项卡中，可设置字体、字形、字号、颜色、效果，以及是否加下划线、着重号等（见图 3—10）。

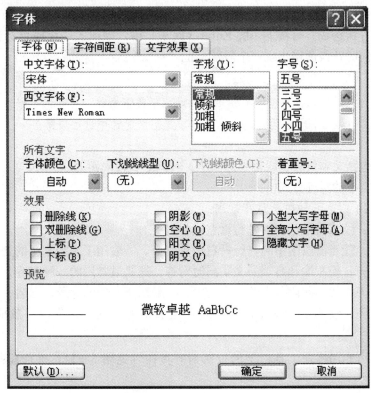

图 3—10　"字体"选项卡

在"字符间距"选项卡中，可以设置字符缩放、字符间距等。在"文字效果"选项卡中可以设置文字的动态效果。

（1）设置字体和字号。

在 Word 中，默认的字体为宋体，字号为五号，可以按下述操作来改变字体和字号。

操作　第一步，选定要改变字体和字号的文本。

第二步，单击"格式"菜单→"字体"命令，弹出"字体"对话框。

第三步，选择"字体"选项卡，从"中文字体"和"字号"下拉列表中分别选择所需要的字体与字号（文字大小），在预览框里可看到实际效果（见图3—10）。

第四步，单击"确定"按钮，完成对所选文本字体、字号的设定。

（2）文本加粗、倾斜，及加下划线。

在格式工具栏上提供了对文本设置加粗、倾斜、下划线、字符加框、字符底纹和字符缩放的按钮。若要对已选定的文本设置加粗、倾斜等效果，只要单击相应的按钮即可。

（3）设置字符间距与特殊效果。

Word 的"字体"对话框提供了丰富的设置功能。在其"字体"选项卡中，可以设置中文字体、英文字体、字形、字号和颜色，还可以设置文字特殊效果，如设置阴影、空心、阳文、阴文以及其他效果；在其"字符间距"选项卡中，可以进行"缩放"、"间距"、"位置"等设置。

2. 段落格式设置

段落是文档的基本组成单位。段落可由任意数量的文字、图形、对象（如公式、图表）及其他内容所构成。每按下一次 Enter（回车）键，就插入一个段落标记，表示一个段落的结束，同时在段落尾出现一个段落标记"↵"。

> **注　意**　在对段落进行排版操作中，如对一个段落操作，只要将光标定位于该段落的任何位置即可。如对几个段落同时进行排版操作则应同时选中这些段落。

段落格式包括文本对齐、段落缩进大小、行间距、段间距等。

（1）设置文本的对齐方式。

Word 提供了以下五种段落对齐方式：

❈ 左对齐：使当前段落中的各行沿左边界对齐。

❈ 右对齐：使当前段落中的各行沿右边界对齐。一般用于文档末尾的署名等。

❈ 两端对齐：使左端和右端的文字同时对齐。这是最常用的一种对齐方式。

❈ 居中对齐：使当前段落中的文字居中。一般用于文档的标题、图名、表名等。

❈ 分散对齐：使当前段落中的文字均匀地分散并在两端对齐。一般应用在英文版式中。

操作　❈ 可利用格式工具栏上的段落对齐按钮（见图 3—11）进行段落的对齐操作（单击按钮）。

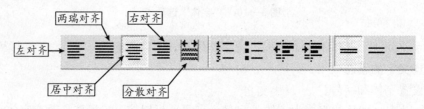

图 3—11　格式工具栏上的段落对齐按钮

❈ 或单击"格式"菜单→"段落"命令。选择"段落"对话框中的"缩进和间距"选项卡（见图 3—12），设置对齐方式。

（2）设置段落的缩进方式。

段落缩进是指在段落左边或右边空出一定的位置。

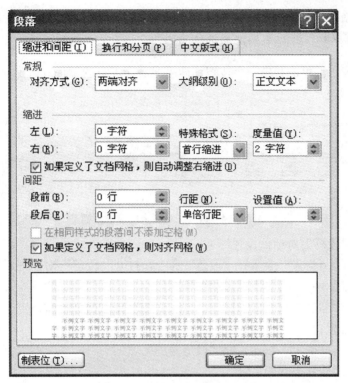

图 3—12　"缩进和间距"选项卡

段落缩进方式有以下四种：

❈ 左缩进：将段落左侧所有行均向右移动一定的距离。悬挂缩进符下半部分的方形标记就是左缩进标志符。用鼠标单击它并来回移动，即可得到左缩进的效果。

❈ 右缩进：与左缩进相似，右缩进就是指段落右侧所有行均向左移动一定的距离。按住右缩进标志符并来回拖动，即可完成右缩进操作。

❈ 首行缩进：将段落的第一行进行缩进处理，使文字向右缩进一定距离。

❈ 悬挂缩进：使某一段落中除第一行不缩进外，其余各行均向里缩进一定的距离。在标尺的左侧下方有一个标记，它分为两部分，上半部分是一个三角标记，该标记就是悬挂缩进标志符。用鼠标单击并拖动它，即可得到悬挂缩进的效果。

操作 ❈ 利用标尺进行缩进。

段落缩进可以利用文档窗口的水平标尺进行设置。在水平标尺中有悬挂缩进、左缩进、首行缩进和右缩进的缩进标志符（见图 3—13）。通过鼠标移动它们就可以快速地调整段落的缩进量。

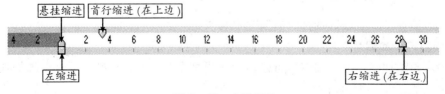

图 3—13　水平标尺

❋ 或使用格式工具栏上的缩进按钮改变缩进量。

在格式工具栏上，有两个处理缩进量的按钮（见图 3—14）：一个是 "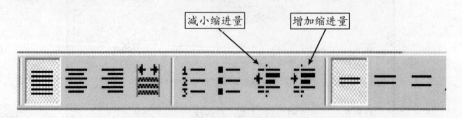" 按钮，另一个是 "" 按钮。单击其中一个按钮，即可实现缩进量的增加或减少。

减小缩进量　　　增加缩进量

图 3—14　格式工具栏上的缩进按钮

❋ 或利用 "段落" 对话框设置缩进。

第一步，单击 "格式" 菜单→ "段落" 命令，打开 "段落" 对话框，选择 "缩进和间距" 选项卡（见图 3—12）。

第二步，在 "缩进" 选择区，通过 "左"、"右" 输入框可分别设定合适的缩进量；在 "特殊格式" 中设置首行缩进或悬挂缩进。

第三步，单击 "确定" 按钮，完成段落缩进处理。

（3）设置行间距和段间距。

行间距是指文档中行与行之间的距离，而段间距是指文档中段落与段落之间的距离。

设置行间距操作　第一步，选中要设置行间距的文字区域。

第二步，单击 "格式" 菜单→ "段落" 命令，选择 "段落" 对话框中的 "缩进和间距" 选项卡。

第三步，通过 "行距" 和 "设置值" 进行行间距的设置。

设置段间距操作　第一步，将光标定位到需要设置段间距的段落中。

第二步，单击 "格式" 菜单→ "段落" 命令，选择 "段落" 对话框中的 "缩进和间距" 选项卡。

第三步，进行 "段前"（选中段落与前一段落的距离）或 "段后"（选中段落与后一段落的距离）间距设置。

3. 首字下沉

在报纸杂志文章中，经常能看到第一段落的第一个字采用 "首字下沉" 的编辑方式。

操作　第一步，选中需要设置首字下沉的段落。

第二步，单击 "格式" 菜单→ "首字下沉" 命令，打开 "首字下沉" 对话框（见图 3—15），选择 "位置" 中的相应方式。

如要取消首字下沉，则选择 "位置" 中的 "无" 框。

4. 项目符号和编号

在段落前添加项目符号和编号可以使内容更加醒目，Word 提供了自动添加项目符号或编号的功能。

添加项目符号和编号可以使用下面两种方式进行：

图 3—15　"首字下沉"对话框

（1）使用格式工具栏按钮。

操作　第一步，确定需添加项目符号和编号的段落。

第二步，单击格式工具栏上的"▤"或"▤"按钮（见图3—16），可以快捷地直接为文档添加项目符号或编号。

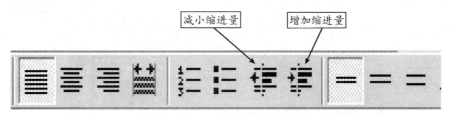

图 3—16　格式工具栏上的项目符号和编号按钮

（2）使用菜单命令。

操作　第一步，单击"格式"菜单→"项目符号和编号"命令，弹出"项目符号和编号"对话框。

第二步，"项目符号和编号"对话框有三个选项卡：项目符号、编号、多级符号以及列表样式（见图3—17），在其中选择需要的符号或编号。

第三步，单击"确定"按钮。

5. 分栏排版

多栏版式类似于报纸的排版方式，可使文档更容易阅读，版面更加美观。

操作　第一步，选定要分栏的内容。如果是对整篇文档进行多栏排版，则不需要本步。

第二步，单击"格式"菜单→"分栏"命令，打开"分栏"对话框（见图3—18）。

第三步，设置栏数、栏宽，确定是否在两栏之间加分隔线等。图 3—19 给出了对文档进行分栏处理后的显示效果。

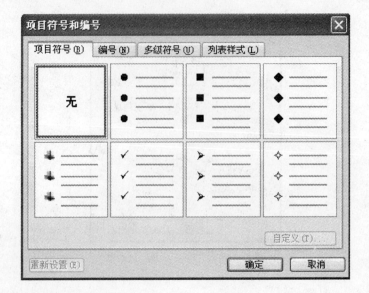

图 3—17　"项目符号"选项卡

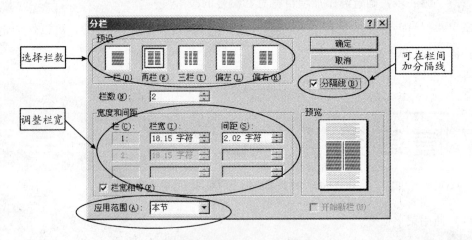

图 3—18　"分栏"对话框

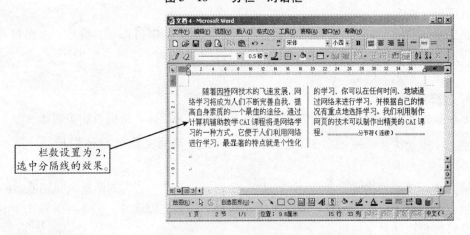

图 3—19　分栏效果

3.3.3 Word 文档页面设计

打印文档前，需要对文档页面进行必要的设计。在设计过程中，可以通过打印预览观察页面设计的效果，满意后就可以打印输出。

页面设计的主要内容有：设置页边距、设置纸张大小、添加页眉和页脚、设置页码、插入分页符等。

1. 页面设置

页面设置是对文档的版面大小以及纸张尺寸的设定。

操作 单击"文件"菜单→"页面设置"命令，打开"页面设置"对话框，可对页面格式进行设置。

"页面设置"对话框有以下四个选项卡：

(1)"页边距"选项卡。

可设置正文的上、下、左、右边距，装订线位置，走低方向（纵向或横向）等属性，在"应用于"下拉列表中，可选择应用范围，如图3—20所示。

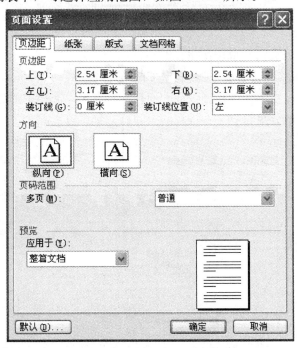

图3—20 "页边距"选项卡

(2)"纸张"选项卡。

可设置纸张来源（默认为纸盒），纸张的大小（例如 A4、B5 等）。

(3)"版式"选项卡。

可设置页面的边框及页眉、页脚距边界的距离等。

(4)"文档网格"选项卡。

可设置每页行数、每行字数、正文排列方式、正文字体、栏数及字体格式等属性。

2. 分页操作

在 Word 文档中输入文字时，当填满一行或一页后，系统会自动换行或分页。如果进行过页面设置，则按设置的行数和字符数进行自动换行及分页处理。但自动分页有时会把一些标题放在页面最底部，使文档版式不规范。所以有时需要另一种分页方式——人工分页，来解决这个问题，在文本未满一页时强制性地进行分页。

操作　第一步，将光标定位到要分页的位置。

第二步，单击"插入"菜单→"分隔符"命令，打开"分隔符"对话框（见图 3—21）。

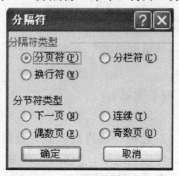

图 3—21　"分隔符"对话框

第三步，单击"分页符"单选按钮。

第四步，单击"确定"按钮（或组合键 Ctrl＋Enter）。

如果从页面视图切换到大纲视图（或普通视图）方式，文档中的分页符显示为一条虚线。而上述手工加入的分页符就会在虚线的中间有"分页符"三个字（如图 3—22 所示），而自动分页不会出现这三个字。

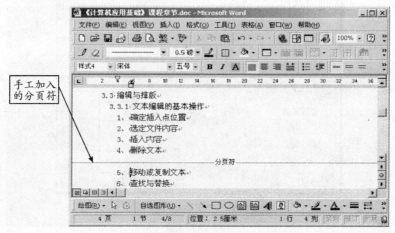

图 3—22　手工加入的分页符

如果想删除分页符，只需将鼠标移到分页符上，然后按 Delete 键即可。

3. 添加页码

操作　第一步，单击"插入"菜单→"页码"命令，打开"页码"对话框（见图3—23）。

设置用阿拉伯数字或其他数字格式显示页码。

图 3—23 "页码"对话框

第二步，在"页码"对话框中，根据需要设定页码的位置和对齐方式。

第三步，设置完成后，单击"确定"按钮。

4. 添加页眉与页脚

页眉和页脚分别是打印在页面顶部和底部的注释性文字或图形。如插入 Logo、页码、文档标题或文件名等。

（1）创建页眉和页脚。

单击"视图"菜单→"页眉和页脚"命令，进入页眉/页脚编辑状态，即可在页面的顶部和底部打开页眉和页脚编辑区。文档正文部分灰色显示，同时显示"页眉和页脚"工具栏（见图 3—24）。

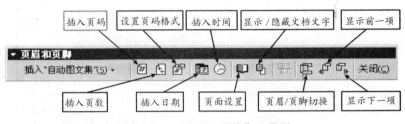

插入页码　设置页码格式　插入时间　显示/隐藏文档文字　显示前一项

插入页数　插入日期　页面设置　页眉/页脚切换　显示下一项

图 3—24 "页眉和页脚"工具栏

（2）编辑页眉和页脚。

可以直接在页眉和页脚编辑区（见图 3—25）输入内容，如文档标题、页码、日期等；

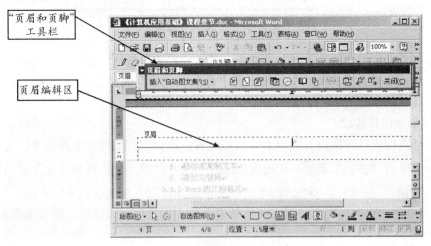

"页眉和页脚"工具栏

页眉编辑区

图 3—25 编辑页眉和页脚

在文档正文区双击鼠标或单击"页眉和页脚"工具栏中"关闭"按钮，就可以退出页眉和页脚编辑状态并关闭"页眉和页脚"工具栏。

（3）创建奇偶页不同的页眉和页脚。

操作　第一步，单击"页眉和页脚"工具栏中的"📖"页面设置按钮，在弹出的"页面设置"对话框中选择"版式"选项卡（见图3—26）。

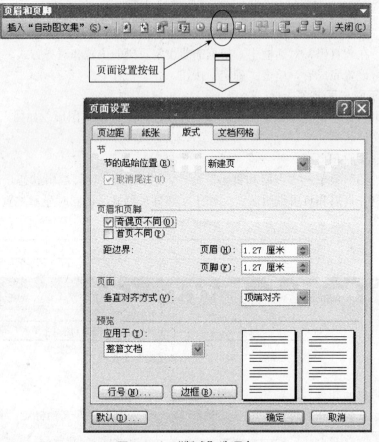

图3—26　"版式"选项卡

第二步，选定"奇偶页不同"复选框，单击"确定"按钮，返回页眉编辑区。

第三步，此时页眉编辑区左上角出现"奇数页页眉"或"偶数页页眉"，分别输入不同的页眉和页脚（见图3—27）。

5. 添加边框和底纹

给文档添加边框和底纹可以突出文档的内容，从而增强文档的美观效果。

操作　单击"格式"菜单→"边框和底纹"命令，弹出"边框和底纹"对话框。

（1）"边框"选项卡：为选定的段落或文字添加边框（见图3—28）。

（2）"页面边框"选项卡：可为所选节或全部文档添加页面边框，设置参数同"边框"选项卡。

（3）"底纹"选项卡：为选定的段落或文字添加底纹，可在对话框中设置背景的颜色和图案（见图3—29）。

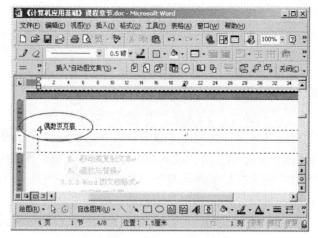

图 3—27　页眉和页脚编辑操作

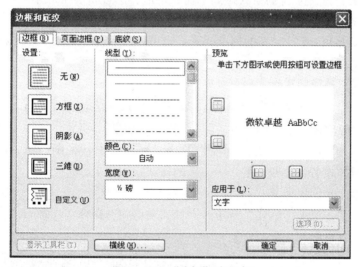

图 3—28　"边框"选项卡

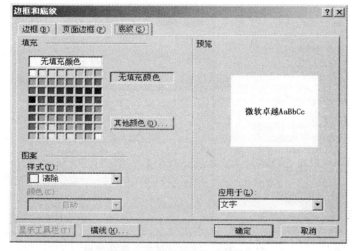

图 3—29　"底纹"选项卡

3.4　样式与模板

3.4.1　样　式

样式是系统或用户定义并保存的用样式名表示的一组预先设置好的格式（即一系列排版格式），如字符的字体、字形和字号、段落的对齐方式、行间距和段间距、制表位等。

使用样式不仅可以轻松快捷地编排具有统一格式的段落，而且可以使文档格式保持一致。在编辑一篇文档时，可以先将文档中要用到的各种样式分别加以定义，然后使之应用于各个段落。

样式分为以下两种：

✤ 字符样式：定义字符的格式，如字体、字形、字号和字间距等。

✤ 段落样式：定义段落的格式，如缩进、对齐方式和行间距等。

用户可以应用 Word 预定义的标准样式，也可以自定义样式或对样式进行修改。

1. 创建样式

（1）用格式工具栏创建样式。

操作　第一步，选择文档中希望包含样式的文本或段落。

第二步，设置字体、段落的对齐方式、制表位和边距等格式。

第三步，将光标定位在格式工具栏中的样式列表框中（见图3—30），输入新样式名，按回车键，一个新的样式就创建了。

图3—30　样式列表框

（2）用菜单命令创建样式。

操作　第一步，单击"格式"菜单→"样式和格式"命令，在窗口右侧给出"样式和格式"任务窗格（见图3—31）。

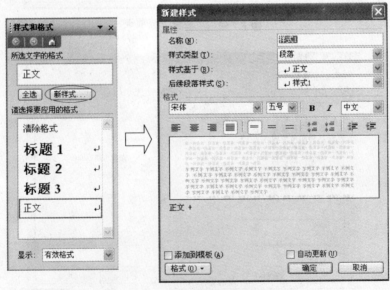

图3—31　"样式和格式"任务窗格

第二步，单击"新样式"按钮，打开"新建样式"对话框，输入新建样式名称等相关参数。

第三步，单击"确定"按钮，即可创建一个新的样式。

2. 样式的使用

可通过格式工具栏使用 Word 提供的各种各样的样式。如果在某个段落要应用样式，则将光标定位在该段的任意位置。如果对某个字符要应用样式，则选定所要设置的文字。

（1）通过格式工具栏应用样式。

操作　单击格式工具栏中样式列表框右边的向下箭头，在出现的下拉列表中，选定要应用的样式，所选段落就按该样式所具有的格式重新进行排版。

（2）通过菜单命令应用样式。

操作　第一步，单击"格式"菜单→"样式和格式"命令，打开"样式和格式"任务窗格（见图 3—31）。

第二步，从"请选择要应用的格式"列表框中，选择合适的样式。

3.4.2　模　　板

模板是 Word 中采用".dot"作为扩展名的格式定义文档，它由多个特定的样式组合而成，能为用户提供一种预先设置好的文档外观框架。模板主要应用于整个文档的格式定义，比样式具有更全面的内容。

任何 Word 文档都是以模板为基础的。模板决定了文档的基本结构和文档格式设置，例如自动图文集词条、字体、快捷键指定方案、菜单、页面布局、特殊格式和样式等。

模板有以下两种基本类型：

※ 公用模板：包括"常用"模板，所含设置适用于所有文档。

※ 专用模板：所含设置仅适用于以该模板为基础的文档。Word 提供了许多专用模板，如信函和传真、报告、备忘录以及出版物等。

使用模板生成的所有文档具有相同的样式，从而可以保持文档的一致性。用户可以使用已经建立的模板或创建自己的专用模板。

操作　第一步，单击"文件"菜单→"新建"命令，打开"新建文档"任务窗格（见图 3—32）。

第二步，单击"Office Online 模板"、"本机上的模板"以及"网站上的模板"超链接，将分别给出不同的模板集，根据需要从中选择合适的模板。

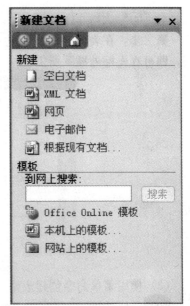

图 3—32　"新建文档"任务窗格

3.5 表格制作

3.5.1 表格的建立

1. 创建表格

创建表格的方法有以下三种：

（1）使用常用工具栏按钮创建表格。

操作 第一步，单击常用工具栏中的"▦"插入表格按钮，在按钮下立即出现一个表格样式（见图 3—33）。

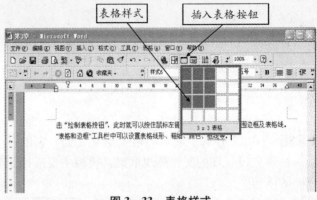

图 3—33 表格样式

第二步，在表格样式中拖动鼠标，选定表格所需要的行数和列数，然后释放鼠标按钮，即可在光标处插入所需表格（见图 3—34）。

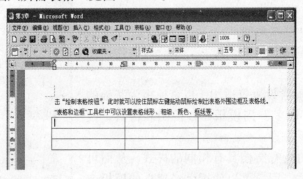

图 3—34 创建表格效果图

（2）使用菜单命令创建表格。

操作 第一步，单击"表格"菜单→"插入"子菜单→"表格"命令，打开"插入表格"对话框（见图 3—35）。

第二步，根据需要输入表格的行数和列数。还可以在"'自动调整'操作"选项组中，选择表格宽度的调整方式。调整方式有三种：固定列宽（系统默认方式）、根据窗口调整表格、根据内容调整表格。

第三步，单击"确定"按钮，在文档的相应位置上即出现一个具有用户设置参数的行数及列数的空表格。

（3）使用表格和边框工具栏或菜单命令手工绘制表格。

前面两种创建表格方法，通常用于创建简单或格式固定的表格。如果要建立一些复杂的表格或格式不固定的表格，就需要利用 Word 提供的表格绘制功能。

操作 第一步，单击"表格"菜单→"绘制表格"命令，或单击常用

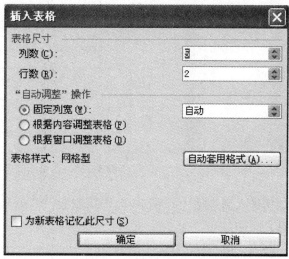

图 3—35 "插入表格"对话框

工具栏的" "表格和边框按钮，打开"表格和边框"工具栏（见图 3—36）。

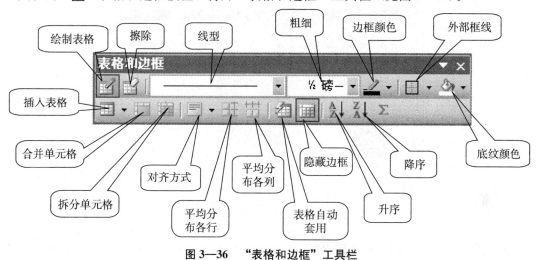

图 3—36 "表格和边框"工具栏

第二步，通过该工具栏的" "绘制表格和" "擦除按钮，绘制出自由表格（见图 3—37）。

※ 设置线型：选择线型、线条粗细和边框颜色等按钮进行设置。

※ 设置边框：单击" "外部框线按钮旁边的下拉箭头，弹出一组框线按钮，根据需要单击其中对应的按钮。

※ 设置底纹颜色：选定单元格，或光标定位在表格内，单击" "底纹颜色按钮旁边的下拉箭头，选择一种底纹颜色进行设置。

2. 表格和文本相互转换

在 Word 中，可以将表格转换成文本，也可以将文本转换为表格。

（1）将文本转换为表格。

将文本转换为表格时，首先应确定文本信息列与列之间的分隔符，其分隔符决定了文

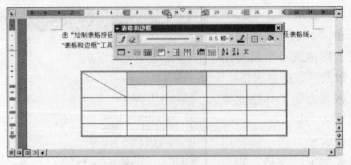

图 3—37　自由绘制表格效果图

本如何进入到表格中。Word 允许用制表符、逗号、空格、段落符或自定义符号作为分隔符。

操作　第一步，在文本的列与列之间加一个分隔符，然后选定要转换为表格的文本。

第二步，单击"表格"菜单→"转换"子菜单→"文本转换成表格"命令（见图 3—38），打开"将文字转换成表格"对话框。

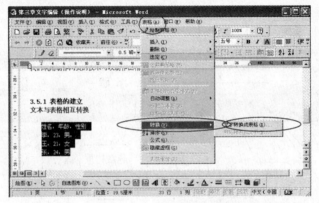

图 3—38　"表格转换"菜单

第三步，在对话框的"表格尺寸"选择栏中，设置需要转换的行数、列数；在"'自动调整'操作"选项组中，选择转换后的表格宽度设置方式；在"文字分隔位置"选项组中，选择需要设置的间隔符号（见图 3—39）。

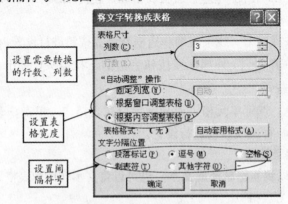

图 3—39　"将文字转换成表格"对话框

第四步，单击"确定"按钮，完成文字到表格的转换（见图3—40）。

（2）将表格转换成文字。

操作 第一步，选定表格或将光标置于表格之中。

第二步，单击"表格"菜单→"转换"子菜单→"表格转换成文本"命令，打开"将表格转换成文字"对话框（见图3—41）。

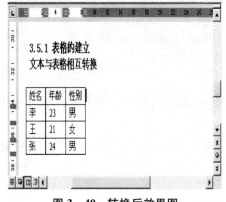

图3—40 转换后效果图

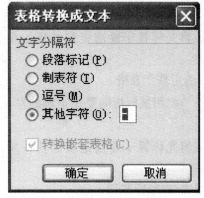

图3—41 "表格转换成文字"对话框

第三步，选择一种文字分隔符，如选择字符"-"。

第四步，单击"确定"按钮，完成表格到文字的转换（见图3—42）。

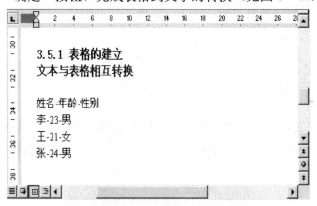

图3—42 转换后效果图

3.5.2 表格的编辑

1. 选定表格

（1）选定单元格。

操作 将鼠标移到单元格左侧的单元格选择条区域（光标变成"➡"），单击鼠标左键。

（2）选定表中一行。

操作 ※ 用鼠标指向要选定行的行选择条区域（即表格外行的左侧，光标变成

"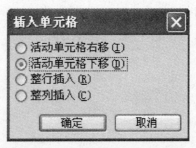"），单击鼠标左键。

❊ 或将光标置于要选定行的任一单元格，单击"表格"菜单→"选择"子菜单→"行"命令。

（3）选定表中一列。

操作　❊ 用鼠标指向要选定列的最上面（光标变成"↓"），单击鼠标左键即可选中这列。

❊ 或将光标置于要选定列的任一单元格，单击"表格"菜单→"选择"子菜单→"列"命令。

（4）选定整个表格。

操作　❊ 用鼠标指向要选定表的左上角（光标变成"✛"），单击鼠标即可选中这个表格。

❊ 或将光标置于要选定表的任一单元格，单击"表格"菜单→"选择"子菜单→"表格"命令。

2. 增加/删除行和列

（1）插入行。

操作　❊ 将光标移到要插入行的相邻行任意单元格位置上，单击"表格"菜单→"插入"子菜单→"行（在下方）"或"行（在上方）"命令。

❊ 或在要插入行的表格外右侧，按 Enter 键。

（2）插入列。

操作　选定插入列的位置，单击"表格"菜单→"插入"子菜单→"列（在左侧）"或"列（在右侧）"命令。

（3）插入单元格。

操作　选定插入单元格的位置，单击"表格"菜单→"插入"子菜单→"单元格"命令，打开"插入单元格"对话框（见图 3—43）。在该对话框中，选择一种插入方式，然后单击"确定"按钮。

图 3—43　"插入单元格"对话框

（4）删除行。

操作　选定行，单击"表格"菜单→"删除"子菜单→"行"命令。

（5）删除列。

操作　选中列，单击"表格"菜单→"删除"子菜单→"列"命令。

（6）删除单元格。

操作　※ 选定要删除的单元格，或将光标置于此单元格中，单击"表格"菜单→"删除"子菜单→"单元格"命令。此时，出现"删除单元格"对话框（见图3—44）。在该对话框中选择一种方式，最后单击"确定"按钮。

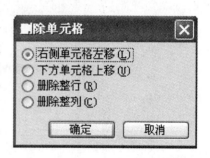

※ 或选定需要删除的行、列或单元格，按 Ctrl＋X 键。

※ 或单击"编辑"菜单中的"剪切"命令，即可删除所选定的行、列和单元格。

图 3—44　"删除单元格"对话框

3. 改变表格的行高和列宽

同一行中各单元格的宽度可以不同，但高度必须一致。不同行的高度可以不同。

操作　第一步，单击"表格"菜单→"表格属性"命令，打开"表格属性"对话框。也可选中表格，单击右键，选择快捷菜单中的"表格属性"命令。

第二步，在"表格属性"对话框中，有以下四个选项卡：

※"表格"选项卡：可设定表格的整体宽度、水平位置的对齐方式、表格与文本之间的环绕方式等（见图3—45）。还可设置边框和底纹以及其他的选项设置。

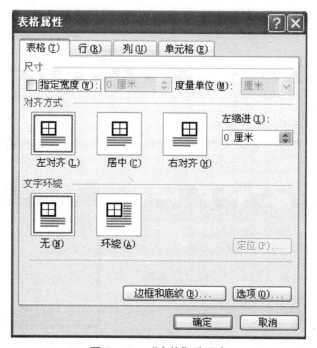

图 3—45　"表格"选项卡

※"行"选项卡：可进行表格中某一行的高度设置。

※"列"选项卡：可进行表格中某一列的宽度设置。

※"单元格"选项卡：可对单元格内容的垂直对齐方式进行设置（见图3—46）。

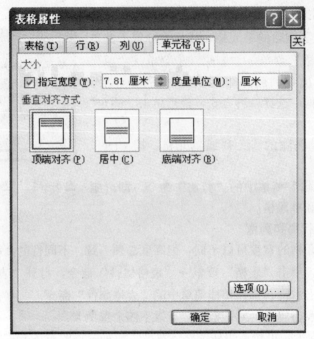

图3—46   "单元格"选项卡

第三步，当上述设置完成以后，单击"确定"按钮完成调整。

4. 合并单元格

在制作表格的过程中，有时需要合并或拆分单元格。

合并单元格是指把表格中的某一行或某一列中的相邻几个单元格合并为一个单元格的操作。

操作   第一步，选定要合并的表格单元。

第二步，单击"表格"菜单→"合并单元格"命令；或单击鼠标右键选择快捷菜单中的"合并单元格"命令；或单击表格和边框工具栏中的"▦"合并单元格按钮。

5. 拆分单元格

拆分单元格是指把一个单元格拆分为多个单元格的操作。

操作   第一步，选定要拆分的单元格。

第二步，单击"表格"菜单→"拆分单元格"命令，打开"拆分单元格"对话框（见图3—47）。

第三步，在"列数"、"行数"选择栏中，确定需要拆分的行数和列数。

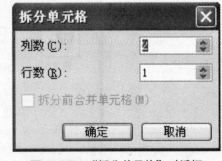

图3—47   "拆分单元格"对话框

第四步，单击"确定"按钮，实现单元格的拆分。

6. 表格文字对齐

当表格制作、编辑完成后，通常还需要对表格作进一步的修饰处理，如设置表格格式、绘制斜线表头等。

表格中文本的对齐方式分为两种：水平对齐方式（可按段落对齐方法进行）和垂直对

齐方式两种。下面仅以设置垂直对齐方式为例，介绍操作方法。

设置垂直对齐方式的操作　第一步，选定要改为文本垂直对齐方式的单元格。

第二步，单击"表格"菜单→"表格属性"命令，弹出"表格属性"对话框。

第三步，选择"单元格"选项卡（见图3—46），在"垂直对齐方式"栏中可选择"顶端对齐"、"居中"或"底端对齐"选项。

第四步，单击"确定"按钮。

7. 表格自动套用格式

对于新建表格、已建表格或由文本转换而成的表格，有时需要对表格进行格式设计。Word 提供了几十种设计美观的表格格式，使用时可直接套用现成的表格格式。

操作　第一步，选中表格或将光标置于表格中的任一单元格内。

第二步，单击"表格"菜单→"表格自动套用格式"命令，打开"表格自动套用格式"对话框（见图3—48）。

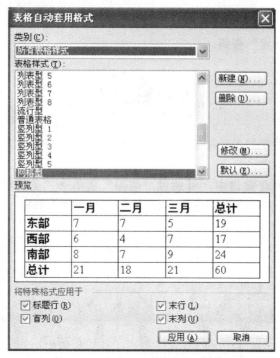

图 3—48　"表格自动套用格式"对话框

第三步，从"表格样式"列表中选择合适的表格形式，单击"确定"按钮。

8. 表格计算

在表格内输入数据后，还可以利用 Word 提供的表格计算功能进行一些简单的运算，如求和、求平均值等函数计算。

操作　第一步，选择要存放计算结果的单元格。

第二步，单击"表格"菜单→"公式"命令，打开"公式"对话框（见图3—49）。

第三步，打开"粘贴函数"下拉列表框，选择所需的计算公式。例如，选"AVERAGE"求平均值，则在"公式"文本框内出现"＝AVERAGE（）"。

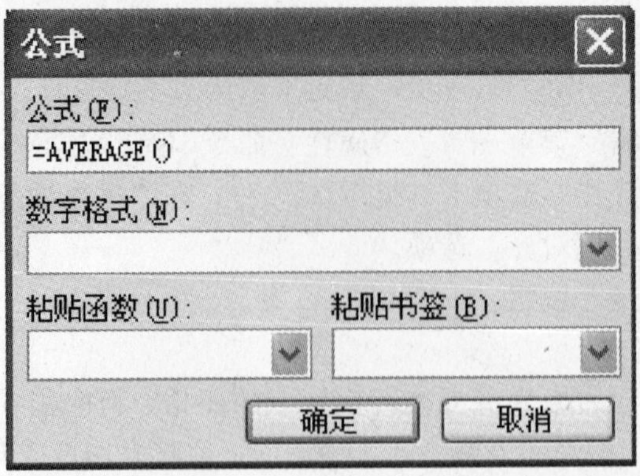

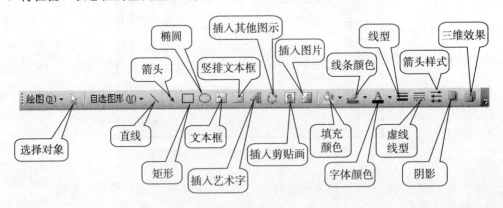

图 3—49　"公式"对话框

第四步，在公式"AVERAGE（）"的括号中输入相应的参数（不同的函数有不同的参数）。

第五步，在"数字格式"列表框中，选择一种所需要的数字显示格式。

第六步，单击"确定"按钮。

3.6　图形制作

使用绘图工具栏中提供的绘图工具可以绘制像正方形、矩形、多边形、直线、曲线、圆、椭圆等各种图形对象。

如果绘图工具栏不在窗口中，可通过"视图"菜单→"工具栏"子菜单，选择"绘图"，将在窗口状态栏的上面显示出如图 3—50 所示的绘图工具栏。

图 3—50　绘图工具栏

3.6.1　绘制自选图形

1. 绘制自选图形

使用绘图工具栏中的"自选图形"中提供的多种图形，可以在文档中绘制各种规则或不规则的几何图形。

操作　第一步，单击"绘图"工具栏中的"自选图形"按钮，弹出"自选图形"分类下拉菜单（见图 3—51）。

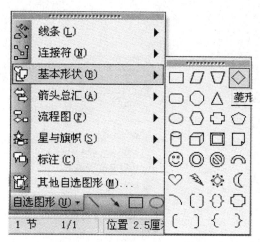

图 3—51　"自选图形"菜单

第二步，在菜单中选择所需的类型，再从弹出的子菜单中选择要绘制的图形。

第三步，将鼠标指针移到要插入图形的位置，此时，鼠标指针变成十字形，拖曳鼠标到所需的大小。若要保持图形的高度和宽度成比例，在拖曳时按住 Shift 键即可。

第四步，在文档窗口的空白处单击即可退出绘图状态。

图 3—52 是使用绘图工具画出的简单图形示例。

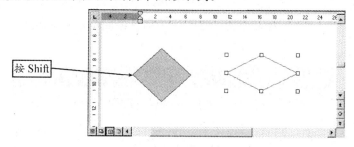

图 3—52　绘图效果

2. 在图形中添加文字

在封闭的图形中可以加入文字。

操作　第一步，用鼠标右键单击要添加文字的图形。

第二步，从快捷菜单中选择"添加文字"命令，此时在图形内部出现光标输入点，可在光标处输入所需的文字（见图 3—53）。

第三步，可为输入的文字设置颜色，也可进行字形、字号等格式设置。

第四步，单击自选图形以外的任何地方，停止添加文字。

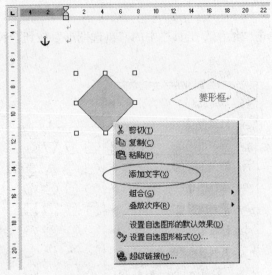

图3—53　"添加文字"效果

3.6.2　图形元素的基本操作

1. 设置填充色和边框线颜色

操作　第一步，选中要处理的图形。

第二步，在图形上单击鼠标右键，选择快捷菜单中的"设置自选图形格式"命令，打开"设置自选图形格式"对话框。

第三步，选择"颜色和线条"选项卡，可设置自选图形的填充颜色、线条颜色、线型等（见图3—54）。

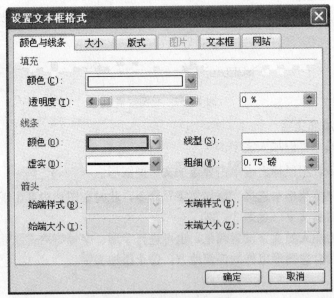

图3—54　"颜色与线条"选项卡

2. 设置阴影和三维效果

操作　第一步，选择要进行设置的图形（见图 3—55）。

第二步，在绘图工具栏中选择阴影或三维效果按钮，弹出相应的下拉菜单选项。图 3—56 是选择三维效果按钮后给出的菜单选项。

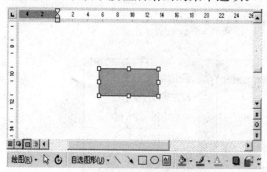

图 3—55　选择图形

图 3—56　三维效果选项

第三步，为图形选择合适的效果。图 3—57 是对图 3—55 运用"三维样式 1"后的效果图。

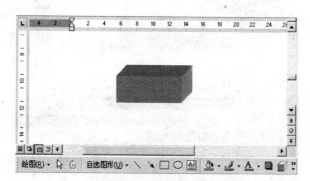

图 3—57　三维效果示例

3. 旋转和翻转图形

操作　第一步，选择图形。

第二步，在绘图工具栏中选择"绘图"→"旋转或翻转"（见图 3—58）。

第三步，为图形选择相应的旋转或翻转功能。

4. 叠放图形对象

可以将插入到文档中的图形对象叠放在一起，并可通过设置图形对象的叠放次序调整图形摆放的上下层次。

操作　第一步，选择图形对象，在图形上单击鼠标右键，在弹出的快捷菜单中选择"叠放次序"命令（见图 3—59），弹出下一级子菜单。

第二步，根据需要为图形选择子菜单下的层次设置命令。图 3—60 是调整叠放次序后的效果图。

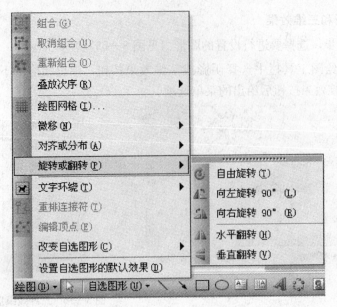

图 3—58　"绘图"菜单

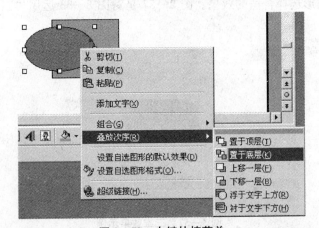

图 3—59　右键快捷菜单

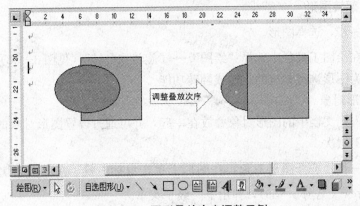

图 3—60　图形叠放次序调整示例

5. 组合和取消组合图形对象

(1) 组合图形对象。

组合图形对象是指把绘制的多个图形对象组合在一起，使它们成为一个新的整体对象，以便于整体移动和更改图形。

操作　第一步，在绘图工具栏中单击"　"选择对象按钮，然后按住鼠标左键拖动，将所有要组合在一起的图形选定，即所有被选择的对象的四周都有小的正方形。

第二步，在选定的图形对象上单击鼠标右键，在弹出的快捷菜单中选择"组合"命令，弹出下一级子菜单。

第三步，选择子菜单中的"组合"命令，使得选定的各独立图形组合成一个图形。

(2) 取消组合。

操作　选定组合的图形对象，单击右键，在弹出的快捷菜单中选择"组合"→"取消组合"命令，使组合在一起的图形拆分为各自独立的图形。

6. 对齐和排列图形对象

操作　第一步，在绘图工具栏中单击"　"选择对象按钮，选中要对齐的图形。

第二步，单击"绘图"按钮，选择"对齐或分布"命令，再从下拉菜单中选择一种对齐命令（见图 3—61）。

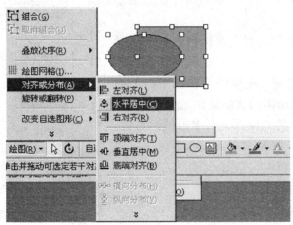

图 3—61　"对齐或分布"菜单

图 3—62 是将两个选中的图形，设置"水平居中"后的效果图。

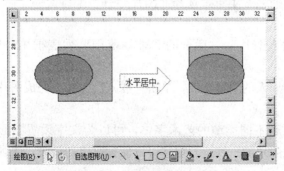

图 3—62　"水平居中"效果图

3.7　Word 的对象插入

3.7.1　插入图形

　　Word 提供了一个剪辑库，其中包含大量的剪贴画、图片、声音和图像，可以在文档中插入这些对象，使编辑出的文档图文并茂，更加形象生动。

1. 插入剪贴画

　　操作　第一步，将插入点放在要插入剪贴画的位置。

　　第二步，单击"插入"菜单，选择"图片"→"剪贴画"命令；或者单击绘图工具栏上的"█"插入剪贴画按钮，打开"剪贴画"任务窗格（见图 3—63）。

　　第三步，在"搜索范围"下拉列表框中选择收藏集，在"结果类型"下拉列表框中选择剪贴画，单击"搜索"按钮，搜索结果将在下面的列表中显示，从中选择所需的剪贴画。

　　第四步，在选中的剪贴画上，单击鼠标右键，出现一个快捷菜单，选择"插入"命令，即可将所选剪贴画插入到文档中（见图 2—64）。

2. 插入图形文件

　　在文档中可以插入来自文件的图片。

　　操作　第一步，将插入点放在要插入图片的位置。

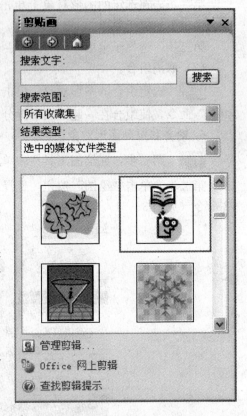

图 3—63　"剪贴画"任务窗格

　　第二步，单击"插入"菜单，选择"图片"→"来自文件"命令，打开"插入图片"对话框（见图 3—65）。

　　第三步，在"插入图片"对话框的"查找范围"列表框中，选择图形文件所在的位置。

　　第四步，选择要插入的图形文件，单击"插入"按钮，完成图片的插入。

3. 插入艺术字

　　Word 提供了 30 种不同类型的艺术字体，可以为文字设置图形效果，如变形、旋转等。所以艺术字也是图片的一种，利用它可以使标题更加活泼、美观。

　　操作　第一步，单击文档中要插入艺术字的位置。

图 3—64　插入剪贴画示例

图 3—65　"插入图片"对话框

第二步，单击"插入"菜单，选择"图片"→"艺术字"命令，或单击绘图工具栏上的"◢"插入艺术字按钮，打开"'艺术字'库"对话框（见图 3—66）。

第三步，选择一种艺术字样式。

第四步，单击"确定"按钮，或直接双击所需要的样式，打开"编辑'艺术字'文字"对话框（见图 3—67）。

第五步，在"文字"编辑框中，输入要编辑的文字内容，然后在"字体"和"字号"列表中选择所需字体和字号。

第六步，单击"确定"按钮，将艺术字插入到文档中（见图 3—68）。

4. 制作水印

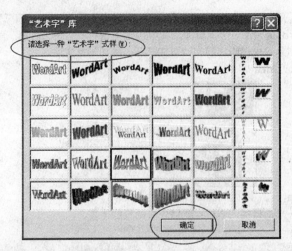

图 3—66　"'艺术字'库"对话框

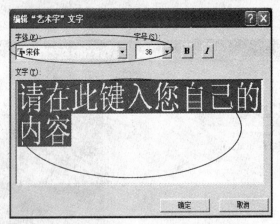

图 3—67　"编辑'艺术字'文字"对话框

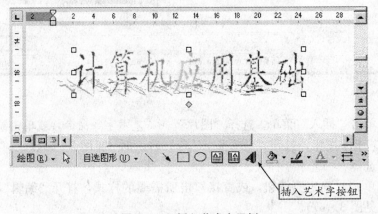

图 3—68　插入艺术字示例

　　在某些文件中，需要设置文档的背景，如某些证件样本上隐约可见的"样本"字样及相应的背景图案，通常把这些文字和图案称为"水印"，如图 3—69 所示。

图 3—69　水印效果示例

（1）利用图形制作水印（在当前页）。

制作水印操作　第一步，单击"格式"菜单，选择"背景"→"水印"命令，打开"水印"对话框。

第二步，选择"图片水印"单选按钮，通过"选择图片"找到要制作成图形水印的图片文件（见图 3—70）。

第三步，通过"缩放"设置图片大小。

第四步，单击"确定"按钮，图形水印制作完成。

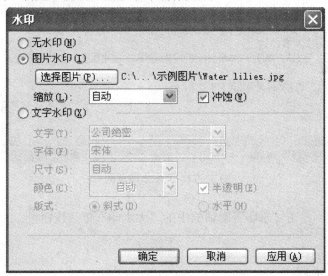

图 3—70　"图片水印"选项

（2）利用文字制作水印（在整个文档）。

制作文字水印操作　第一步，单击"格式"菜单，选择"背景"→"水印"命令，打开"水印"对话框。

第二步，可从"文字"列表框中选择系统提供的常用水印文字，也可直接在"文字"框中输入文字，并可对水印文字的字体、尺寸、颜色和版式进行设置（见图 3—71）。

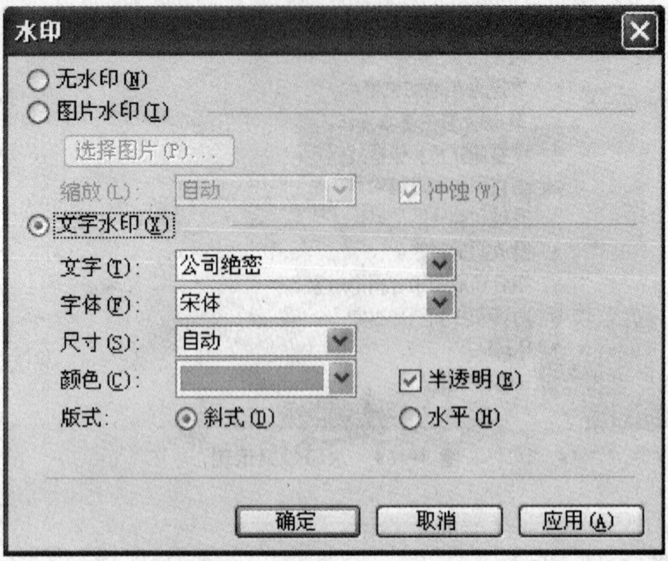

图 3—71   "文字水印"选项

第三步，单击"确定"按钮，文字水印制作完成。图 3—72 是以"文字水印"作为水印的效果图。

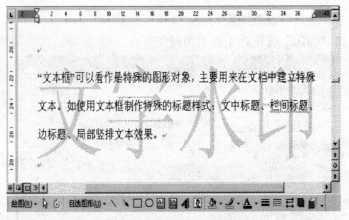

图 3—72   文字水印示例

删除水印操作   单击"水印"对话框中的"无水印"单选按钮。

3.7.2   插入文本框

文本框可以看做是特殊的图形对象，主要用来在文档中建立特殊文本。如使用文本框制作特殊的标题样式：文中标题、栏间标题、边标题、局部竖排文本效果等。

灵活使用 Word 的文本框，能将文字、表格、图形、图片等对象定位到页面的任意位置。

1. 插入文本框

操作   第一步，单击绘图工具栏中的"▤"横排文本框按钮或"▥"竖排文本框按钮；

或单击"插入"菜单，选择"文本框"→"横排"或"竖排"命令，此时鼠标指针变成十字形。

第二步，移动鼠标指针到需要添加文本框的位置，按住鼠标左键拖动，当文本框的大小合适后松开鼠标左键，就插入了一个空文本框。

第三步，可把插入点移入文本框内，再向文本框加入文字（见图 3—73）。

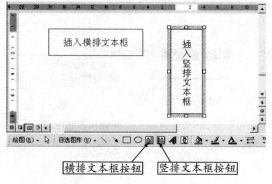

图 3—73　插入文本框示例

2. 编辑文本框

（1）文本框内容的编辑。

对文本框中的内容可以进行插入、删除、修改、剪切、复制等操作，处理方法同处理文本内容一样。

（2）文本框大小的调整。

选定文本框，鼠标移动到在文本框边框的控制点，当鼠标图形变成双向箭头后，按下鼠标左键并拖动，可调整文本框的大小。

（3）文本框位置的移动。

鼠标移动到文本框边框，当鼠标变成十字交叉箭头形状时，按下鼠标拖动到合适的位置松开鼠标，即完成了对文本框的移动。

3. 设置文本框的属性

文本框具有图形的属性，所以对其操作类似于对图形的格式设置。

操作　第一步，选定文本框。

第二步，单击"格式"菜单，选择"文本框"命令，或选择右键快捷菜单的"设置文本框格式"，打开"设置文本框格式"对话框（见图3—74）。

第三步，通过该对话框，可以对文本框的大小、颜色、线条的宽度等属性进行设置。

3.7.3　图文混排

图文混排是 Word 提供的一种重要的排版功能。图文混排就是设置文字在图片周围的环绕方式。

操作　第一步，将鼠标指向插入到文本中的图形对象。

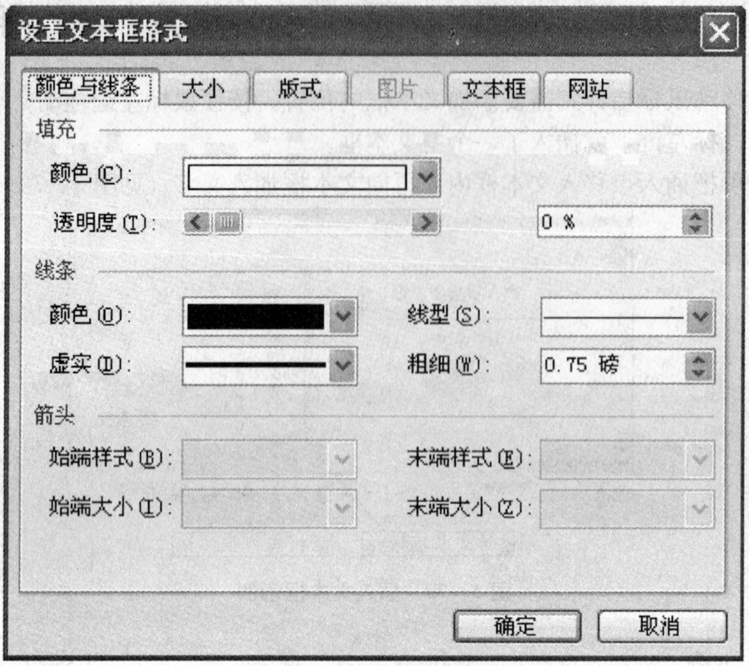

图 3—74　"设置文本框格式"对话框

　　第二步，在图形上单击鼠标右键，在弹出的快捷菜单中选择"设置图片格式"命令；或单击"格式"菜单→"图片"命令，弹出"设置图片格式"对话框。

　　第三步，在该对话框中，选择"版式"选项卡（见图 3—75），进行各种环绕设置。

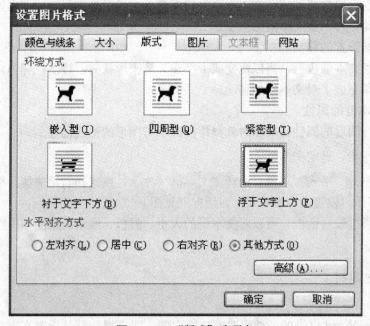

图 3—75　"版式"选项卡

　　在"环绕方式"栏中列举了五种环绕方式：嵌入型、四周型、紧密型、浮于文字上方、衬于文字下方。

图 3—76 给出了图文混排的效果图。

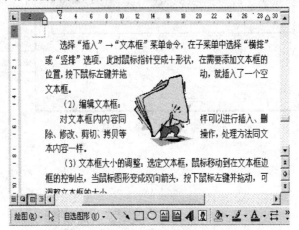

图 3—76 图文混排效果图

3.7.4 插入数学公式

利用 Word 的公式编辑器，可以非常方便地在文档中制作具有专业水平的公式。

操作 第一步，将插入点定位于要加入公式的位置，单击"插入"菜单→"对象"命令，弹出"对象"对话框（见图 3—77）。

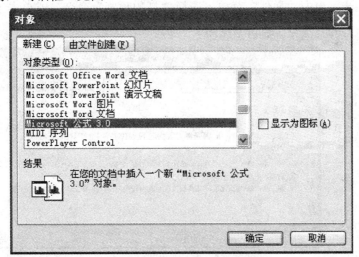

图 3—77 "对象"对话框

第二步，选择"新建"选项卡，在"对象类型"的下拉列表框中选择"Microsoft 公式 3.0"选项，单击"确定"按钮，进入公式编辑环境（见图 3—78）。

第三步，在公式编辑环境中，利用公式工具栏提供的各种符号输入数学公式。公式输入结束后，单击公式编辑区之外的任一点，即可退出公式编辑环境。

第四步，若要修改已建立的数学公式，只要双击该公式，即可进入编辑环境，可重新

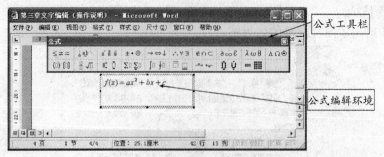

图 3—78　输入公式

对公式进行修改。

3.8　Word 的文档打印

3.8.1　打印预览

在打印文档之前，建议先预览一下打印效果，以便及时发现并修改不满意的地方。Word 提供了最佳的预览方式，所见即所得（即在预览下观察的结果即是打印出来的结果）。

操作　第一步，单击"文件"菜单，选择"打印预览"命令，或单击工具栏的"🔍"打印预览按钮，打开"预览"窗口（见图 3—79）。

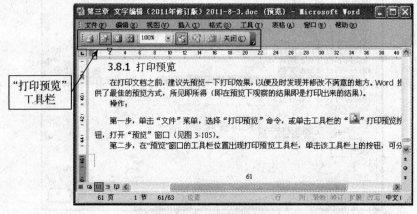

图 3—79　"预览"窗口

第二步，在"预览"窗口的工具栏位置会出现打印预览工具栏，单击该工具栏上的按钮，可分别执行相应的预览功能，如"🔍"放大镜按钮在选中时，是浏览功能，在未选中时，是编辑功能，即进行打印预览时也可以进行文字编辑。

3.8.2 打印输出

操作 第一步，单击"文件"菜单→"打印"命令，打开"打印"对话框（见图 3—80）。

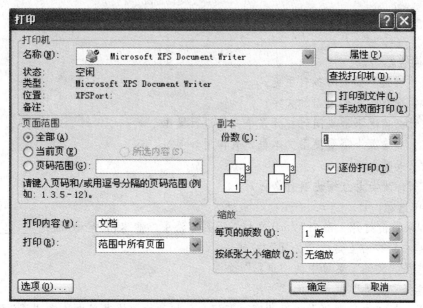

图 3—80 "打印"对话框

第二步，在"打印"对话框中，可以设置打印的页面范围、打印份数等参数。

第三步，单击"确定"按钮，开始打印文档。

如果不需要设置打印参数，可直接单击常用工具栏上的"🖨"打印按钮即可开始文档的打印。

在"打印"对话框中，可进行以下打印设置：

❀ 单击"属性"按钮，可设置打印机的属性。

❀ 可通过复选框"手动双面打印"，选择是否进行双面打印，系统默认为单面打印。

❀ 在"页面范围"中，可选取打印的范围，共有四种选择：全部、当前页、选定的内容、指定页码范围。

❀ 在"打印内容"区域可以确定是打印文档，还是批注等内容。

❀ 在"打印"中可以确定打印页面是奇数页或偶数页。

❀ 在"副本"中可选择打印的份数，系统默认为 1 份。

【本章小结】

本章介绍了 Word 的基本概念以及文档的建立、保存、打开、显示、关闭的操作方法；对文档的编辑操作、文档的格式设置以及页面设计做了详细介绍；介绍了模板、样式的相关概念及操作方法；介绍了表格的建立与编辑操作；对于如何绘制自选图形以及对图形元素的基本操作进行了说明；介绍了图片、剪贴画、图形文件、艺术字、文本框、数学公式等的插入和编辑方法，并介绍了如何进行图文混排；介绍了 Word 文档的打印和预览操作。

【习题】

一、简答题

1. 简述样式和模板的各自用途。
2. 如何向自选图形中添加文字？
3. 在什么情况下需要同时打开多个文档进行操作？
4. 在什么情况下需要使用文本框，其作用如何？
5. 什么是插入点？
6. 首行缩进与悬挂缩进有什么区别？

二、单选题

1. 如果目前打开了多个 Word 文档，下列方法中，能退出 Word 的是_____。
A. 单击窗口右上角的"关闭"按钮
B. 选择"文件"菜单中的"退出"命令
C. 选择"文件"菜单中的"关闭"命令
D. 用鼠标单击标题栏最左端的窗口标识，从打开的快捷菜单中选择"关闭"命令

2. 在 Word 中，当多个文档打开时，关于保存这些文档的说法中正确的是_____。
A. 用"文件"菜单的"保存"命令，只能保存活动文档
B. 用"文件"菜单的"保存"命令，可以重命名保存所有文档
C. 用"文件"菜单的"保存"命令，可一次性保存所有打开的文档
D. 用"文件"菜单的"全部保存"命令保存所有打开的文档

3. 假定当前活动窗口是文档 d1.doc 的窗口，单击该窗口的"最小化"按钮后_____。
A. 不显示 d1.doc 文档内容，但 d1.doc 文档并未关闭
B. 该窗口和 d1.doc 文档都被关闭
C. d1.doc 文档未关闭，且继续显示其内容
D. 关闭了 d1.doc 文档但该窗口并未关闭

4. 在 Word 中，当前正编辑一个新建文档"文档1"，在执行了"文件"菜单中的"保存"命令后，_____。
A. "文档1"被存盘
B. 弹出"另存为"对话框，供进一步操作
C. 自动以"文档1"为名存盘
D. 不能以"文档1"存盘

5. 在 Word 中，按先后顺序依次打开了 d1.doc，d2.doc，d3.doc，d4.doc 四个文档，当前的活动窗口是文档_____的窗口。

A. d1. doc　　　B. d2. doc　　　C. d3. doc　　　D. d4. doc

6. 在 Word 中，按 Delete 键，可删除_____。

A. 插入点前面的一个字符　　　B. 插入点前面所有的字符

C. 插入点后面的一个字符　　　D. 插入点后面所有的字符

7. 在 Word 中，要将另一文档的内容全部添加在当前文档的当前光标处，应选择的操作是单击_____菜单项。

A. "文件"→"打开"　　　　B. "文件"→"新建"

C. "插入"→"文件"　　　　D. "插入"→"超链接"

8. 在 Word 中，对于选定的文字_____。

A. 可以移动，不可以复制　　　B. 可以复制，不可以移动

C. 可以进行移动或复制　　　　D. 可以同时进行移动和复制

9. 在 Word 中，执行"编辑"菜单中的"复制"命令后_____。

A. 插入点所在的段落内容被复制到剪贴板

B. 被选择的内容被复制到剪贴板

C. 光标所在的段落内容被复制到剪贴板

D. 被选择的内容被复制到插入点处

10. 在 Word 的文档中，在选定文档某行内容后，使用鼠标拖动方法将其移动时，配合的键盘操作是_____。

A. 按住 Esc 键　　B. 按住 Ctrl 键　　C. 按住 Alt 键　　D. 不做操作

11. 在 Word 的文档中，希望插入复杂的数学公式，在"插入"菜单中应选的命令是_____。

A. 符号　　　　B. 图片　　　　C. 文件　　　　D. 对象

12. 在 Word 中设置了标尺，可以同时显示水平标尺和垂直标尺的视图方式是_____。

A. 普通方式　　B. 页面方式　　C. 大纲方式　　D. 全屏显示方式

13. 在 Word 编辑状态下，对当前文档中的文字进行"字数统计"操作，应当使用的菜单是_____。

A. "编辑"菜单　B. "文件"菜单　C. "视图"菜单　D. "工具"菜单

14. 在 Word 中，关于表格自动套用格式的用法，以下说法正确的是_____。

A. 只能直接用自动套用格式生成表格

B. 可在生成新表时使用自动套用格式或插入表格的基础上使用自动套用格式

C. 每种自动套用的格式已经固定，不能对其进行任何形式的更改

D. 在套用一种格式后，不能再更改为其他格式

15. 在 Word 编辑状态下，若要在当前窗口中打开（或关闭）"绘图"工具栏，应进行的操作是_____。

A. "工具"→"绘图"

B. "视图"→"绘图"

C. "编辑"→"工具栏"→"绘图"

D. "视图"→"工具栏"→"绘图"

三、操作题

1. 在自己的文件夹（如 D：\ student）下新建一个 Word 文档，完成以下操作：

（1）在新建文件中，任意输入或复制两段文字（每段至少有三行文字）。

（2）将第一段分为等宽的两栏，栏间加分隔线。并填充黄色底纹（应用范围为段落）。

（3）在第二段开始处插入任意一张剪贴画，加 3 磅双实线边框，将环绕方式设置为"四周型"，左对齐。

（4）为文档加一个标题"Word 练习"，并将标题处理成艺术字的效果（选择任意一种艺术字式样）。

完成以上操作后，将该文档以 Word1. doc 文件名进行保存。

2. 在自己的文件夹（如 D：\ student）下新建一个 Word 文档，完成以下操作：

（1）在新建文件中，建立一个标题"学生成绩"，设置为三号黑体、红色、加粗、居中。

（2）创建如下所示的表格，并输入相应内容。

学号	姓名	计算机应用基础	英语	数学	语文
1	王芳	89	82	79	91
2	李大伟	70	65	67	74
3	张晓莲	93	78	83	85

（3）在表格的右侧增加一列，标题为"平均成绩"，用 Word 提供的公式计算每位学生的平均成绩并插入相应的表格单元中（保留 1 位小数）。

（4）设置表格中文字的对齐方式为"水平居中"，字体为小四、蓝色、仿宋体。

完成以上操作后，将该文档以 Word2. doc 文件名进行保存。

第四章

电子表格软件 Excel

【学习重点】

请使用 7 学时学习本章内容，着重掌握以下知识点：

⊙ Excel 工作簿的建立、保存与打开。

⊙ Excel 工作表的建立与编辑。

⊙ Excel 单元格地址的引用，公式与函数的使用。

⊙ Excel 数据的排序、筛选和分类汇总。

⊙ Excel 数据图表的建立、编辑与使用。

【考试要求】

1. 了解 Excel 的基本功能和运行环境；Excel 窗口和工作表的结构；图表类型。

2. 掌握 Excel 的启动和退出；Excel 中的数据类型和数据表示；单元格地址的表示与使用；工作表的打印输出；单元格的引用；常用函数的使用；数据排序；数据筛选；数据的分类汇总；图表的创建；图表的编辑和打印。

3. 熟练掌握 数据输入和编辑操作；单元格的格式设置；工作表的基本操作；公式的使用。

4.1　Excel 基本知识

4.1.1　Excel 的基本功能和运行环境

Excel 是 Office 办公系列软件的重要组成之一。它的主要功能是以表格的形式完成数据的输入、计算、分析、制表、统计，并能生成各种统计图形。

它是一种专门用于数据管理和数据分析的电子表格软件，使用它可以把文字、数据、图形、图表和多媒体对象集合于一体，并以电子表格的方式进行各种统计计算、分析和管理等操作。

下面首先介绍 Excel 中的工作簿、工作表、单元格等概念。

1. 工作簿

在 Excel 环境下使用的文件被称为"工作簿"，扩展名为 . xls。每个 Excel 工作簿是由一张或若干张表格组成的，每一张表格被称为"工作表"。在启动 Excel 后，一个工作簿中会自动包含 3 张工作表。

根据需要，可随时插入和删除工作表，也可以设定工作簿内默认的工作表个数。

操作　单击"工具"菜单→"选项"→"常规"选项卡，进行默认工作表个数的设置（见图 4—1）。

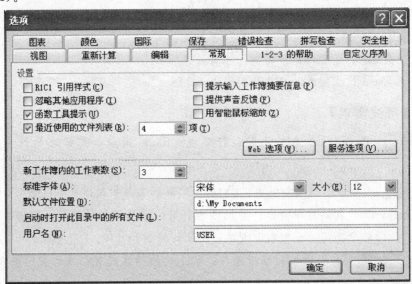

图 4—1　"常规"选项卡

2. 工作表

工作表是由行和列组成的一张表格。

每张工作表的行号用数字 1，2，3，…表示，最多可达 65 536 行；而列标开始用一个字母 A，B，C，…Z 表示，超过 26 列时用两个字母 AA，AB…，AZ，BA，BB，…，

BZ，…，HA，HB，…，HZ，IA，IB，…，IV 表示，最多可达 256 列，所以一张表格最多可有 65 536×256 个单元格（见图 4—2）。

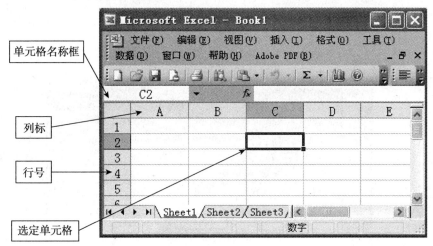

图 4—2　Excel 工作表

3. 单元格

在工作表中行和列交叉的区域称为单元格（即由横线和竖线分隔成的格子），它是工作表中最基本的数据存储单元。

单元格地址是由它所在的列标和行号组成，例如，第 3 列第 2 行的单元格地址为 C2（见图 4—2）。

当单击某个单元格时，该单元格的地址就显示在编辑栏左端的单元格名称框内，并且该单元格成为活动单元格，这样就可以在其中输入或编辑数据了。

4.1.2　Excel 的启动和退出

1. 启动 Excel

操作　※ 用"开始"菜单启动：Windows 系统启动后，用鼠标单击"开始"按钮，选择"所有程序"→"Microsoft Office"→"Microsoft Office Excel 2003"选项，即可启动 Excel。

※ 或用桌面快捷方式启动：如果在 Windows 的桌面建立了 Excel 的快捷方式，则可在桌面上直接双击 Excel 的图标，完成启动操作。

※ 或用工作簿文件启动：双击已存在的工作簿文件，即可进入 Excel。

2. 退出 Excel

操作　※ 最快捷的方法是直接单击 Excel 标题栏最右端的关闭按钮，或用快捷键 Alt＋F4。

※ 或单击"文件"菜单，选择"退出"命令，也可以退出 Excel。

※ 或快捷组合键 Alt＋F，再按键盘上的 X 键。

如果文档未保存，Excel 会提示保存文档。

4.1.3　Excel 的窗口组成

Excel 的操作窗口通常由以下几部分组成（见图 4—3）：

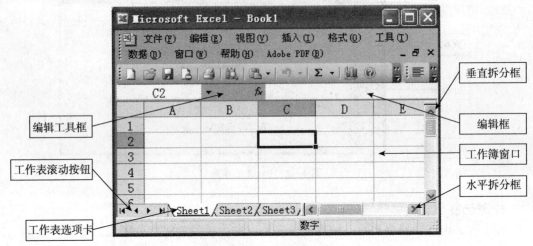

图 4—3　Excel 的窗口组成

1. 标题栏

标题栏位于窗口最上面，用于显示当前正在编辑的文档的名字。

2. 菜单栏

Excel 与 Word 类似，依然是通过菜单、工具栏和快捷菜单三种方式选择命令的执行。

菜单栏一般位于标题栏之下，包含了 Excel 的大部分命令，共由九大菜单组成，包括文件、编辑、视图、插入、格式、工具、数据、窗口和帮助等。

3. 工具栏

工具栏位于菜单栏的下方，将一些常用功能做成按钮形式，并将功能相近的按钮组合在一起。

在默认情况下窗口中出现的是常用工具栏和格式工具栏。

4. 工作簿窗口

Excel 工作簿是计算和存储数据的文件，Excel 文档实际上就是一个工作簿，工作簿名就是文件名。

每个工作簿都可以包含多张工作表，但当前只能有一个工作表可以接受用户的操作，称之为活动工作表。

5. 编辑栏

编辑栏位于工作簿窗口的上方，自左至右依次由单元格名称框、编辑工具框和编辑框三部分组成。

当某个单元格被激活时，其编号立即在单元格名称框中出现。当用户输入文字或数据时，该单元格与编辑框内将同时显示输入的内容。

6. 状态栏

状态栏位于窗口底部，用于显示当前操作的一些信息。例如，按下 Caps Lock 键，则状态栏的右端就会出现"CAPS"字样。

Excel 提供了非常方便的自动计算功能：当选中一些有数据的单元格时，Excel 就会立即在状态栏的计算结果显示区显示这些单元格中的数据之和。当用鼠标右键单击状态栏上计算结果显示区时将会弹出一个快捷菜单，有求平均值、最大值、最小值和计数等自动计算功能供选用（见图 4—4）。

图 4—4　状态栏的计算快捷菜单

4.1.4　工作簿的建立、打开和保存

在 Excel 中，所有工作表均由工作簿进行管理。当启动 Excel 时，如未指定工作簿的文件名，系统就会自动新建一个工作簿，并命名为 Book1.xls。

1. 新建工作簿

操作　❋ 启动 Excel 后，Excel 会自动建立一个名为 Book1 的空白工作簿，并预置三张工作表（分别命名为 Sheet1，Sheet2，Sheet3），其中将 Sheet1 设定为当前工作表。

❋ 或单击"文件"菜单，选择"新建"命令，打开"新建工作簿"任务窗格（见图 4—5），单击"空白工作簿"，可新建一个名字为"book$n$"（$n＝2，3，4，\cdots$）的空白工作簿。

❋ 或单击常用工具栏中的"□"键按钮，可直接打开一个新的空白工作簿窗口。

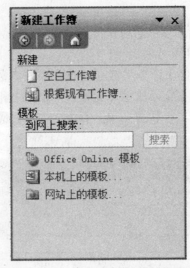

图 4—5　"新建工作簿"任务窗格

2. 打开已有的工作簿

（1）使用命令打开工作簿。

操作　第一步，单击"文件"菜单→"打开"命令；或者单击常用工具栏上的"📂"打开按钮，显示"打开"对话框。

第二步，在"查找范围"框中，找到并单击需要打开的文件。

第三步，单击"打开"按钮。

（2）直接打开工作簿。

操作　✳ 通过资源管理器，找到工作簿文件直接双击该文件。

✳ 或对于最近使用过的工作簿，可在"文件"菜单下面的最近打开过的工作簿列表中（默认为四个）找到，并直接选定所需工作簿单击鼠标左键即可打开。

在"文件"菜单下的列表中最多可显示九个最近使用过的工作簿，可以通过"工具"菜单→"选项"→"常规"选项卡进行设置。

3. 保存工作簿

在新建工作簿并输入内容后，可将其保存到磁盘文件中，其操作过程同 Word 类似。

操作　第一步，选择"文件"菜单→"保存"命令；或者单击常用工具栏中的"💾"保存按钮，打开"另存为"对话框。

第二步，在"文件名"文本框中输入工作簿名。

第三步，在"保存位置"下拉菜单中，确定要保存的路径。

第四步，单击"保存"按钮。

在保存工作簿时，Excel 会自动为其加上默认的扩展名 . xls。

保存的已命名文件，只需要选择"文件"菜单→"保存"命令，或按 Ctrl＋S 键，Excel 会自动存储工作簿文件，而不再显示"另存为"文件对话框。

Excel 与 Word 类似也提供了"自动保存"功能，选择"工具"菜单→"选项"命令，打开"选项"对话框，选择"保存"选项卡，设置"自动保存时间间隔"，将定时保存当前正在编辑的数据。

4. 关闭工作簿

关闭一个工作簿，可选择下面方法之一。

操作 ❋ 单击"文件"菜单→"关闭"命令。

❋ 或右键单击标题栏左侧的控制按钮，选择快捷菜单的"关闭"命令。

❋ 或单击菜单栏右侧的关闭窗口按钮。

关闭所有的工作簿并退出 Excel，可通过以下三种方式之一。

操作 ❋ 单击"文件"菜单→"退出"命令。

❋ 或双击标题栏左侧的控制按钮。

❋ 或单击标题栏右侧的关闭按钮。

4.1.5 Excel 中的数据类型

在 Excel 中，有四种类型的数据可以在单元格中使用，它们分别为数字（数值）、字符（文本）、逻辑（布尔）和错误值。

1. 数字数据

数字数据主要用于表示量化的数据及各种数学计算。如工资、学生成绩、员工年龄、销售额以及日期和时间等数据都属于数字数据。

（1）数值数据。

数值数据由十进制数字（0～9）、小数点（.）、正负号（＋、－）、货币符号（￥、\$、US\$等）、百分号（％）、千位分隔符（,）、用于科学计数法的指数符号（E 或 e）等字符组成。

合法的数值数据表示：35、－23.8、5.2％、0.3E2、￥1,023.45。

（2）日期和时间数据。

Excel 对日期和时间的表示格式有很多种，默认的日期数据的表示格式为"yyyy-mm-dd"（分隔符也可以使用"/"），时间数据的表示格式为"hh：mm：ss"或"hh：mm"。

可以通过菜单命令设置日期和时间数据的表示格式。

操作 第一步，单击"格式"菜单→"单元格"命令，打开"单元格格式"对话框。

第二步，选择"数字"选项卡，在"分类"列表框中，选择"日期"或"时间"选项。

第三步，在"类型"列表框中选择要使用的日期或时间的显示格式。

第四步，单击"确定"按钮，完成设置。

合法的日期数据表示：2011－08－18、2011 年 8 月 18 日、二〇一一年八月十八日。

合法的时间数据表示：18：30：20、6：30：30 PM、18 时 30 分 20 秒、下午 6 时 30 分 20 秒。

2. 字符数据

字符数据是指说明性、解释性的数据。字符数据通常也被称为"文本"。

字符型数据由汉字、英文字母、数字、标点、符号以及计算机能输入的所有字符顺序排列而成。

有些用数字表示的数据，如电话号码、学号、邮编等，由于它们是不需要进行数学计算的，所以用文本表示反而比用数值表示更方便。比如表示"学号"，如果使用数值数据描述，只能是1、20、123等；而用字符数据描述，可以是"00001"、"00020"、"00123"等。

合法的字符型数据表示："计算机应用基础"、"编号1"、"125"、"2011－08－18"。

3. 逻辑数据

在用比较运算符进行运算时，运算的结果值只能有两个："真"或"假"。

示例1：判断表达式"3＞5"的结果值是什么？由于3小于5，所以这个表达式的运算结果值一定是"假"。

示例2：判断表达式"3＋3＞5"的结果值是什么？由于6大于5，所以这个表达式的运算结果一定是"真"。

从上述两个示例看到，"真"值或"假"值是要经过逻辑判断才能得到的结果值，所以也把"真"和"假"称为逻辑值。在Excel中，用"TRUE"（或"true"）和"FALSE"（或"false"）分别表示"逻辑真"值和"逻辑假"值。

4. 错误值

当在单元格中输入了错误的数据时，系统会在该单元格中自动显示出错误值数据。如在单元格中出现"＃NAME!"错误值时，表明在此单元格中输入的公式中包含不可识别的文本。

查看错误值含义的操作：单击显示错误值的单元格，在单元格左侧将给出"◇"图标，将光标移到该图标上，将给出错误值说明信息（见图4—6）。

图4—6   错误值说明信息

获得对错误值相关帮助的操作：单击"◇"图标，弹出下拉菜单，根据需要从中获得帮助（见图4—7）。

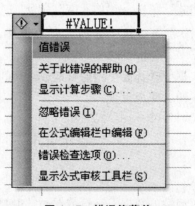

图4—7   错误值菜单

4.2　创建工作表

在建立工作表之前，应该对工作表有个整体规划，比如如何建立表头、标题列等。

建立工作表的步骤是：首先确定一个表头；然后确定表的行标题和列标题的位置；最后输入数据。

4.2.1　选取单元格

在每个工作表中只有一个单元格处于当前工作状态，称之为活动单元格，工作表中带粗线黑框的单元格就是活动单元格。在单元格名称框中显示出活动单元格的位置坐标（见图 4—2）。

单元格是工作表中的最小单位。要把数据输入到某个单元格中，或对某个单元格的内容进行编辑，就要选取被操作的单元格。

在执行绝大部分 Excel 命令之前，必须先选定要操作的单元格区域，这个区域也称当前工作区域。该区域可以是一行、一列，也可以是多列和多行的组合，还可以是一个单元格。

单元格区域一般是用"左上角单元格名称：右下角单元格名称"的形式来表示，例如"C2：E5"（见图 4—8）。

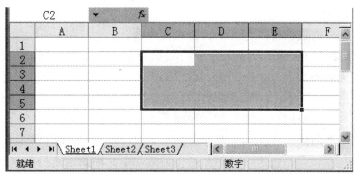

图 4—8　当前工作区域（C2：E5）

1. 选定单个单元格

只需用鼠标左键单击单元格即可，被选中的单元格即为活动单元格。

2. 选定多个单元格

（1）选定多个连续单元格（单元格区域）：将鼠标指向要选定区域左上角的第一个单元格，按住鼠标左键并拖动鼠标到想要选定区域的右下角最后一个单元格，松开鼠标左键就选定了该区域。当释放鼠标键后，选定的区域将反白显示。如果要取消选定，只需单击工作表中任意一个单元格。

（2）选定整行或整列单元格：单击工作表左侧的行号或上端的列标即可选择一行或一列；若想选中多行或多列，则在按住 Ctrl 键（不连续区域）或 Shift 键（连续区域）时单击行号或列标。

（3）选定整个工作表内单元格：单击第 1 行上方、第 A 列左侧的小方框。

（4）选定不连续区域：选中一个区域之后按住 Ctrl 键，再用上述方法选中其他区域。

表 4—1 列出了用鼠标选择工作区域的常用操作。

表 4—1　　　　　　　　　　　　　选择工作区域的常用操作

选定对象	执行操作
某个单元格	单击该单元格
某个单元格区域	选定该区域的第一个单元格，然后拖动鼠标至最后一个单元格
不连续的单元格区域	选定该区域的第一个单元格，按住 Ctrl 键再选定其他的单元格区域
工作表的所有区域	单击全选按钮（第 1 行上方、第 A 列左侧的小方框）
整行	单击行号
整列	单击列标
连续的行或列	沿行号或列标拖动鼠标
不连续的行或列	选定第一行或第一列，再按住 Ctrl 键选定其他的行或列

4.2.2　输入数据

创建工作表的目的是为了进行数据处理，所以当创建完工作表之后应把数据输入到工作表的单元格中。

在单元格中输入的数据可以是常量、公式和函数。

（1）常量：可以是在"4.1.5 Excel 中的数据类型"中介绍的数值数据、日期和时间数据、文本数据中的任意一种。根据输入数据的格式，Excel 能自动识别它的数据类型。

（2）公式：由"＝"引出的简单的数学公式，或是包含各种函数的式子。

（3）函数：为了方便用户对数据的运算而预先定义好的公式。

关于公式和函数的使用将在 4.5 节介绍。

在输入数据之前，应先选定一个单元格作为活动单元格或选定一个区域。改变活动单元格，主要靠 Tab 键、Enter 键与 Shift 键。

❋ 按 Tab 键活动单元格向右移动。

❋ 按 Shift＋Tab 键活动单元格向左移动。

❋ 按 Enter 键活动单元格向下移动。

❋ 按 Shift＋Enter 键活动单元格向上移动。

在 Excel 中，可以有多种方法向单元格中输入数据，如从键盘直接输入、从下拉列表中选择输入、根据系统记忆输入、使用填充功能输入等，这些方法分别适用于不同的输入情况。

1. 从键盘直接输入数据

（1）输入文本数据。

❋ 普通文本的输入：直接在单元格中输入汉字、字母、字符，或它们的组合（注意：

输入的文本两端不需要加字符串定界符－双引号)。

❈ 数字文本的输入：当把数字串作为文本输入时，在输入的数字串前应先输入一个单引号，如要输入文本"82056441"，应键入"'82056441"。单元格在显示该数据时，并不显示数字文本串前面的单引号，单引号的作用只是表明这个数据是文本类型。这常用在将电话号码、邮政编码等当作字符处理的情况。

在单元格输入文本后，Excel 自动识别并将其在单元格中左对齐。

输入完成后，按 Tab 键或 Enter 键确认，若想取消输入的文本，则按 Esc 键。

如输入的文字长度超出单元格宽度，可能会遮盖住相邻单元格的内容，也可能只显示一部分，这时就必须加大列宽才能显示出全部文本。

加大列宽的快速操作　　直接用鼠标左右拖动列标间的分隔线即可。

注意：在输入数据时应注意以下问题：

1) 若需要把数值、日期、时间以及逻辑值作为文本数据输入时，应首先输入引导标记单引号。

2) 在文本数据中，区分大小写英文字母。

3) 当输入键盘上不存在的字符时，通过单击"插入"→"符号"命令，打开"符号"对话框，从"符号"或"特殊符号"选项卡中所提供的符号中选择所需要的符号。

(2) 输入数值数据。

❈ 普通数值的输入：除分数以外的数值数据按格式要求直接在单元格中输入即可。

❈ 分数的输入：由于"/"符号可以是日期数据的分隔符，为了避免将输入的分数当作日期数据，在输入的分数前应先输入一个数字"0"及一个空格，如要输入"1/5"，应键入"0 1/5"。单元格在显示该数据时，并不显示分数前面的"0"和空格。

在单元格输入数值后，Excel 自动识别并将其在单元格中靠右对齐。

当输入分数时，为了避免将分数当作日期，在输入分数前应先输入一个 0（阿拉伯数字）及一个空格，如要输入"1/5"，应键入"0 ⌣ 1/5"。[①]

(3) 输入日期和时间数据。

在单元格中，按照 Excel 规定的日期和时间的格式要求输入数据，输入完成后，系统自动识别并将其在单元格中靠右对齐。如果 Excel 不能识别输入的日期或时间的格式，输入的数据将被视作文本数据。

若想输入计算机的当前系统日期或时间，可用组合键快速完成。

操作　❈ 输入当前系统日期：按 Ctrl＋; 键。

❈ 输入当前系统时间：按 Ctrl＋Shift＋; 键。

(4) 输入公式。

在 Excel 工作表中，若某个单元格中的数据需要通过计算才能得到，则可以为该单元格输入一个公式或 Excel 提供的函数。

操作　第一步，选定单元格。

第二步，在单元格中，首先输入一个等号"＝"，接着输入公式内容。

---

① ⌣表示空格字符，在输入结果中为空白。

第三步，当确认输入后，就会在该单元格中显示公式计算后的结果（见图4—9）。

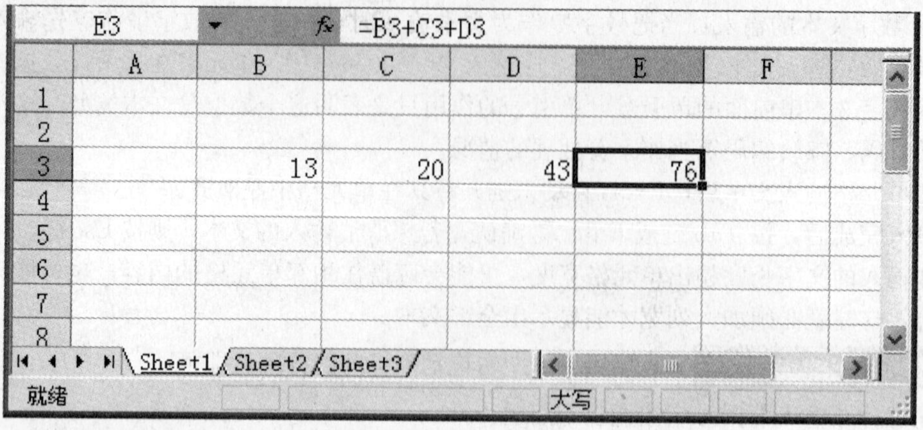

图4—9 公式输入示例

2. 从下拉列表中选择输入

在制作数据表时，当某个字段的数据取值是有限个时（如图 4—10 中的"职称"字段），利用下拉列表进行相关数据的选择输入。

此方法具有高效、便捷、不容易出错的特点。

操作 第一步，在要输入数据的单元格上单击鼠标右键，弹出快捷菜单，选择"从下拉列表中选择"命令。

第二步，在当前单元格的下面弹出一个下拉列表框，其中列出了与当前单元格同列的连续单元格中不重复的所有取值。

第三步，从列表中选择一个值作为该单元格的值（系统将自动关闭下拉列表框）。

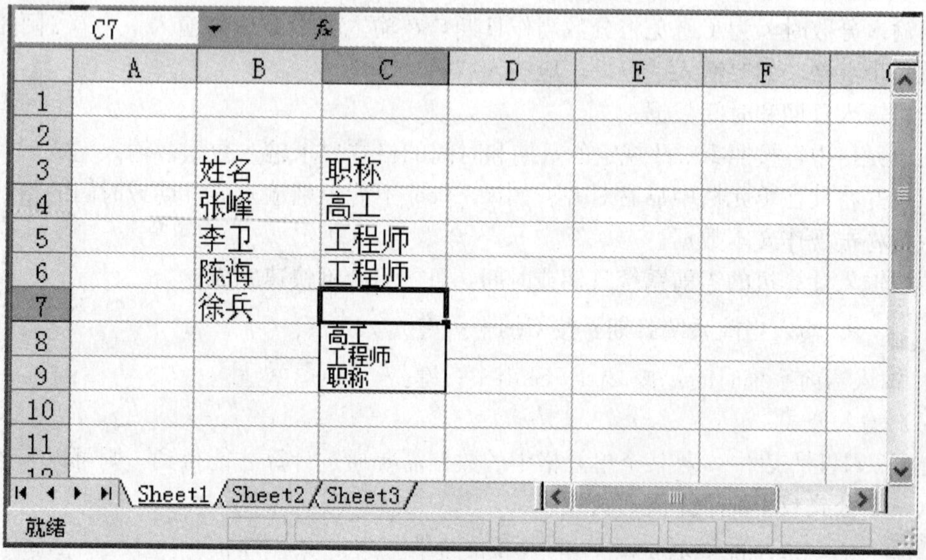

图4—10 从下拉列表中选择输入数据示例

3. 根据系统记忆输入数据

Excel 具有文本数据记忆功能。在用户向某单元格输入文本时，当输入的文本（1个或多个字符或汉字）与系统记忆的同列中某个单元格中的文本串的前面内容（字符或汉字个数与输入的个数相同）完全相同时，系统将把后面的文本内容在输入单元格中以反显方式显示出来（见图4—11），供用户确认选择。如果是用户需要的数据，可直接按 Enter 键完成输入，否则继续输入后续文本。

此方法具有快捷、减少输入的特点。

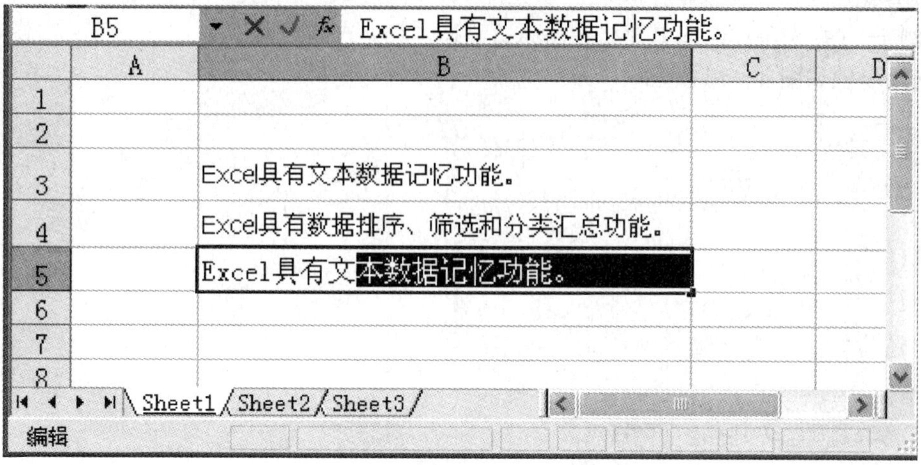

图4—11　根据系统记忆输入数据示例

4. 使用自动填充功能输入数据

在向工作表输入数据时，有时需要在某一区域内填充相同的数据，有时需要输入有规律的数据。使用 Excel 数据自动填充功能，可以快速地完成相同数据及系列数据的输入，而不需要一个一个地输入数据。

（1）在单元格区域内填充相同的数据。

操作　※ 选定要填充数据的单元格区域，输入数据，按 Ctrl＋Enter 键，即完成相同数据的填充。

※ 或选定要填充数据的区域左上角第一个单元格，输入数据，鼠标指向该单元格右下角的填充柄（鼠标指针变为实心十字形），按住左键拖动鼠标经过所需填充的区域（单行或单列），松开鼠标即完成填充（见图4—12）。

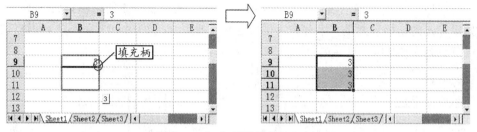

图4—12　相同数据输入示例

（2）在单元格区域内填充序列数据。

若要在工作表某一区域输入有规律的数据，如 1，2，3，…或 1，5，9，…，以及 Excel 提供的星期日，星期一，…，或一月，二月，三月，…等中、英文日期序列，可以使用自动填充方式来快速输入。

操作　第一步，选定单元格，输入初始值数据。

第二步，将鼠标指针移到该单元格填充柄上，使之变成实心十字形光标。

第三步，按下并拖动鼠标右键，经过所需填充区域，松开鼠标将出现一快捷菜单。

第四步，选择快捷菜单中相应的填充序列，即完成自动填充。

【例 4—1】　在一连续单元格中输入 3，15，75，…等比序列。

操作步骤如图 4—13 所示。

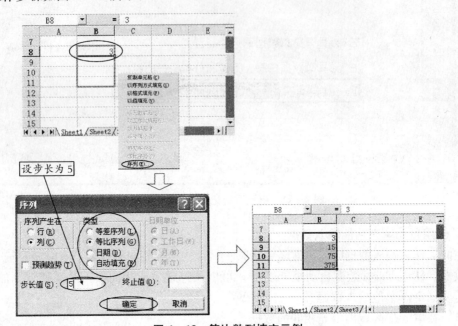

图 4—13　等比数列填充示例

如果输入的初始数据是 Excel 中存在的自动填充序列，如"星期一"，直接拖动填充柄，即可按照 Excel 预制的填充序列进行填充，即后继单元格将依次填充为"星期二"、"星期三"…。如果只是想复制该数据（如"星期一"），可按住 Ctrl 键再拖动填充柄。

如果输入的初始数据是一个数值，并希望在后继单元格区域内填充该初始值的递增值，则应按住 Ctrl 键再拖动填充柄。若不按 Ctrl 键，则是复制该初始值到后继项。

如果输入的初始数据是文字和数字的混合体，拖动填充柄时，文字不变，最右边的数字递增（见图 4—14）。

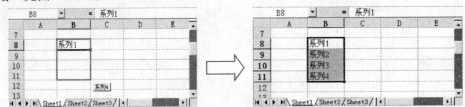

图 4—14　文字和数字混合的自动填充示例

（3）使用菜单命令实现自动填充。

上述自动填充功能的实现也可以通过菜单命令来完成。

操作　第一步，选定要填充数据的单元格区域。

第二步，单击"编辑"菜单→"填充"命令，打开级联菜单（见图 4—15）。

第三步，根据需要选择相应的填充命令。

图 4—15　"填充"下拉菜单

4.2.3　数据编辑

数据编辑是指对已经输入的单元格数据进行修改、删除、移动和复制等操作。

工作表的数据编辑主要包括：单元格数据的修改、移动、复制、删除；单元格、行、列的删除、插入等。在编辑的过程中若出现误操作，可以随时使用"编辑"菜单→"撤消"命令。

1. 数据修改

操作　❀ 双击要修改的单元格，在单元格中直接进行修改。

❀ 或单击要修改的单元格，对编辑栏中显示的单元格内容进行修改。

2. 数据删除（清除）

在 Excel 中，每一个单元格包含有三种信息：

（1）单元格中输入的内容。

（2）描述该内容的格式。

（3）为单元格设置的批注（此项可有可无）。

因此，一旦在单元格中输入了内容，也就同时具有了格式，当使用"插入"→"批注"命令后，还对该单元格设置了批注信息。

数据删除是将选定的单元格（区域）的所有信息，包括内容、格式、批注等全部删除，同时其他单元格将自动左移或上移。

数据清除则可以根据需要对选定单元格（区域）的内容、格式、批注等信息有选择地删除，同时不会造成其他单元格的移动。

操作　※ 选定要删除的单元格（区域），按 Delete 键。此方法只能删除内容，而不能删除格式和批注。

※ 或选定要删除的单元格（区域），单击"编辑"菜单→"清除"命令，打开级联菜单（见图 4—16），在菜单中选择相关的清除命令。

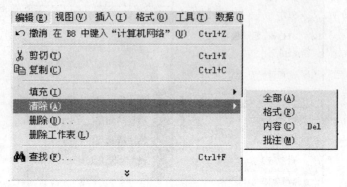

图 4—16　"清除"命令

3. 数据移动或复制

（1）鼠标拖动法。

操作　第一步，选定要移动或复制的单元格区域。

第二步，如果要移动，将光标移到单元格选择区域的边框线位置，当指针变成十字箭头符号"✛"时，按住鼠标左键把单元格区域拖动到新位置即可。在拖动鼠标时，Excel 显示一个虚线框提示移动的位置。

如果要复制，在按住 Ctrl 键的同时，用上述方法拖动鼠标到新位置。

（2）使用剪贴板法。

操作　第一步，选择要移动或复制的单元格区域。

第二步，如果要移动，单击工具栏中"✂"剪切按钮，或选择"编辑"菜单→"剪切"命令，这时所选内容出现一个闪动的虚线框，表明所选内容已放入剪贴板。

如果要复制，单击"📋"复制按钮，或选择"编辑"菜单→"复制"命令。

第三步，单击新位置中的第一个单元格，单击"📋"粘贴按钮，或选择"编辑"菜单→"粘贴"命令。

在操作过程中，如果想取消操作，按 Esc 键可取消选择区的虚线框，或双击其他单元格。

上述两种方法既可实现同一工作表单元格数据的移动或复制，又可实现不同工作表间的移动或复制。

当单元格内容移动或复制到新位置时，将覆盖新位置上的原有内容。

4.3　工作表格式化

4.3.1　单元格、行、列的插入和删除

1. 插入单元格

操作　第一步，选定要插入单元格的位置。

第二步，选择"插入"菜单→"单元格"命令，出现"插入"对话框（见图4—17）。

第三步，确定插入后当前活动单元格移动的方向。

第四步，单击"确定"按钮。

在插入单元格后，Excel 把当前单元格的内容，自动右移或下移。

图4—17　"插入"对话框

2. 插入行、列

单击所要插入行或列所在的任一单元格，选择"插入"菜单→"行"或"列"命令，即可插入一行或一列。

【例4—2】　为工作表"学生情况"增加一个标题行，并输入标题"学生登记表"。

操作　第一步，单击要插入标题行的行号（第1行的行号）。

第二步，选择"插入"菜单→"行"命令，在新插入行中的一个单元格内输入标题（见图4—18）。

D1			学生登记表			
A	B	C	D	E	F	G
1			学生登记表			
2	学号	姓名	性别	出生年月	籍贯	电话	联系人
3	101101	张雷	男	1982-3-10	河北	67890123	张春天
4	101102	李国华	男	1983-8-30	天津	5678234	李林
5	101103	王晓薇	女	1981-11-2	山东	66078891	王东
6	101104	隋爱英	女	1982-9-5	陕西	34562348	邱楠
7	101105	李小青	男	1983-12-3	吉林	96234579	李天一
8	101106	李虹	女	1982-5-7	海南	76543219	李广天

学生情况 / 学生成绩 / Sheet2 / Sheet3

图4—18　插入行的示例

3. 删除单元格

操作　第一步，选定所要删除的单元格。

第二步，选择"编辑"菜单→"删除"命令，出现"删除"对话框（见图4—19）。

第三步，确定删除后单元格的移动方向。

第四步，单击"确定"按钮。

在删除单元格后，Excel 会将其右侧或下方的单元格内

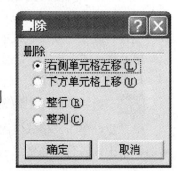

图4—19　"删除"对话框

容，自动左移或上移。

与"清除"不同，"删除"后单元格将不存在。

4. 删除行、列

操作 第一步，选定所要删除的行或列（单击所要删除的行或列的标头）。

第二步，选择"编辑"菜单→"删除"命令。

4.3.2 单元格合并

在 Excel 中可以把多个单元格合并起来。若合并的单元格中都有数据，则只能保留左上角第一个单元格的数据。

操作 第一步，选定需要合并的单元格区域。

第二步，单击格式工具栏的"▣"合并按钮，即完成单元格合并操作。

【例 4—3】 将"学生情况"工作表的标题做合并单元格处理。

操作 见图 4—20。

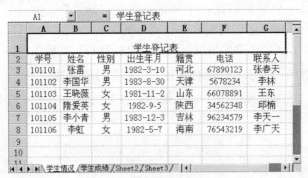

图 4—20　合并单元格示例

4.3.3 单元格格式设置

利用 Excel 的格式化编辑命令可以对工作表中的单元格数据进行显示格式的设置。

单元格格式设置主要包括行高、列宽的调整；数据的格式化；字体的格式化；对齐方式的设置；表格边框及底纹的设置等。

单元格格式设置主要是通过"格式"菜单中的有关命令或格式工具栏的按钮来实现的。

1. 调整行高、列宽

操作 第一步，选中需改变尺寸的行或列（可多行或多列）。

第二步，单击"格式"菜单→"行"或"列"→"行高"或"列宽"命令，在出现的对话框当中输入行的高度值或列的宽度值（见图 4—21）。

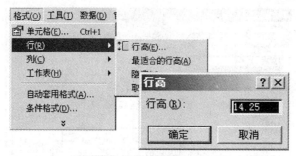

图 4—21 调整行高命令示例

第三步，单击"确定"，即可改变选中行或列的尺寸。

也可以利用鼠标快速调整行高和列宽。

例如要加宽 C 列的单元格，可把鼠标指针移至 C 列与 D 列的分界处，当鼠标指针变成带有左右箭头的黑色竖线时按下鼠标左键，向右拖动到所需的宽度后松开，C 列即被加宽。

与此相似，若要加高第 4 行的高度，可把鼠标指针移至行号上第 4 行和第 5 行的分界处，当鼠标指针变成带有上下箭头的黑色横线时按下鼠标左键，向下拖动到所需的高度后松开。

如果把鼠标向左或向上拖动，列宽与行高将被缩小。如果把鼠标向左或向上拖动，列宽与行高将被缩小，如果继续拖动鼠标，将可能会把拖动的行或列隐藏起来，甚至其他的行和列也会被隐藏。通过图 4—21 所示的"取消隐藏"命令，可将隐藏的行或列显示出来。

2. 通过"单元格格式"对话框设置格式

在 Excel 中的每个单元格主要包含有内容和格式两种信息。

内容是 Excel 可以接受的任何一种数据类型的数据。如数字、文本、日期、时间、逻辑值等数据。

格式是对数据的描述（显示）方式。单元格的格式默认为"常规"格式，在常规格式下，文本为宋体，字形为常规，字号为 12，字符颜色为自动（黑色）；文字、数字和逻辑数据分别按左、右、中对齐显示；单元格四周无边框；背景颜色为自动（白色）、无图案。

通常情况下，单元格的默认格式并不能满足用户对数据的显示格式要求，因此需要改变对格式的设置。通过"单元格格式"对话框可以实现对格式的设置。

操作 第一步，选定要设置格式的单元格或单元格区域。

第二步，单击"格式"菜单→"单元格"命令，弹出"单元格格式"对话框。

第三步，根据格式设置需要，选择相应的选项卡（数字、对齐、字体、边框、图案）。

第四步，按照各选项卡提供的格式选项，进行相应的设置。

第五步，设置完成后，单击"确定"按钮。

（1）设置数字格式。

Excel 提供了大量的数字格式，可以将数字表示为货币、百分比或科学记数法等形式。

操作 选择"数字"选项卡根据需要可选择"常规"、"数值"、"货币"、"日期"、"文本"等格式，进行相应的设置（见图 4—22）。

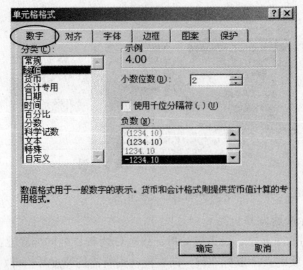

图 4—22 "数字"选项卡

Excel 在格式工具栏上提供了几个最常用的数字格式按钮，如图 4—23 所示，依次为货币符号、百分比样式、千位分隔样式、增加小数位数和减少小数位数按钮。

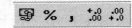

图 4—23 常用数字格式按钮

在选中数字的情况下，按以上按钮即可完成相应的数字格式转换。

（2）设置对齐方式。

在输入数据到 Excel 工作表时，数据按默认的方式自动对齐，如文本左对齐、数字右对齐、逻辑值居中对齐等。可根据情况进行对齐方式的调整。

如果要在一个单元格区域上居中标题或其他文本，先选定要居中文本的整个单元格区域，包括含有要居中文本的单元格。

操作 选择"对齐"选项卡。从"水平对齐"或"垂直对齐"下拉列表中选择对齐方式，也可以通过拖动"方向"栏右侧的时针直观地设置文本的倾斜度（见图 4—24）。

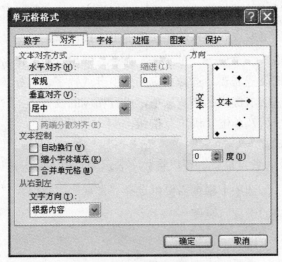

图 4—24 "对齐"选项卡

❈ 或在选中单元格区域后，直接单击格式工具栏上的三个水平对齐调整按钮，包括左对齐、居中对齐和右对齐。

❈ 或用鼠标右键单击选中的单元格区域，选择"设置单元格格式"选项，设置方法同第一种方法。

（3）设置字体格式。

Excel 中的字体设置主要包括字体类型、字形、字号、颜色、下划线、上标、下标、特殊效果等。

操作 选择"字体"选项卡（见图 4—25）。也可通过格式工具栏提供的按钮直接设置文本的格式，包括字体、字号、字形、颜色等。

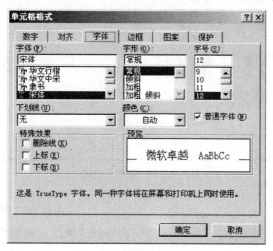

图 4—25 "字体"选项卡

（4）设置边框。

可以重新设置单元格区域及整个表格的表格线类型。

操作 选择"边框"选项卡。选择需要的边框位置、线条样式（粗细）和颜色（见图4—26）。

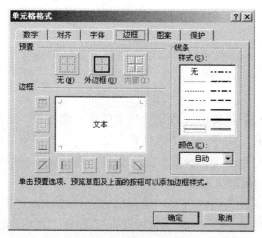

图 4—26 "边框"选项卡

（5）设置底纹。

若要设置单元格的底纹和背景图案，可以选择"图案"选项卡，出现设置底纹和图案的对话框；若要设置带有图案的背景色，可以打开"图案"下拉列表进行选择（见图4—27）。

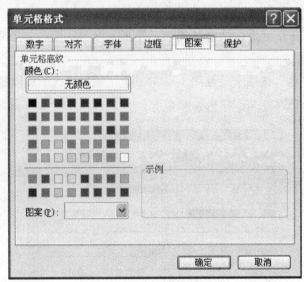

图 4—27   "图案"选项卡

设置边框与背景色，也可以通过格式工具栏的"▦"边框和"🖌"填充颜色两个按钮来完成。打开相应的下拉列表框（即单击按钮右边的"▼"），根据需要选择合适的边框和单元格背景颜色即可。

3. 按条件设置格式

在 Excel 实际应用中，有时需要将数据表中的某些字段中满足一定条件的数据使用不同于其他数据的格式进行显示，用以说明这些数据的特殊性。比如商品库存数据表中的"库存量"低于某个值时要把相关的信息特别显示出来；再比如，把职工信息数据表中的年龄在 50 到 55 岁之间的职工信息特别显示出来。

为了能够把那些满足一定条件的数据找出并加以特别显示，可以通过 Excel 提供的"条件格式"功能来实现。

【例 4—4】   对图 4—28 所示的"库存"数据表，将数量在 10 以下和 20 以上的数据特别显示出来。

操作：

第一步，选择将要设置条件的"数量"列下的单元格区域（见图 4—28）。

第二步，单击"格式"菜单→"条件格式"命令，打开"条件格式"对话框。

第三步，在条件下拉列表中选择"介于"条件，在其后的参数输入框中输入相关的参数值：最小值 10 和最大值 20（见图 4—29）。

第四步，单击"格式"按钮，打开"单元格格式"对话框。可为满足条件的数据设置字形、文本颜色，单元格背景颜色等。本例设置字形为"加粗 倾斜"，文本颜色为"红色"。

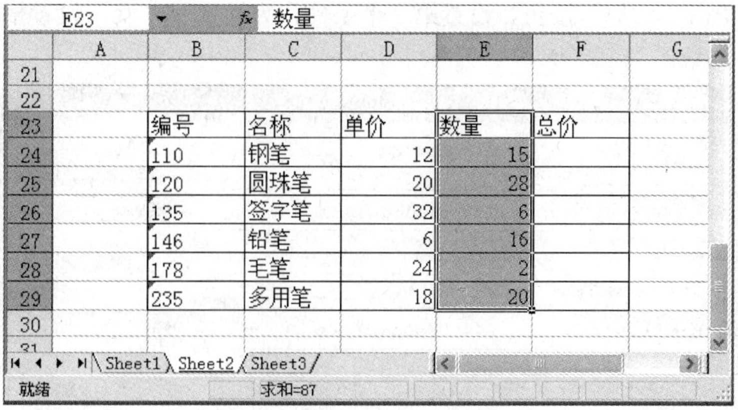

	A	B	C	D	E	F	G
21							
22							
23		编号	名称	单价	数量	总价	
24		110	钢笔	12	15		
25		120	圆珠笔	20	28		
26		135	签字笔	32	6		
27		146	铅笔	6	16		
28		178	毛笔	24	2		
29		235	多用笔	18	20		
30							

图 4—28　“库存”数据表

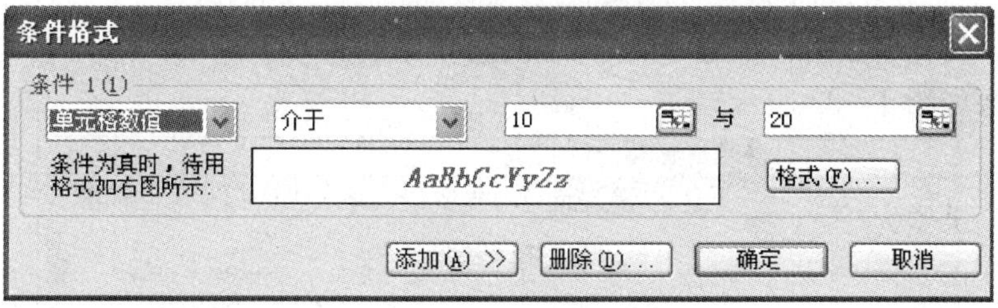

图 4—29　“条件格式”对话框

第五步，设置完成后，单击“确定”按钮。

操作结果如图 4—30 所示。

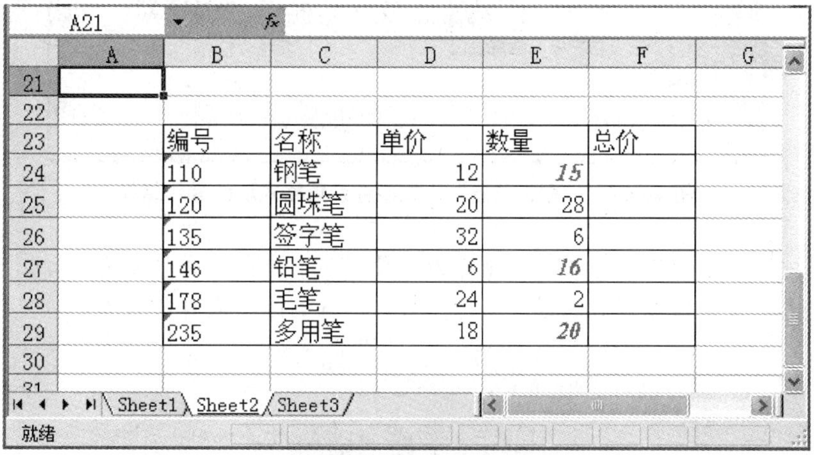

	A	B	C	D	E	F	G
21							
22							
23		编号	名称	单价	数量	总价	
24		110	钢笔	12	*15*		
25		120	圆珠笔	20	28		
26		135	签字笔	32	6		
27		146	铅笔	6	*16*		
28		178	毛笔	24	2		
29		235	多用笔	18	*20*		
30							

图 4—30　按条件设置格式示例的操作结果

【例 4—5】　对“职工信息”数据表，按性别值分别显示出来。

操作　第一步，选择将要设置条件的“性别”列下的单元格区域。

第二步，单击“格式”菜单→“条件格式”命令，打开“条件格式”对话框。

第三步，在条件下拉列表中选择“等于”条件，在其后的参数输入框中输入相关的参数值：“男”。单击“格式”按钮，设置字形为“加粗”，文本颜色为“红色”。

第四步，单击"添加"按钮，设置第 2 个条件，为性别＝"女"设置格式。操作同第三步（见图 4—31）。

图 4—31　"条件格式"对话框

第五步，设置完成后，单击"确定"按钮。

操作结果如图 4—32 所示。

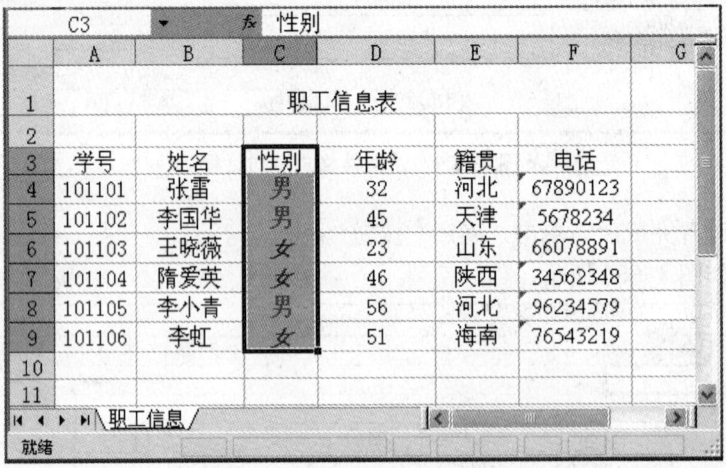

图 4—32　"职工信息"表按条件设置格式后的操作结果

注　意　可以为同一字段下的数据最多设置 3 个不同的条件格式，分别以不同的格式显示满足各条件下的数据。通过"删除"按钮，可删除已设置的条件，恢复原始的数据显示格式。

4.4　工作表编辑

4.4.1　工作表的选择

1. 选中一张工作表

操作　直接单击窗口下方的工作表选项卡即可，该选项卡反白显示表示已经被选中为活动工作表（见图 4—33）。

2. 同时选中多张工作表

操作　按住 Ctrl 键逐一单击想选中的工作表选项卡。

3. 选定全部工作表

操作　鼠标右键单击工作表选项卡，选择快捷菜单中的"选定全部工作表"命令。

点击未选择的工作表名即可取消工作表选择。

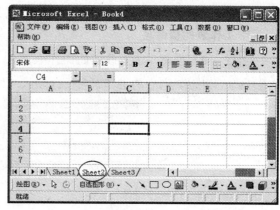

图 4—33　"Sheet2"为当前工作表

4.4.2　工作表的编辑

1. 工作表的插入

操作　❋ 单击"插入"菜单→"工作表"命令，将立即插入一张新的工作表。

❋ 或鼠标右键单击某一工作表选项卡，在快捷菜单中选择"插入"→"工作表"命令，打开"插入"对话框（见图 4—34），双击"常用"选项卡中的"工作表"，将在选中工作表前面插入一个新的工作表。

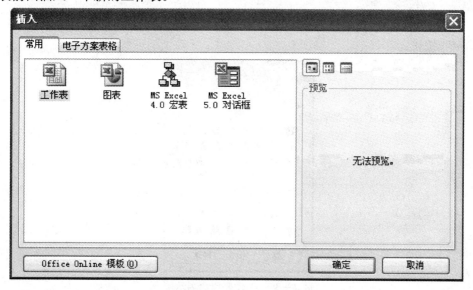

图 4—34　"插入"对话框

2. 工作表的删除

操作　❋ 选中要删除的一个或多个工作表，单击"编辑"菜单→"删除工作表"命令。

❋ 或鼠标右键单击要删除的工作表选项卡，在弹出的快捷菜单中选择"删除"命令。

对于上面两种操作，Excel 都给出了提示信息框，选择"确定"按钮，被选中的工作表将被删除。

3. 工作表的重命名

操作 鼠标右键单击要改名的工作表选项卡，然后在出现的快捷菜单上选择"重命名"命令，此时，选中的工作表名反白显示（见图4—35），即可输入新的工作表名。

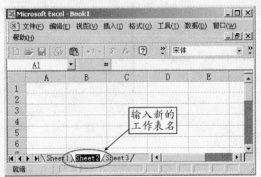

图4—35 工作表重命名示例

4. 设置工作表标签的颜色

在 Excel 中，默认的工作表选项卡（也称为标签）的颜色为灰色，为了区别不同的工作表标签，可以为其设置不同的颜色。

操作 方法一：选择（单击）工作表选项卡，"格式"菜单→"工作表"→"工作表标签颜色"命令，弹出"设置工作表标签颜色"对话框（见图4—36），选择一种颜色，单击"确定"按钮。

图4—36 工作表重命名示例

方法二：或鼠标右键单击工作表选项卡，在弹出的快捷菜单中选择"工作表标签颜色"命令。设置同方法一。

设置结果如图 3—37 所示。其中 Sheet1 工作表的标签是默认颜色（浅灰色），Sheet2 工作表的标签颜色为红色，而 Sheet3 工作表的标签颜色为浅绿色。

5. 工作表的移动和复制

在 Excel 中，既可以在同一工作簿中移动和复制工作表，也可以在不同的工作簿之间

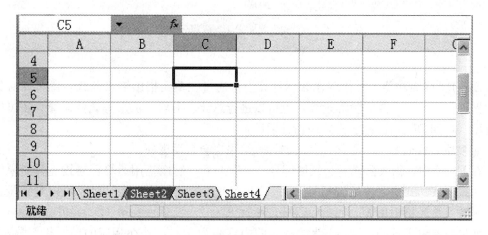

图 4—37 改变工作表标签颜色示例

移动和复制工作表。

操作 第一步，选中要移动或复制的一个或多个工作表。

第二步，单击"编辑"菜单→"移动或复制工作表"命令，或鼠标右键单击工作表选项卡，选择快捷菜单的"移动或复制工作表"命令，打开"移动和复制工作表"对话框（见图 4—38）。

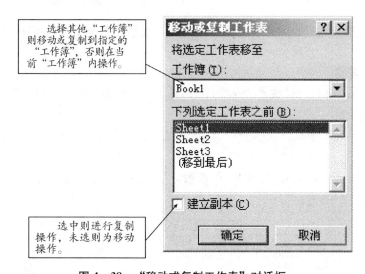

图 4—38 "移动或复制工作表"对话框

第三步，从"将选定工作表移至工作簿"下拉列表中选择目标工作簿。

如选中"新工作簿"，则是创建一个新工作簿并把选中的工作表移动或复制到其中。

如选中当前 Excel 环境下已存在的工作簿，则是把选中的工作表移动或复制到其中。

如需要复制工作表，则应选中"建立副本"复选框。

第四步，单击"确定"按钮，完成工作表的移动和复制。

4.5 公式与函数

Excel 的强大功能主要体现在数据计算上。通过在单元格中输入公式，既可以对数值型数据进行加、减、乘、除等运算，也可以进行总计、平均、汇总等统计运算，还可以对字符型、日期型数据进行字符处理和日期运算。

如果原始数据发生了变化，公式的计算结果也会自动更新。

在 Excel 中，输入公式时必须以等号"＝"开始，后面是用运算符连接运算对象组成的表达式。表达式中可使用圆括号"（ ）"改变运算优先级。运算对象可以是常量、变量、函数及单元格引用等。如：＝C3＋C5；＝E7＊2－E5；＝sum（D2：D10）。

如果没有输入等号，Excel 就把输入的内容视为文本，并在相应的单元格里显示它，而不是计算其结果值。

Excel 公式中可以使用系统提供的函数。函数由函数名和其后的括号组成，同时，大多数的函数还需要在括号内提供参数值。

4.5.1 Excel 运算符

Excel 包含四种类型的运算符：算术运算符、比较运算符、文本连接运算符、单元格引用运算符。

1. 算术运算符

主要包括：＋(加)、－(减)、×(乘)、÷(除)、％(百分号)、^(乘方)等。

2. 比较运算符

主要包括：＝(等于)、＜(小于)、＞(大于)、＜＝(小于等于)、＞＝(大于等于)、＜＞(不等于)等。

比较数值的大小，其结果为真或者假，称为逻辑值，分别表示为"TRUE"和"FALSE"（见图 4—39）。

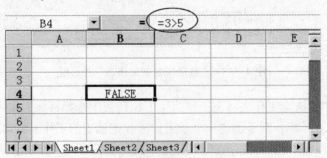

图 4—39 比较运算示例

3. 文本连接运算符

文本连接运算符"&"，用来连接两个字符串文本成为一个组合文本（见图4—40）。

注　意　字符串常量要用双引号括起来。

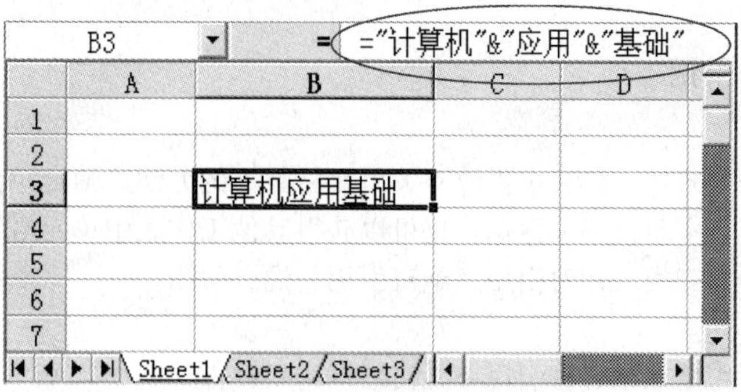

图 4—40　文本连接运算示例

4. 单元格引用运算符

单元格引用运算符的作用在于标识工作表上的单元格或单元格区域，并指明公式中所使用的数据的位置。

通过单元格引用运算符可以在公式中使用工作表不同部分的数据，或在多个公式中使用同一单元格的数值。

单元格引用运算符有三个：

❊ 区域运算符（冒号“:”）：引用区域内全部单元格。如 sum（B4:C8），对左上角单元格为 B4，右下角单元格为 C8 的十个单元格区域内的数值求和。

❊ 联合运算符（逗号“,”）：引用多个区域内的全部单元格。如 sum（B4，C8，D5），对 B4、C8 和 D5 三个单元格的数值求和。

❊ 交叉运算符（空格）：只引用交叉区域内的单元格。如 sum（B2:D3␣C1:C5），只对 C2 和 C3 两个单元格的数值求和（见图 4—41）。

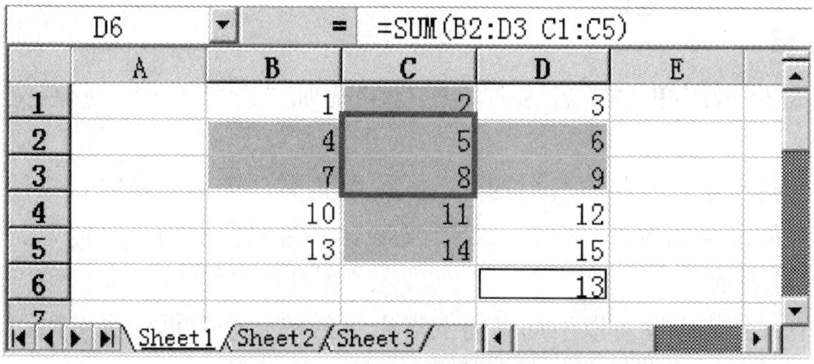

	A	B	C	D	E
1		1	2	3	
2		4	5	6	
3		7	8	9	
4		10	11	12	
5		13	14	15	
6				13	

图 4—41　交叉运算符的运算示例

当用户用鼠标选择单元格区域时，Excel 自动提供区域运算符“:”，如果用户选择不连续的单元格或者区域时，Excel 会插入联合运算符“,”。

公式中运算符的优先次序从高到低依次为：冒号（:）、逗号（,）、负号（−）、百分号（%）、乘幂（^）、乘和除（*,/）、加和减（+,−）、文本连接符（&）、比较符（=，<，>，<=，>=，<>）。

Excel 遵从“由左向右”的运算规则。如果要改变运算的次序，可将公式中某部分用括号括起来，因为公式中的括号优先级最高，Excel 将首先进行括号内的计算。

4.5.2　单元格引用

单元格引用是公式从工作表中提取有关单元格数据的方法。通过单元格引用，公式既可以获得当前工作表中单元格的数据，也可以获得其他工作表中单元格的数据。

单元格引用分为三类：相对引用、绝对引用、混合引用。

1. 相对引用

相对引用是指用单元格名称引用单元格数据的一种方式。如"A3"，"B3"，"C3"，称为"相对地址"。

相对引用的特点是：在复制公式时，相对地址会随目标单元格地址的变化而变化。当单元格的行和列变化时，复制出的公式的行号与列标都会随之变化。

例如，若 F3 中的公式为"=C3＋D3＋E3"，将其复制到 F5 时，由于列标没有改变，都为"F"，所以公式中的列标也不改变，而行号发生了改变，其增量值为 2，故公式中的行号都应该相应地加上这个增量值，所以最后在 F5 中复制出的公式为"=C5＋D5＋E5"。

按住左键拖动填充柄也可将公式快速复制到相邻单元格中。

2. 绝对引用

绝对引用是指在行号和列标前面均加上"＄"符号。

绝对引用的特点是：在公式复制到新位置时，绝对引用单元格将不随公式位置的移动而改变单元格的引用。即不论行和列怎样改变，复制出的公式中的地址总是不变的。

例如，若 F3 中的公式为"=＄C＄3＋＄D＄3＋＄E＄3"，则复制到 F4 时，公式不会改变。公式中的引用也称为绝对地址。

3. 混合引用

混合引用是指引用单元格名称时，在行号前加"＄"符号，或在列标前加"＄"符号。

混合引用的特点是：在将混合引用的公式复制到另一个单元格时，未用绝对引用表示的部分会随位置的改变而改变。例如，C＄3 或 ＄C3 就是混合引用，也称为混合地址。

4. 三维地址表示

在 Excel 中，公式中既可以引用当前工作表中的单元格数据，也可以引用其他工作表中的单元格数据，所以就要说明被引用数据的工作表的名字。

单元格引用的通用格式为：[＜工作表名＞!]＜单元格引用＞。

如果引用当前工作表中的单元格数据，可以省略工作表名和叹号"!"，直接使用上述的三种单元格引用方式；如果引用其他工作表中的单元格数据，应在单元格引用地址前加上该工作表的名字以及"!"。

例如，当前工作表名为 Sheet1，其中某个单元格中的公式想引用工作表 Sheet3 中的 B5 单元格的数据，则"Sheet3! B5"是工作表 Sheet3 中的第 B 列第 5 行的单元格的相对地址表示；"Sheet3! ＄B＄5"是工作表 Sheet3 中的第 B 列第 5 行的单元格的绝对地址表示。

4.5.3 公式的输入与显示

Excel 在单元格中不显示公式，而是显示公式的计算结果。若需查看公式，只需选择该单元格，其公式即显示在编辑栏的编辑框中。

使用组合键 Ctrl＋`键（`键在键盘左上角）可使单元格在显示结果和显示公式间切换。

1. 在单元格中输入公式

在单元格中输入公式与在单元格中输入文本类似，只是必须首先输入符号"＝"。

操作 第一步，选定需要输入公式的单元格。

第二步，在所选的单元格中输入等号"＝"，如果单击了"*fx*"插入函数按钮，将自动插入一个等号。

第三步，输入公式内容。如果计算中用到单元格中的数据，可用鼠标单击所需引用的单元格，如果输入错了，在未输入新的运算符之前，可再单击正确的单元格；也可使用手工方法引用单元格，即在光标处输入单元格的引用地址。

第四步，公式输入完后，按 Enter 键，Excel 将自动按照公式进行计算，并将结果显示在单元格中，公式内容显示在编辑栏中。

【例 4—6】 在图 4—42 的单元格 F3 中建立一个公式来计算"张雷"的三门课程总分，即 C3＋D3＋E3 的值，则在 F3 中输入"＝C3＋D3＋E3"。输入公式后按回车键确认，结果将显示在 F3 单元格中。

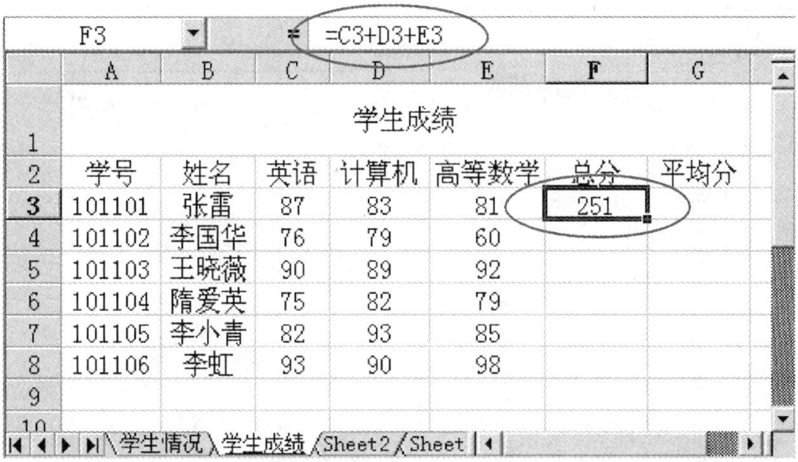

图 4—42 输入公式示例

2. 利用填充功能输入公式

工作表在实际应用中，更多的运算是需要基于同一个运算规则的。比如，在库存表中，每一个商品的总价都是由该商品的单价乘以数量得到的；在学生成绩表中，每名学生的考试平均分都是由各科考试成绩相加后再除以考试科目数得到的。

对于这种基于同一种运算规则（同一个公式）的情况，只需要在应用运算规则的单元格区域中的某个单元格中输入一次公式，之后，利用快速填充功能把该公式复制到其他应用该运算规则的单元格中。

【例 4—7】　在图 4—43 所示的"学生成绩"数据表中，计算每名学生的成绩总分。

操作　第一步，双击将要输入公式的单元格。本例双击单元格 F3，使其处于编辑（输入）状态。

第二步，输入公式。本例输入"=C3＋D3＋E3"（见图 4—43）。输入完成后，按 Enter 键，在单元格 F3 中显示出计算结果：251。

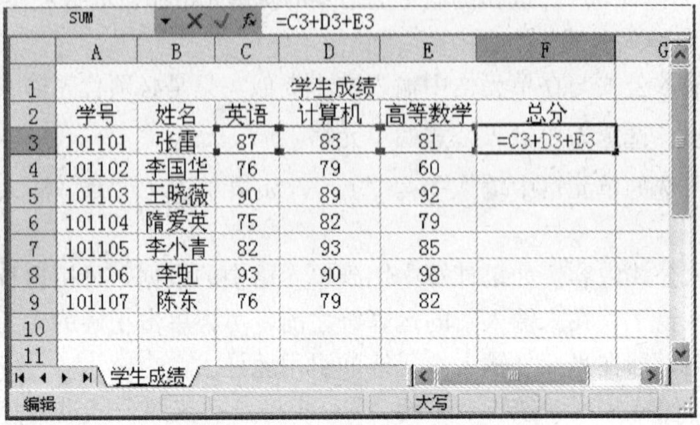

	A	B	C	D	E	F	G
1				学生成绩			
2	学号	姓名	英语	计算机	高等数学	总分	
3	101101	张雷	87	83	81	=C3+D3+E3	
4	101102	李国华	76	79	60		
5	101103	王晓薇	90	89	92		
6	101104	隋爱英	75	82	79		
7	101105	李小青	82	93	85		
8	101106	李虹	93	90	98		
9	101107	陈东	76	79	82		
10							
11							

图 4—43　"学生成绩"数据表

第三步，复制公式。鼠标左键按住单元格 F3 右下角的小正方形填充柄，向下拖动鼠标，直到单元格 F9，松开鼠标，至此，将公式从 F3 复制（填充）到了 F4，F5，…，F9。公式的计算结果也在相应的单元格显示出来。

操作结果见图 4—44。

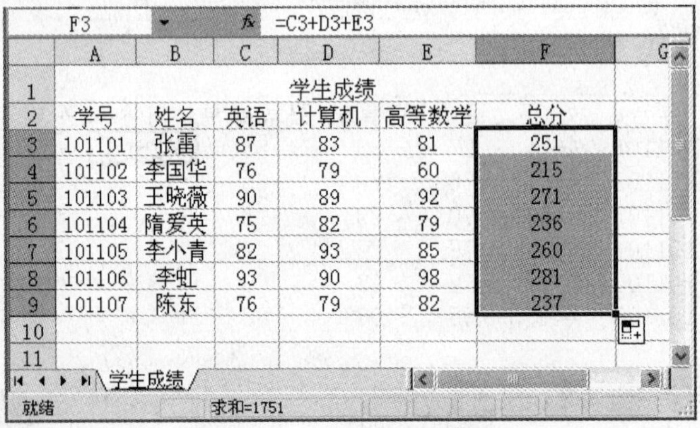

	A	B	C	D	E	F	G
1				学生成绩			
2	学号	姓名	英语	计算机	高等数学	总分	
3	101101	张雷	87	83	81	251	
4	101102	李国华	76	79	60	215	
5	101103	王晓薇	90	89	92	271	
6	101104	隋爱英	75	82	79	236	
7	101105	李小青	82	93	85	260	
8	101106	李虹	93	90	98	281	
9	101107	陈东	76	79	82	237	
10							
11							

图 4—44　公式复制示例结果

4.5.4　函数的引用

函数是为了方便用户对数据的运算而预先定义好的一组完成特定功能的程序，用户可以通过一个函数名来引用（调用）这些程序。

Excel 按功能将函数分为财务、日期与时间、数学与三角函数、统计、查找和引用、数据库、文本和数据、信息、工程等类别。

此外，为了方便用户使用，Excel 还将一些常用函数专门列出（见图 4—45）。

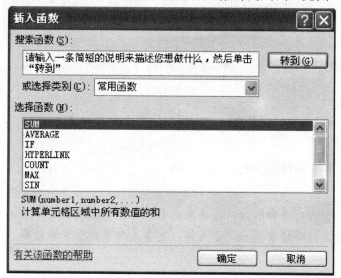

图 4—45　常用函数

函数引用的格式是由函数名及其参数组成的。

Excel 函数的一般形式如下：

　　　函数名（参数 1，参数 2，…）

函数名用具有一定含义的英文缩写字母表示。例如：ABS（）是绝对值函数，SUM（）是求和运算函数。

参数是函数所要处理的数值。对于不同的函数，需要的参数个数和类型是不同的。参数可以是数字、文本、逻辑值、数组或单元格引用，也可以是常量、公式或其他函数。

1. 函数的输入

函数既可以作为公式中的一个运算对象，也可以作为整个公式来使用。

操作　※ 单击编辑栏左侧的插入函数按钮"f_x"，在公式中实现函数的输入。

　　※ 或直接在单元格中输入函数。

　　※ 或使用"插入函数"命令输入函数，具体操作如下：

第一步，选中要输入函数的单元格。

第二步，按 Shift＋F3，或选择"插入"菜单→"函数"命令，出现"插入函数"对话框（见图 4—45）。

第三步，从"选择类别"下拉列表中选择函数类别，比如要进行求和运算，就选中"常用函数"。

第四步，根据需要，从"选择函数"列表框中选择要使用的函数。

第五步，选好函数之后，单击"确定"按钮，则出现"函数参数"对话框（见图 4—46）。用鼠标选择所要处理的单元格区域或者在该对话框中直接输入需处理的单元格区域引用，在输入完毕后单击"确定"按钮。

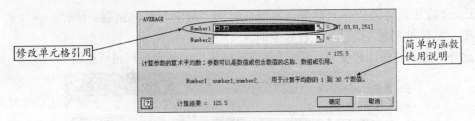

图 4—46　函数参数对话框

2. 自动求和

SUM 函数是最常用的函数之一，利用工具栏中的自动求和按钮"Σ"，可以快速地完成求和运算。

操作　第一步，选择求和的单元格区域。

注　意　　当对行求和时，应在选取的单元格区域右边多选一个单元格；当对列求和时，应在单元格区域下边多选一个单元格，主要是为了放置求和结果。

第二步，单击常用工具栏上的"Σ"自动求和按钮。

Excel 会自动在多选的行和列中插入函数"＝SUM（）"，自动根据选定的范围进行求和计算，并将结果分别显示在选择的单元格区域的最右边一列或最下边一行的单元格内（见图 4—47）。

C3	▼	＝	87				
	A	B	C	D	E	F	G
2	学号	姓名	英语	计算机	高等数学	总分	平均分
3	101101	张雷	87	83	81		
4	101102	李国华	76	79	60		
5	101103	王晓薇	90	89	92		
6	101104	隋爱英	75	82	79		
7	101105	李小青	82	93	85		
8	101106	李虹	93	90	98		
9							
10							
11							

▶▶▶│\学生情况\学生成绩/Sheet2/Sheet3/│◀

求和

C3	▼	＝	87				
	A	B	C	D	E	F	G
2	学号	姓名	英语	计算机	高等数学	总分	平均分
3	101101	张雷	87	83	81	251	
4	101102	李国华	76	79	60	215	
5	101103	王晓薇	90	89	92	271	
6	101104	隋爱英	75	82	79	236	
7	101105	李小青	82	93	85	260	
8	101106	李虹	93	90	98	281	
9			503	516	495	1514	
10							
11							

▶▶▶│\学生情况\学生成绩/Sheet2/Sheet3/│◀

图 4—47　自动求和示例

此外，单击"Σ"自动求和按钮左侧的向下箭头"▼"，在下拉菜单中还给出除求和函数以外的几个常用计算函数（见图4—48）。

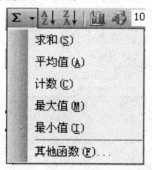

图4—48　"自动求和"下拉菜单

3. 常用函数

表4—2   常用函数

函数名	功　　能	类别
AVERAGE	求出所有参数的算术平均值。	统计
COUNT	计算参数列表中的数值的个数。	统计
COUNTA	计算参数列表中非空值的单元格个数。利用函数 COUNTA 可以计算单元格区域或数组中包含数据的单元格个数。	统计
MAX	求出一组数中的最大值。	统计
MIN	求出一组数中的最小值。	统计
SUM	求出一组数值的和。	数学和三角函数
RAND	返回 0 和 1 之间的一个随机数	数学和三角函数
IF	执行真假值判断，根据逻辑计算的真假值，返回不同结果。	逻辑
NOW	给出当前系统日期和时间。	日期与时间
TODAY	给出当前系统日期。	日期与时间
YEAR	返回某日期对应的年份。	日期与时间
MONTH	返回某日期对应的月份。	日期与时间
DAY	返回某日期对应的天数，用整数 1 到 31 表示。	日期与时间

4.6　数据处理和分析

4.6.1　数据表

数据表，也被称为工作表数据库。它可以将工作表中某一区域中的数据作为数据库数据进行处理。数据表是由行和列组成的数据记录的集合，是工作表中连续的数据区。

※ 数据表中的行相当于数据库中的记录。

※ 数据表中的列相当于数据库的字段。

❀ 数据表中的标题相当于数据库中的字段名称，每一列包含着相同类型的数据。

在对连续单元格数据进行数据库相关操作时，如查询、排序或汇总数据等处理，Excel 会自动将数据表视为数据库来对待。

例如，在图 4—49 给出的学生成绩表中选取 A2:G8 区域，可组成一个数据表。

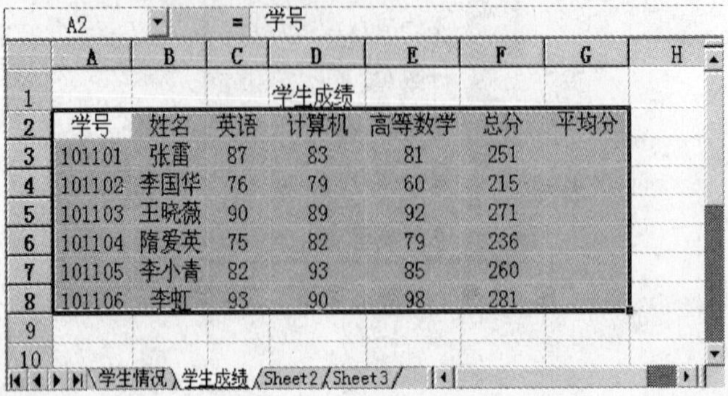

图 4—49　数据表示例

Excel 的数据表由以下三部分组成：

（1）记录：某个特定项的完整值。如在学生成绩数据表中，一条记录就是一个学生基本情况的所有项组合，在 Excel 中一般用一行来表示。

（2）字段：构成记录的基本数据单元。如学生成绩数据表中，学生的学号就是一个字段。记录中的任何一个字段的值都可以进行查询、排序操作等。

（3）字段名：Excel 数据表的列标题，它位于数据表的最上面。Excel 根据字段名对数据表中的数据进行排序、检索以及生成报表。

对于数据表中的数据，通过"数据"菜单→"记录单"命令，可打开数据表记录编辑对话框（见图4—50），通过该对话框可进行数据表的查看、更改、添加及删除等操作。

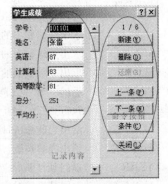

图 4—50　记录编辑对话框

注　意　　在图 4—50 所示对话框的左半部分包括数据表字段名和编辑框，编辑框显示当前记录值；右半部分显示当前记录的位置和命令按钮；中间的滚动条用来浏览整个数据表的记录。

4.6.2　数据排序

经常需要将数据表中某一字段的值按指定的顺序进行排序。被排序的字段名通常称为关键字。Excel 允许同时对至多三个关键字进行排序。

在默认情况下，Excel 根据"主要关键字"字段的内容以升序顺序对记录作排序。排序后，数据表中的行的次序将按照新的顺序进行排列。

在对数据进行排序时，Excel 遵循以下的原则：

❊ 如果有两行数据在被指定关键字的列上取值完全相同，则保持它们原来的次序。

❊ 在排序列中如存在未被赋值的单元格（空白），则该行被放置在排序后的数据表最后。

❊ 如果有两行数据在被指定的关键字的列上的取值完全相同，则保持它们原来的次序。

❊ 在排序列中如存在未被赋值的单元格（空白），则该行被放置在排序后的数据列表最后。

❊ 最多可指定 3 个排序关键字。如果第一个排序列（主要关键字）中存在完全相同的数据项，可指定第二个排序列（次要关键字）进行排序；如果第二排序列中还有完全相同的数据项存在，可继续指定第三个排序列（第三关键字）作排序。

1. 使用菜单进行排序

操作　第一步，单击“数据”菜单→“排序”命令，出现“排序”对话框。

第二步，在“主要关键字”列表框中，选定排序的主要关键列。选定“升序”或“降序”选项按钮以指定排序次序。

若要由一列以上的关键字确定排序，则需在“次要关键字”和“第三关键字”列表框中，选定需要用作排序的附加列。对于每一列再选定“升序”或“降序”选项按钮。

如果数据表的第一行包含列标记，则选定“有标题行”选项按钮，以使该行出现在各关键字下拉列表中并排除在排序之外；若选定“没有标题行”，则所有行都将作为数据行被排序。

第三步，单击“确定”按钮。

【例 4—8】　对图 4—51 所示的学生登记表按“性别”的升序以及“出生年月”的降序进行排序。

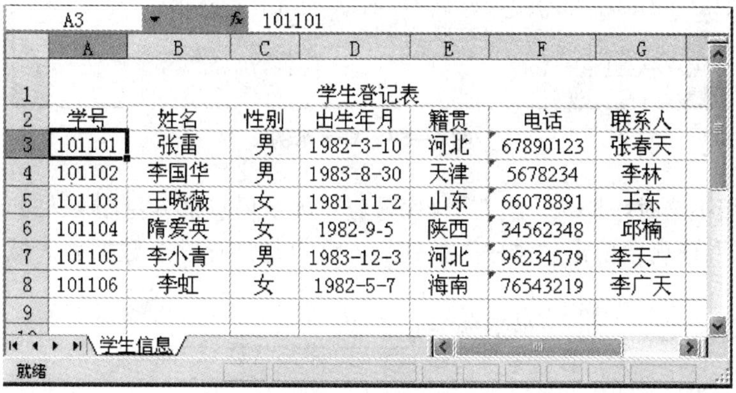

A3　fx 101101

	A	B	C	D	E	F	G
1	学生登记表						
2	学号	姓名	性别	出生年月	籍贯	电话	联系人
3	101101	张雷	男	1982-3-10	河北	67890123	张春天
4	101102	李国华	男	1983-8-30	天津	5678234	李林
5	101103	王晓薇	女	1981-11-2	山东	66078891	王东
6	101104	隋爱英	女	1982-9-5	陕西	34562348	邱楠
7	101105	李小青	男	1983-12-3	河北	96234579	李天一
8	101106	李虹	女	1982-5-7	海南	76543219	李广天
9							

学生信息

就绪

图 4—51　学生登记表

操作　第一步，选中学生登记表中的任一单元格（否则将无法使用“数据”菜单中的命令）。

第二步，单击“数据”菜单→“排序”命令，打开“排序”对话框（见图 4—52）。

第三步，选中“有标题行”单选按钮。

第四步，从“主要关键字”下拉列表中选择“性别”（系统默认升序），从“次要关键字”下拉列表中选择“出生年月”，单击“降序”单选按钮。

第五步，单击“确定”按钮。

图 4—52　"排序"对话框

操作结果见图 4—53 所示。

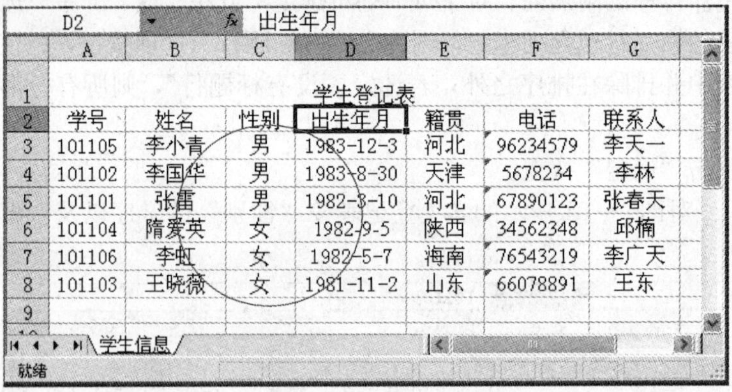

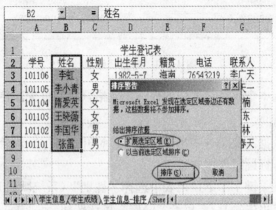

图 4—53　排序示例

当选定区域不全时，Excel 给出"排序警告"提示信息框（见图 4—54），并自动设置"扩展选定区域"选项，单击"排序"按钮后，将自动选择整个数据表区域，并弹出"排序"对话框。

图 4—54　"排序警告"提示框

2. 使用工具按钮进行排序

图 4—55　排序按钮

在 Excel 中对数据排序时，还可以利用工具栏上的两个排序按钮（见图 4—55），对单列进行排序。

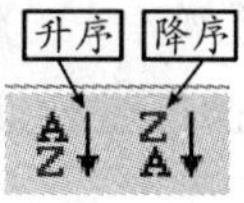

> 操作　第一步，选取要进行排序的列名（列名四周为加粗黑框）。

第二步，单击升序或降序按钮，即可完成数据记录在该列上的排序。

4.6.3　数据筛选

如果想从数据列表中找出符合条件的记录时，可采用 Excel 提供的筛选功能。

Excel 提供了以下两种数据筛选方法：

❀ 自动筛选：对整个数据表进行操作，筛选结果将在原有区域显示。

❀ 高级筛选：通过"高级筛选"对话框指定筛选的数据区域，筛选结果可在原有区域或某一指定区域显示。

筛选操作通过"数据"菜单→"筛选"命令完成。

1. 自动筛选

> 操作　第一步，单击"数据"菜单→"筛选"→"自动筛选"命令。

第二步，在数据表第一行的列名右侧分别显示出一个下拉按钮，在下拉列表框中列出了该列上的所有取值，从中选择筛选条件即可（见图 4—56）。

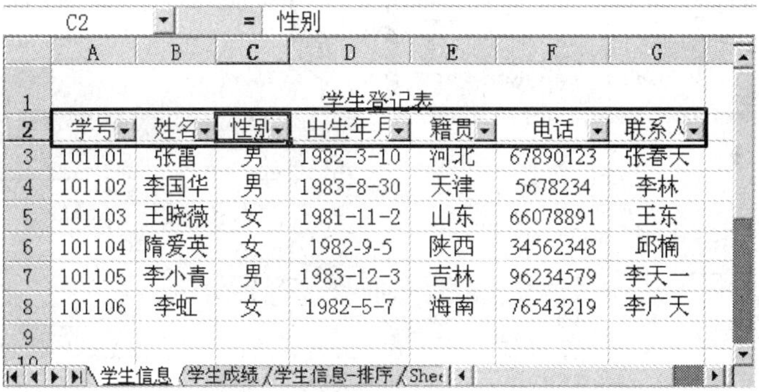

图 4—56　"自动筛选"设置

【例 4—9】　显示"学生信息"工作表中的女同学的信息。

操作过程如图 4—57 所示。

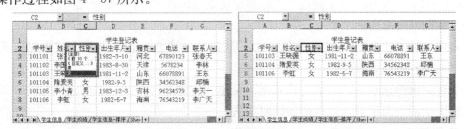

图 4—57　自动筛选示例

【例 4—10】　显示"学生成绩"工作表中英语成绩在 80 分以上的同学的信息。

操作过程如图4—58所示。

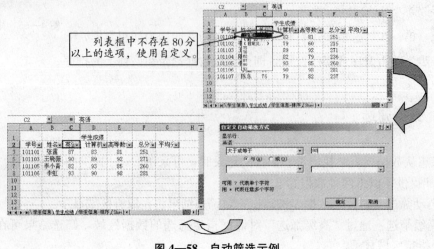

图 4—58　自动筛选示例

【例 4—11】　显示"学生信息"工作表中姓李或姓王的同学的信息。

操作过程如图 4—59 所示。

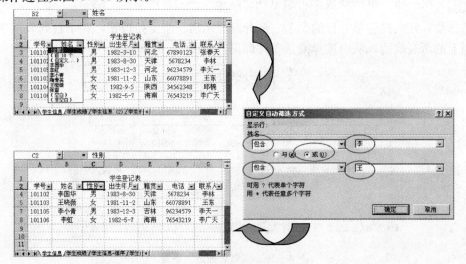

图 4—59　自动筛选示例

【例 4—12】　显示"学生成绩"工作表中英语成绩在 80 分～90 分之间的同学的信息。

操作如图 4—60 所示。

如要恢复显示原数据表中的所有记录，而不退出筛选状态，应单击"数据"菜单→"筛选"→"全部显示"命令。

如果要退出筛选状态，应单击"数据"菜单→"筛选"→"自动筛选"命令，此时将显示数据表中的全部记录，筛选箭头同时消失。

2. 高级筛选

使用高级筛选功能可以对某个列或者多个列应用多个筛选条件。为了使用此功能，在

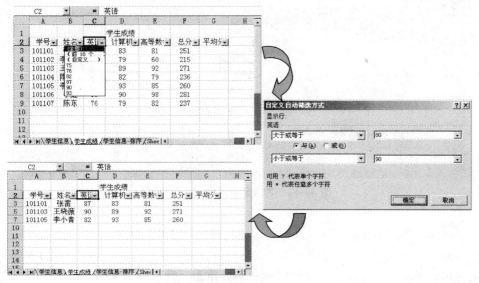

图 4—60 自动筛选示例

数据表上方，至少应有三行能用作输入筛选条件的输入区域，而且数据表的最上一行必须是字段名。

在筛选条件区域中输入筛选条件，"高级筛选"就是根据筛选条件区域的筛选条件对数据列表中的数据进行筛选，它包含一个条件标志行（字段名），同时至少有一行用来定义筛选条件。

有了输入筛选条件的区域，就可以开始进行高级筛选了。

现以从"学生信息"工作表中筛选出河北籍的男同学为例，说明高级筛选的操作过程。

操作 第一步，将筛选条件中的字段名复制到筛选条件区域。即将"性别"和"籍贯"复制到筛选条件区域上两行的任意单元格中，如图 4—61 所示。

图 4—61 高级筛选示例（第一步）

第二步，在筛选条件区域中输入筛选条件。即将性别限定为"男"，籍贯限定为"河北"，如图 4—62 所示。

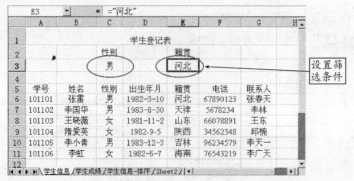

图 4—62　高级筛选示例（第二步）

| 注　意 | 筛选条件必须写在与字段名同列的下一行单元格中。 |

　　第三步，开始高级筛选。将数据区域选中，单击"数据"→"筛选"→"高级筛选"命令，进入"高级筛选"对话框，如图 4—63 所示。

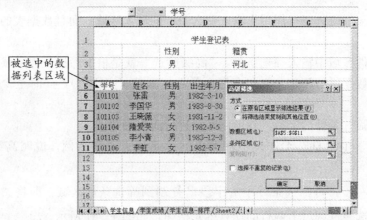

图 4—63　高级筛选示例（第三步）

　　第四步，确定筛选条件区域。在"高级筛选"对话框中，将光标定位在"条件区域"输入框内，然后在筛选条件输入区域拖动鼠标选择筛选条件，此时，被选中的筛选条件区域的单元格引用将显示在"条件区域"的输入框中，如图4—64所示。

　　第五步，确定筛选出数据的显示方式。数据的显示方式有以下两种：

　　❈ "在原有区域显示筛选结果"：筛选后隐藏不符合条件的数据行，筛选出的结果显示在数据列表中。

　　❈ "将筛选结果复制到其他位置"：将符合条件的数据行在工作表的其他位置进行显示。在"复制到"编辑框内指定粘贴区域左上角单元格的引用地址，从而设置复制位置。

　　在本例中，采用"将筛选结果复制到其他位置"的显示方式。所以，应首先选择该单选按钮，使"复制到"输入框变为可输入状态，将光标定位在该输入框内。然后确定显示筛选结果的左上角单元格位置，方法是用鼠标单击数据清单以外的任意单元格，如单击A14 单元格，则筛选出的数据将从该单元格开始进行显示，如图 4—65 所示。

　　第六步，单击"确定"按钮，显示高级筛选结果，如图 4—66 所示。

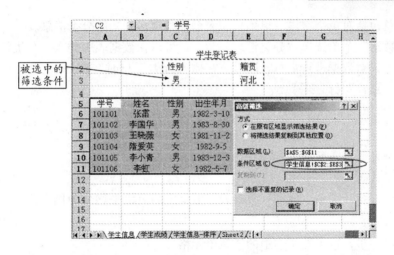

图 4—64　高级筛选示例（第四步）

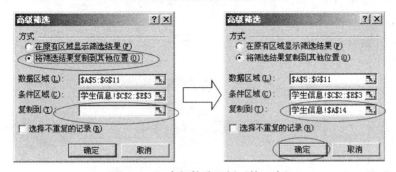

图 4—65　高级筛选示例（第五步）

图 4—66　高级筛选示例（第六步）

4.6.4　数据分类汇总

分类汇总是对数据表上的数据进行分析的一种方法。选取数据表中的一部分，对某一字段按某种分类方式进行汇总。

分类汇总包括对单个字段（单列）和多个字段（多列）的分类汇总。

通过"数据"菜单选择"分类汇总"命令，可以在数据表中插入"分类汇总"行，并按照选择的方式对数据进行汇总。同时，在插入分类汇总时，Excel 还会自动在数据表最后插入一个"总计"行。

注　意　（1）在进行分类汇总之前，必须对数据表进行排序。

（2）数据表的第一行必须是字段名。

下面以分别统计"学生成绩"数据表中男女生的英语平均分为例，说明分类汇总的操作过程。

操作　第一步，选中数据表中的任意单元格。

第二步，对要进行分类汇总的列进行排序。在本例中要求按"性别"进行分类汇总，所以按"性别"进行排序。

第三步，开始分类汇总。选择"数据"菜单→"分类汇总"命令，出现"分类汇总"对话框（见图 4—67）。

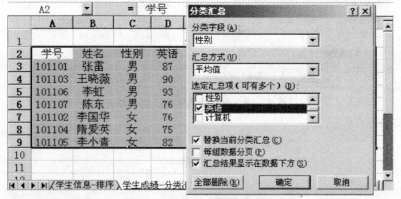

图 4—67　单列分类汇总示例

第四步，确定分类汇总的字段、汇总方式以及汇总结果的显示方式。

❈ 在"分类字段"下拉列表中选择要进行分类汇总的字段名，本例选择"性别"。

❈ 在"汇总方式"下拉列表中选择要进行汇总操作的函数，本例选择"平均值"。

❈ 在"选定汇总项"下拉列表中选择要进行汇总的字段名，本例选择"英语"。

❈ 当对已进行过分类汇总的数据表再次进行新的分类汇总时，如要保留以前的分类汇总结果，则需取消"替换当前分类汇总"复选框。否则当该复选框被选中时，新的分类汇总的结果值将替换以前所做的分类汇总结果。

❈ 如果希望将汇总结果按数据分类进行分页显示，需选择"每组数据分页"复选框。

❈ 如果希望将汇总的结果显示在各分类数据的下方，需选择"汇总结果显示在数据下方"复选框，否则汇总结果将在各分类数据的上方显示。本例是按"汇总结果显示在数据下方"显示汇总数据的。

第五步，按"确定"按钮，完成分类汇总操作，结果如图 4—68 所示。

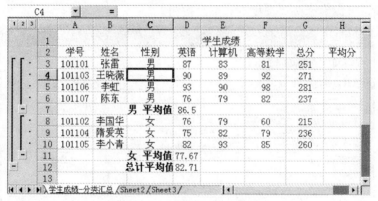

图4—68 单列分类汇总结果

注 意 分类汇总的关键是要明确"按什么进行分类"以及"按什么进行汇总"。首先对进行分类汇总的列进行排序；然后，选择要进行汇总的列（可以选多项），进行汇总。

Excel的分类汇总共分为三个层次，从里向外分别是记录层（用数字3表示）、部门小计层（用数字2表示）和总计层（用数字1表示）。在分类汇总结果左侧给出了这三层的1～3数字按钮，单击数字按钮，可分别看到各层的结果。也可单击分层中的减号"－"按钮，将该层隐藏起来，此时减号"－"按钮变成加号"＋"按钮，也可单击加号"＋"按钮，将隐藏的层显示出来。

对于不再需要的分类汇总可取消，将数据表还原为原始的数据表。

操作 第一步，选中分类汇总数据表中的任意一个单元格。

第二步，选择"数据"菜单→"分类汇总"命令。

第三步，在弹出的"分类汇总"对话框中，选择"全部删除"按钮。

4.6.5 数据查找与替换

查找与替换是编辑处理过程中常要执行的操作，在Excel中除了可查找和替换文字外，还可查找和替换公式和附注。

Excel允许在工作表内的所有单元格中，或者在工作表的当前选定区域中，用一串字符替换现有的字符，或是寻找和选定具有同类内容的单元格。

1. 查找命令

当需要查看或修改工作表中的某一部分内容时，可以使用"查找"命令。

操作 第一步，单击"编辑"菜单→"查找"命令，或按Ctrl＋F组合键，出现"查找"对话框。

第二步，选择"查找"选项卡（见图4—69）。在"查找内容"框中输入要查找的字符串，然后指定"搜索方式"和"搜索范围"，最后按"查找下一个"按钮，开始查找工作。

第三步，当Excel找到一个匹配的内容后，单元格指针就会指向该单元格，如果还需要进一步查找，可以继续按"查找下一个"按钮。

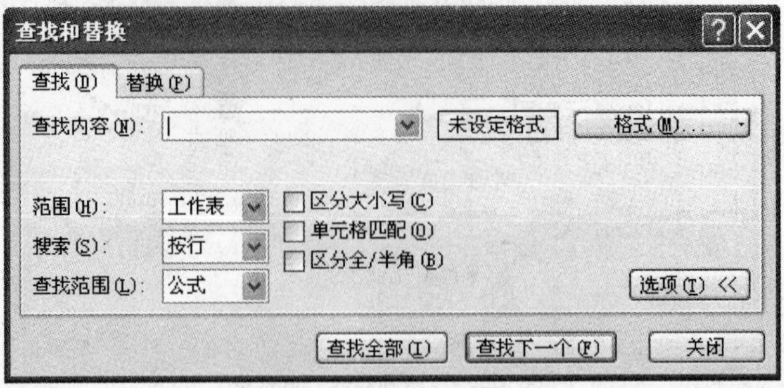

图 4—69　"查找"选项卡

选择"关闭"则退出"查找和替换"对话框。

2. 替换命令

替换命令与查找命令类似，替换命令是将查找到的字符串替换成一个新的字符串。

操作　第一步，单击"编辑"菜单→"替换"命令，或按 Ctrl＋H 组合键，出现"替换和替换"对话框。

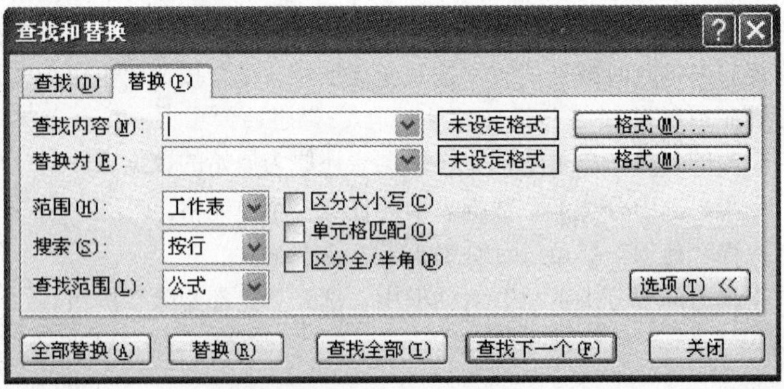

图 4—70　"替换"选项卡

第二步，选择"替换"选项卡（见图 4—70）。在"查找内容"中输入要查找的字符串，在"替换为"中输入新的数据。

第三步，进行替换操作。

※ 确认是否替换：通过"查找下一个"按钮，找到匹配的内容，如需要替换成目标字符串，则按"替换"按钮；如不想替换，可继续按"查找下一个"按钮查找下一个匹配的内容。

※ 一次性替换：如需将所有匹配的字符串都用新字符串替换，可按"全部替换"按钮，则所有匹配的字符串都将被新的字符串所取代。

4.7 数据的图表化

4.7.1 图表基本知识

1. 图表和概念

在 Excel 中图表是指用图形方式表示工作表中数据的方法。当数据表中的数据被修改时，与之相关联的图表中的数据也随之发生变化。因此，图表可以使数据易于阅读和评价，也可以帮助用户方便、直观地分析和比较数据。

图表中有以下关键字：

✤ 数据点：用于生成图表的数据表中一个单元格的数据。

✤ 数据系列：一列或一行单元格的数据。

✤ 数据源：图表由哪一个数据表生成的，那个数据表就称为这个图表的数据源。

✤ 分类（类别）轴：图表所要描述的数据表中的某个字段上的各种取值情况。如用图表反映人事信息管理数据表中，各类职称的人数分布情况，则分类轴描述的就是职称字段的各个取值，如"高工"、"工程师"、"助工"等数据。通常 x 轴为分类轴。

✤ 数值轴：对应于分类轴上的各个取值，按照不同图表类型的功能给出所对应的数值。如高工有 10 人，工程师有 25 人，助工有 35 人，则对应于分类轴上的"高工"，其对应的数值轴的数据是 10，分类轴上的"工程师"对应的数值轴的数据是 25，分类轴上的"助工"对应的数值轴的数据是 35。通常 y 轴为数值轴。

✤ 数据标示：当基于工作表选定区域建立图表时，Excel 使用来自工作表的单元格的值，并将其当作数据点在图表上显示。数据点可以用条形、线条、柱形、切片、点及其他形状表示，这些形状称作数据标示。

图表中除了包含对数据的图形描述外，还包含一些附加信息，如图表名称、x 轴和 y 轴名称、坐标轴上的刻度线、数据的属性值标注等，这些信息在创建图表时也需要用户来输入。

2. 图表类型

Excel 将图表分为标准类型和自定义类型两大类。通过"插入"菜单→"图表"命令，或单击工具栏的" "图表向导按钮，打开"图表向导"对话框（见图 4—71）。从对话框上可看到有"标准类型"和"自定义类型"两个选项卡。

在"标准类型"选项卡中给出了 14 种图表类型，分别为柱形图、条形图、折线图、饼图、XY 散点图、面积图、圆环图、雷达图、曲面图、气泡图、股价图、圆柱图、圆锥图和棱锥图等。在"自定义类型"选项卡中也给出了多达 20 种图表类型，但比标准类型稍微复杂一些，大多是标准类型的变形。

在标准类型给出的图表中，每一种都还包含若干个子图表类型，如图 4—71 所示，在柱形图类别中就包含有 7 个子图表类型。单击每个子图表类型，在下面的文本框中将给出该子图表的名称以它描述的内容，如柱形图的第一个子图表类型是簇状柱形图，它用于比

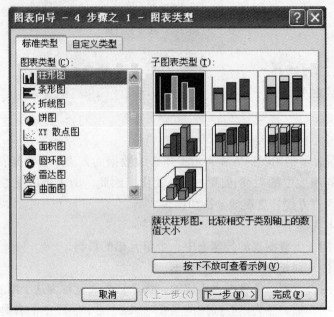

图 4—71   "图表类型"对话框—柱形图

较相交于类别轴上的数值大小。

下面重点了解一下标准类型中的柱形图、折线图和饼图。

（1）柱形图。

柱形图用于反映数据表中每条记录在同一字段（属性）上的数值大小的直观比较。

数据表中的每条记录对应于图表中的一组不同颜色的矩形块。如图 4—72 中，学生成绩表中的每名学生都对应一组由三种不同颜色组成的矩形块。

所有组中的同一种颜色的矩形块描述数据表中的同一个字段的数据。如图 4—72 中，每组中的最左侧的矩形块的数值对应于数据表中每名学生的英语成绩（"英语"字段的值）；每组中的中间的矩形块的数值对应于数据表中每名学生的计算机成绩（"计算机"字段的值）；每组中的最右侧的矩形块的数值对应于数据表中每名学生的高等数学成绩（"高等数学"字段的值）。

柱形图包含有 7 个子图表类型，前三个是二维平面图，后四个是三维立体图（见图 4—72）。

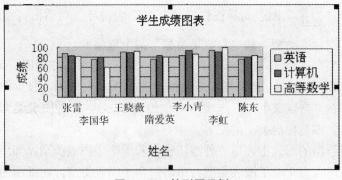

图 4—72   柱形图示例

（2）折线图。

折线图通常用来反映数据随时间或类别而变化的趋势。它是将同一序列数据在图中表示的点用直线连接起来的图表类型，如图 4—73 所示。

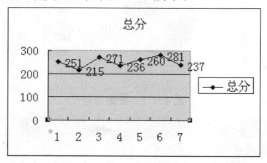

图 4—73　折线图示例

折线图特别适合于横轴为时间轴的情况，能够反映出数据的变动情况及变化趋势，如反映一段时间内国际金价的变化趋势，某产品在过去一年中的 12 个月的销售量等。

折线图包含有 7 个子图表类型，分别为折线图、数据点折线图、堆积折线图等（见图 4—74）。

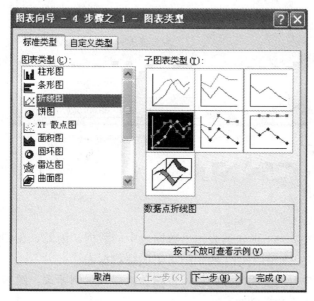

图 4—74　"图表类型"对话框－折线图

（3）饼图。

饼图通常用来反映同一序列中各数据在总体中所占的比例。在得到的饼图中，可以将饼图中的每一个伞块取出，以此强调它所表示的数据，如图 4—75 所示。

折线图特别适合于横轴为时间轴的情况，能够反映出数据的变动情况及变化趋势。

饼图适合于表示个体在总体中所占的百分比，如某月的产值占上半年产值总和的比例等。

饼图包含有 6 个子图表类型，分别为饼图、分离性饼图、三维饼图等（见图 4—76）。

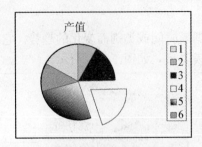

图 4—75　饼图示例

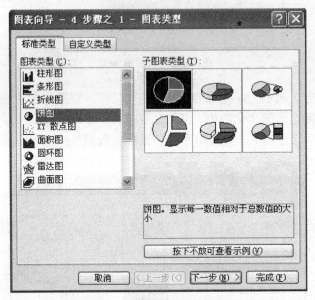

图 4—76　"图表类型"对话框—饼图

4.7.2　创建图表

创建图表的目的是为了形象地表示出数据表中的数据，因此，在创建图表前必须在工作表中存在有数据表，如图 4—77 所示的学生成绩数据表。

下面以图 4—77 为例说明图表的创建步骤和过程（示例要求：图表以柱形图的形式反映学生的计算机和高等数学成绩）。

操作　第一步，选择创建图表的数据区域。这里选择了"姓名"、"计算机"、"高等数学"三列（见图 4—77）。

第二步，选择图表类型。单击常用工具栏上的图表向导按钮" "；或单击"插入"菜单→"图表"命令，打开"图表类型"对话框（见图 4—71）。

在"图表类型"列表框中选择"柱形图"（默认），在"子图表类型"框中选择第一项"簇状柱形图"（因为每位同学都有两个成绩要描述，所以选择簇状更直观）。

第三步，选择图表源数据。图表类型选择完成后，单击"下一步"按钮，出现"图表

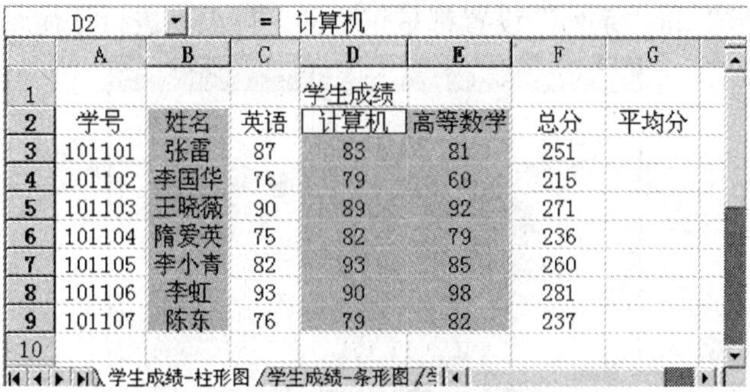

图 4—77　选择数据区域

源数据"对话框。在"图表源数据"对话框中包含有两个选项卡，分别是"数据区域"选项卡和"系列"选项卡。

❋ "数据区域"选项卡（见图 4—78）：设置图表要表示的数据表中数据区域的范围。在"数据区域"文本框中显示的单元格引用地址是在前面第一步时所选择的数据区域的引用地址，如果对该地址范围不满意，可以通过单击"数据区域"文本框右侧的" "按钮，之后重新在数据表中选择数据区域，然后再次单击" "按钮，返回到"图表源数据"对话框，重新选择的数据区域引用地址将显示在"数据区域"文本框中。"系列产生在"中的"行"或"列"单选按钮，默认选择"列"，因为一个数据系列通常都是由二维数据表中的列（字段）表示的。

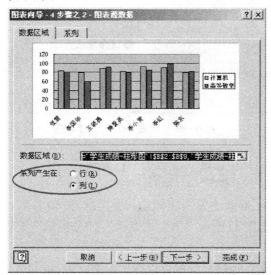

图 4—78　"图表源数据"对话框—"数据区域"选项卡

❋ "系列"选项卡（见图 4—79）。在"系列"列表框中列出的是用户在前面第一步时所选择的数据区域中的具体的数值列的列名（字段名），此例为"计算机"和"高等数学"；其右侧的"名称"和"值"分别表明它们在数据表中具体的引用位置。"分类（x）轴标志"区域在此例中是数据表中所有学生的姓名所对应的区域，也可以通过其右侧的" "按钮操作进行改变（或在文本框中直接输入引用地址）。

如果"数据区域"和"系列"设置都是正确的，可以不进行任何改变。

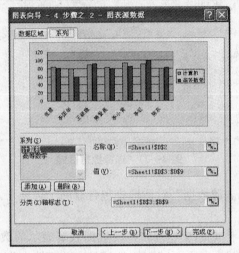

图 4—79　"图表源数据"对话框一"系列"选项卡

第四步，设置图表选项。图表数据源设置完成后，单击"下一步"按钮，出现"图表选项"对话框（见图 4—80）。

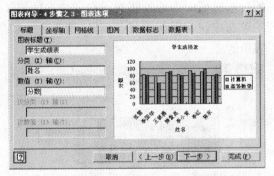

图 4—80　"图表选项"对话框

在"图表选项"对话框中包含 6 个选项卡，分别是"标题"、"坐标轴"、"网格线"、"图例"、"数据标志"和"数据表"。

❋"标题"选项卡：可以设置图表标题、分类（x）轴名称和数值（y）轴名称等内容。此例中在"图表标题"处输入"学生成绩表"，"分类轴"处输入"姓名"，"数值轴"处输入"分数"。

❋"坐标轴"选项卡：通过复选框可以设置分类（x）轴和数值（y）轴上的刻度标记是否在图表中显示出来，默认显示（选中）。

❋"网格线"选项卡：确定是否在图表中添加 x 轴或 y 轴刻度的水平或垂直网格线，默认只为数值（y）轴添加。

❋"图例"选项卡：说明是否在图表中显示图例，以及显示的位置。默认在图表的右侧显示。

❋"数据标志"选项卡：通过"系列名称"、"类别名称"和"值"三个复选框的选择，可以为图表添加相应的说明。默认不选择。

一般情况下都使用默认设置即可。

第五步，指定图表插入位置。图表标题设置完成后，单击"下一步"按钮，出现"图表位置"对话框（见图 4—81）。

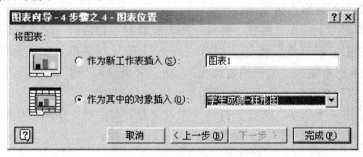

图 4—81　"图表位置"对话框

在对话框中选择"作为新工作表插入"或"作为其中的对象插入"（默认设置）。新工作表是创建一张独立的图表；对象插入是将图表插入当前工作表之中。

第六步，选好之后，单击"完成"按钮，则创建的图表就会出现在工作表当中。如图 4—82 所示。

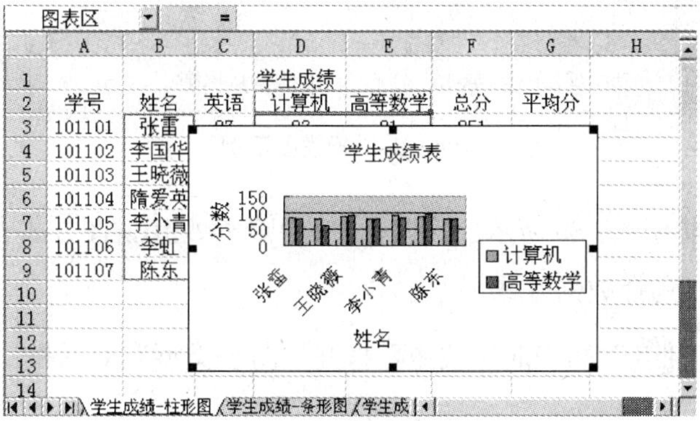

图 4—82　创建图表示例

【例 4—13】　将图 4—83 所示的数据表中的销售量用折线图方式表示。

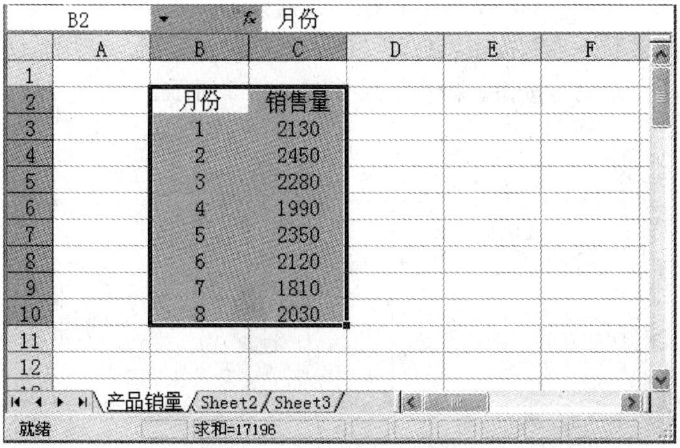

图 4—83　折线图示例

操作 第一步，选择数据区域。

第二步，单击"■■"图表向导按钮，打开"图表类型"对话框。从"标准类型"中选择折线图类型下的数据点折线图。

第三步，单击"下一步"按钮，打开"图表源数据"对话框。使用默认设置。

第四步，单击"下一步"按钮，打开"图表选项"对话框。在"标题"选项卡中，"图表标题"文本框中输入"电视销售情况"，在"分类（x）轴"文本框中输入"月份"，在"数值（y）轴"文本框中输入"数量"。

第五步，单击"下一步"按钮，打开"图表位置"对话框。使用默认值。

第六步，单击"完成"按钮。操作结果如图4—84所示。

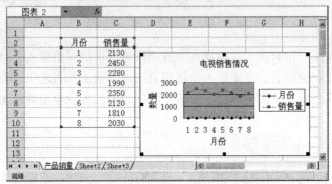

图4—84　折线图示例

【例4—14】　将图4—85所示的数据表中的职称情况用饼图方式表示。

操作 第一步，选择数据区域。

第二步，单击"■■"图表向导按钮，打开"图表类型"对话框。从"标准类型"中选择饼图。

第三步，单击"下一步"按钮，打开"图表源数据"对话框。使用默认设置。

第四步，单击"下一步"按钮，打开"图表选项"对话框。在"标题"选项卡中，"图表标题"文本框中输入"职称结构"；在"数据标志"选项卡中，选中"百分比"。

第五步，单击"下一步"按钮，打开"图表位置"对话框。使用默认值。

第六步，单击"完成"按钮。操作结果如图4—85所示。

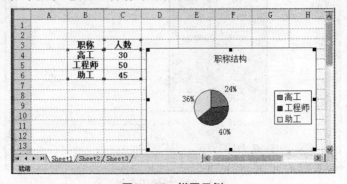

图4—85　饼图示例

4.7.3 图表编辑

1. 改变图表类型

鼠标右键单击已创建的图表,在弹出的快捷菜单中选择"图表类型"命令,出现"图表类型"对话框,选择需要的图表类型。

2. 修改图表数据

图表中的数值与创建该图表的工作表中的数据动态链接。

修改图表中的数据有以下两种方法:

❈ 修改工作表中的数据:当修改工作表单元格中的数据时,对应图表中的数据点将会自动更新。

❈ 修改图表中的图形:当直接在图表中修改数据点(拖动图形上的结点而改变图形形状)时,对应工作表中的数据也将会自动更新。

操作 在图表中选定要修改数据的系列结点,鼠标指针指向该结点并按住左键拖动其位置,在出现的文本框中动态显示该结点所示数值大小,当拖到预想位置后松开鼠标,图形和相应的单元格中的数据都将随之变化。如图 4—86 所示。

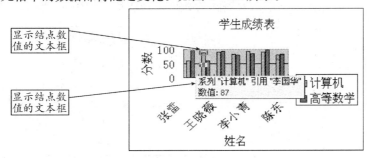

图 4—86 修改图表数据示例

3. 添加和删除数据系列

(1)添加数据系列。

操作 第一步,选中需添加数据系列的图表。

第二步,单击"图表"菜单→"添加数据"命令,出现"添加数据"对话框(见图 4—87),在"选定区域"框中输入要添加数据系列的单元格引用地址;也可以单击该框右侧红箭头,然后用鼠标在数据列表区域选择需要的数据系列,被选中的单元格引用地址将被自动显示在"选定区域"框中。

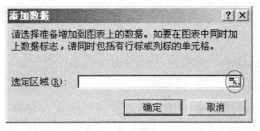

图 4—87 "添加数据"对话框

第三步，单击"确定"按钮，完成数据系列添加操作，如图4—88所示。

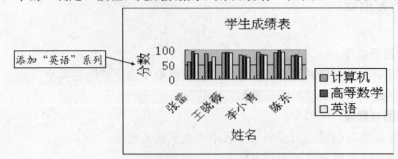

图4—88　添加数据系列示例

简捷操作　用鼠标选中数据系列，然后将其直接拖动到图表上（鼠标变为"⬚"时拖动），松开鼠标后即完成添加。

（2）从图表中删除数据系列。

如果要将工作表和图表中的数据同时删除，只需删除工作表中的数据系列即可。

如果只从图表中删除，则按如下步骤操作。

操作　第一步，在图表中单击要删除的数据系列图形，如图4—89所示的深色柱形。

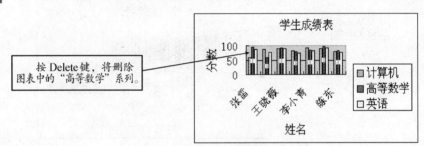

图4—89　删除图表中数据系列示例

第二步，按键盘上的Delete键，即完成数据系列的删除。

4. 添加文本和图形

为了使图表显示的数据更清楚，有时需要在图表加上标题、标志、网格线、图例、图片等内容。这些操作均可通过"插入"菜单中的有关命令来完成。

在创建好的图表中插入自选图形或说明性文本的具体操作步骤如下。

操作　第一步，选中创建好的图表。

第二步，通过绘图工具栏，在图表中添加合适的图形或文本。如图4—90所示。

5. 改变图表的位置和大小

（1）移动图表。

操作　单击要移动的图表，然后拖动该图表到指定位置。

（2）改变图表的大小。

操作　选中要改变大小的图表，然后把鼠标指针指向选择柄（四个边或四个角），当指针变成双向箭头时，按下鼠标左键拖动鼠标即可改变图表的大小。

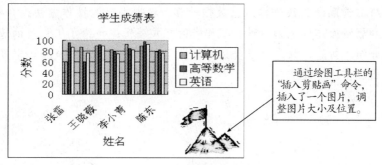

图 4—90　添加图形示例

4.7.4　图表打印

图表作为工作区中的一个对象，在其选定的前提下，可以单独对它进行页面设置、打印预览和打印等操作。

操作　第一步，选定图表。

第二步，单击"文件"菜单→"打印预览"，可以预览打印效果，如图4—91所示。

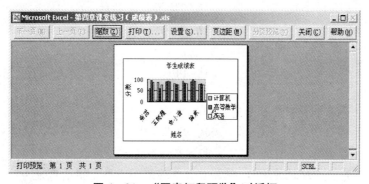

图 4—91　"图表打印预览"对话框

第三步，根据需要选择相应的功能按钮进行设置。

❈"缩放"：可以放大或缩小图表查看细节。

❈"设置"：常用的作用是两个，一是设置横向或纵向打印，二是设置页边距。

❈"关闭"：可以恢复到正常页面。

第四步，按需要设置完毕后，就可以进行图表打印了。

工作表的打印方法和 Word 文档打印一样，所进行的页面设置、打印预览、打印等操作都是针对整个工作表（包括图表）进行的，在此不再赘述。

【本章小结】

本章介绍了 Excel 的基本功能及窗口组成，以及工作簿的建立、打开和保存操作；重点介绍了单元格的选取以及数据输入、数据计算、数据编辑的操作方法；介绍了单元格、行、列的插入和删除操作以及如何进行工作表的格式编辑；介绍了工作表的选择及相关编辑操作；重点介绍了排序、筛选、分类汇总等操作；介绍了图表的概念，以及如何进行图表的创建、编辑、打印等操作。

【习题】

一、简答题

1. 简述 Excel 中相对引用的具体含义。

2. 简述 Excel 中绝对引用的具体含义。

3. 单元格、工作表和工作簿之间有何关系？

4. 在 Excel 中，不连续区域的选定是如何操作的？

5. 如果要在 B6 单元格中输入字符串"123456"，应如何输入？

6. 如何在单元格 B1 中显示分数形式：1/4？

7. 简述在 Excel 中建立图表的操作步骤。

二、单选题

1. 在 Excel 主界面窗口中，默认打开有"常用"工具栏和＿＿＿＿＿＿。

A. "格式"工具栏　　　　　　B. "绘图"工具栏

C. "列表"工具栏　　　　　　D. "窗体"工具栏

2. Excel 工作簿文件的默认扩展名为＿＿＿＿＿＿。

A. doc　　　　　　　　　　B. ppt

C. xls　　　　　　　　　　D. mdb

3. 用来给电子工作表中的行号进行编号的是＿＿＿＿＿＿。

A. 数字　　　　　　　　　　B. 字母

C. 数字与字母混合　　　　　D. 第一个为字母其余为数字

4. 若一个单元格的地址为 F5，则其右边紧邻的一个单元格的地址为＿＿＿＿＿＿。

A. F6　　　　　　　　　　B. G5

C. E5　　　　　　　　　　D. F4

5. 在 Excel 的工作表中建立的数据表，通常把每一列称为一个＿＿＿＿＿＿。

A. 记录　　　　　　　　　　B. 元组

C. 属性　　　　　　　　　　D. 关键字

6. 当向 Excel 工作簿文件中插入一张新的工作表时，工作表标签中的英文单词为＿＿＿＿。

A. Sheet　　　　　　　　　B. Book

C. Table　　　　　　　　　D. List

7. 在具有"常规"格式的单元格中输入数值后，其显示方式是＿＿＿＿＿＿。

A. 左对齐　　　　　　　　　B. 右对齐

C. 居中　　　　　　　　　　D. 随机

8. 在 Excel 的页面设置中，不能够设置＿＿＿＿＿＿。

A. 纸张大小　　　　　　　　B. 每页字数

C. 页边距 D. 页眉

9. 在 Excel 中一个单元格的行地址或列地址前，为了表示绝对地址引用应该加上的符号是_____。

A. @ B. #

C. $ D. %

10. 在向一个单元格输入公式或函数时，其前导字符必须是_____。

A. = B. >

C. < D. %

11. 假定单元格 D3 中保存的公式为"=B$3+C$3"，若把它复制到 E4 中，则 E4 中保存的公式为_____。

A. =B$3+C$3 B. =C$3+D$3

C. =B$4+C$4 D. =C$4+D$4

12. 在 Excel 主界面窗口中，编辑栏上的"fx"按钮用来向单元格插入_____。

A. 文字 B. 数字

C. 公式 D. 函数

13. 在 Excel 的自动筛选中，所选数据表的每个标题（属性名）都对应着一个_____。

A. 下拉菜单 B. 对话框

C. 窗口 D. 工具栏

14. 当进行 Excel 中的分类汇总时，必须事先按分类字段对数据表进行_____。

A. 求和 B. 筛选

C. 查找 D. 排序

15. 在 Excel 的图表中，能反映出数据变化趋势的图表类型是_____。

A. 柱形图 B. 折线图

C. 饼图 D. 气泡图

三、操作题

1. 在自己的文件夹（如 D：\student）下新建一个 Excel 工作簿，在 Sheet1 工作表中完成以下操作：

（1）工作表内容按如下表格所示，在以 A1 单元格为左上角的区域内输入相应的内容。

商品号	商品名	单价（元）	数量
1	电吹风	125	35
2	剃须刀	356	25
3	电风扇	280	50
4	吸尘器	790	15
5	电饭煲	670	8
6	电水壶	230	18

（2）采用自动筛选功能从 Sheet1 工作表中筛选出单价大于或等于 300，同时其数量大

于 10 且小于 30 的所有记录。将筛选结果复制到 Sheet2 工作表中以 B2 单元格为左上角的区域内，然后取消原数据表的自动筛选功能。将 Sheet2 工作表名改为"自动筛选练习"。

（3）采用高级筛选功能从 Sheet1 工作表中筛选出单价大于或等于 200 元，或者其数量大于 20 的所有记录。将筛选结果复制到 Sheet3 工作表中以 C3 单元格为左上角的区域内。将 Sheet3 工作表名改为"高级筛选练习"。

完成以上操作后，将该工作簿以 Excel1. xls 文件名保存到文件夹下。

2. 打开上例的 Excel1. xls 工作簿，并将 Sheet1 工作表复制到一个新的工作簿中，并打开该工作簿。命名新复制的工作表名为"小家电产品"，在该工作表中完成以下操作：

（1）在上例中的表格最上面，输入一个标题"小家电产品"，该标题占据 4 个单元格的位置，并居中显示，同时为表格添加表格边框。

（2）在表格的右侧增加一列，列名为"总价"，并在该列中分别计算各产品的总价（单价×数量），要求使用公式及复制功能。

（3）在表格的下方增加 1 行，在"商品名"列，统计商品的类别数；在"数量"列，统计商品总数。

（4）以表中的"数量"为参数，做出相关的饼图。

完成以上操作后，将该工作簿以 Excel2. xls 文件名保存到文件夹下。

第五章

电子演示文稿软件 PowerPoint

【学习重点】

请使用 5 学时学习本章内容，着重掌握以下知识点：

⊙ PowerPoint 演示文稿的创建、编辑、播放、保存等基本操作知识。

⊙ PowerPoint 演示文稿中设计模板的使用及各种对象的创建、编辑、排版和幻灯片放映操作，幻灯片文件的存储、打印和打包的操作。

⊙ PowerPoint 演示文稿的背景设置、页眉/页脚、版式、设计模板与母版设计等格式操作。

⊙ PowerPoint 演示文稿的动作设置、超链接、自定义动画和效果的基本操作。

【考试要求】

1. **了解** PowerPoint 基本功能和编辑环境；PowerPoint 元素的概念和操作方法；PowerPoint 文件的放映与设置放映方法；PowerPoint 文件的存储格式。

2. **掌握** 插入声音、影片、Flash 动画等多媒体元素的基本操作；幻灯片的剪辑、隐藏和排练计时的基本操作；幻灯片的设置放映方式、自定义放映与放映操作；PowerPoint 文件的存储、打印和打包操作；幻灯片页号、页眉与页脚操作；幻灯片母版设计及配色方案的基本操作；幻灯片动作设置及动作按钮的设置操作；幻灯片元素的超链接操作；幻灯片间切换效果的设置。

3. **熟练掌握** PowerPoint 新建演示文稿的基本操作；幻灯片视图环境、幻灯片版式的选择操作；编辑文字、表格、图片等幻灯片元素的操作；幻灯片背景的设置操作；幻灯片设计模板的操作；幻灯片自定义动画和动画效果的设置操作。

5.1　PowerPoint 基本知识

5.1.1　PowerPoint 的基本功能

PowerPoint 是一个制作与播放演示文稿的软件，是 Office 最重要的套件之一。它继承了 Windows 的友好图形界面，使用户能轻松地进行操作，制作出各种独具特色的演示文稿。PowerPoint 演示文稿是一个文件，而其中的每一页被称为幻灯片，每一张幻灯片都是演示文稿中既独立又相互联系的内容。

利用 PowerPoint 制作的演示文稿可以通过不同的方式进行播放，同时，还可以为演示文稿中增加各种听觉和视觉效果。例如，在幻灯片中加入各种颜色、图形、声音、影片剪辑等，使演示文稿变得丰富多彩、引人入胜。

PowerPoint 还提供了众多的设计向导，用户可以从中按自己的需要作出选择。

5.1.2　PowerPoint 的启动及退出

1. 启动 PowerPoint

PowerPoint 的启动与其他 Windows 应用程序一样。

`操作`　❋ 单击"开始"菜单→"所有程序"→"Microsoft Office"→"Microsoft Office PowerPoint 2003"。

❋ 如果在 Windows 的桌面上有 PowerPoint 快捷图标，则双击该快捷图标，可快速启动 PowerPoint。

2. 退出 PowerPoint

`操作`　❋ 用鼠标单击"文件"菜单→"退出"命令。

❋ 单击 PowerPoint 窗口右上角的关闭按钮。

❋ 双击 PowerPoint 窗口左上角的控制按钮。

5.1.3　PowerPoint 窗口组成

PowerPoint 的工作窗口由以下几个部分组成（见图 5—1）。

PowerPoint 的窗口界面与 Office 的其他软件一样也拥有标题栏、菜单栏、工具栏、状态栏以及任务窗格等，它们的功能及使用与前述的 Word 和 Excel 中介绍的一样，在此不再多做介绍。下面只介绍 PowerPoint 窗口所特有的部分。

1. 快捷按钮区

快捷按钮区位于窗口的最左侧，其中提供有与大纲和幻灯片操作有关的一些快捷按

图 5—1　PowerPoint 窗口

钮，如"＋"按钮的作用是将幻灯片中的文本提升一级（左移，与格式工具栏的"≣"减少缩进量按钮作用相同），"→"按钮的作用是将文本降一级（右移，与格式工具栏的"≣"增加缩进量按钮作用相同）。

通过单击快捷按钮区右下角的"▶"工具栏选项按钮，可增加或删除快捷按钮。

2. 浏览区

信息浏览区位于工作区左侧，其中包含"大纲"和"幻灯片"两个选项卡以及一个"×"关闭按钮。通过单击选项卡按钮可在两种方式之间切换，单击关闭按钮将隐藏该浏览区。

浏览区的宽度可左右任意改变。

操作　将光标放置在浏览区与工作区之间的垂直分隔线上，当光标变成"中间两条竖线旁边两个反向箭头"形状时，左右拖动鼠标，浏览区和工作区的宽度将随之改变。此方法也可将隐藏后的浏览区显示出来。

3. 工作区

位于窗口的中间区域，可以显示、编辑幻灯片的内容，是制作 PowerPoint 演示文稿的主要区域。

4. 备注区

位于工作区的下方，在此区域可以加入对幻灯片的备注性文字说明，在幻灯片演示时，所加入的文字说明也可以进行显示。

备注区也可以隐藏和显示。

操作 将光标放置在工作区与备注区之间的水平分隔线上，当光标变成"中间两条竖线旁边两个反向箭头"形状时，上下拖动鼠标即可。

5. 视图切换按钮

视图切换按钮提供普通视图、幻灯片浏览视图以及幻灯片放映之间的切换，可以通过用鼠标单击视图按钮栏中的按钮实现切换（见图5—2）。

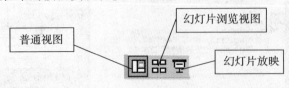

图5—2 视图切换按钮

5.1.4 PowerPoint 文件的存储格式

PowerPoint 演示文稿是一套由幻灯片、备注页、大纲视图三部分组成的电子文档。

在组成演示文稿的这三部分内容中，幻灯片是核心内容。在用 PowerPoint 制作演示文稿时，这三部分内容的制作可交叉进行，随时切换。

用 PowerPoint 制作的演示文稿的三部分内容是作为一个文件存盘的，默认的文件扩展名为 . ppt。

※ 幻灯片：提纲挈领地描述演示文稿的内容，是在计算机上放映的多媒体文档。

※ 备注页：供演讲者对重要幻灯片做更深入讲解时使用。

备注页的内容在幻灯片放映时一般不显示，但可以在放映模式下单击鼠标右键，在快捷菜单中单击"演讲者备注"，可将备注页的内容在屏幕上单独显示出来。备注页也可单独打印输出，以供演讲时参考。

※ 大纲视图：供演示文稿制作人制作演示文稿时掌握演示文稿的全貌用，也可供演示幻灯片时参考。大纲视图包括幻灯片的标题及主要文本信息。

有时需要将演示文稿生成可直接放映的文件格式。

操作 在保存文件时，单击"文件"菜单→"另存为"命令，在"另存为"对话框中选择"保存类型"为"PowerPoint 放映文件（＊. pps）"，演示文稿将被保存为扩展名为". pps"的文件。在资源管理器中，双击该文件名，将自动放映该文件。

除此之外，演示文稿还可以保存为其他格式的文件。通过在"另存为"对话框中的"保存类型"可以看到不同的保存类型，在此不再一一介绍。

但要特别注意的是，由于 Office 版本现在已到了 2010 版，为了使文件在各种版本下能正常打开，在保存时应注意版本的兼容性。通常情况下，高版本向下兼容低版本，也就是说在低版本下保存的文件在高版本中可以打开，而在高版本下默认保存的文件有可能在低版本下打不开。如发生此种情况，可将文件的"保存类型"设置为向下兼容的文件类型，如在 PowerPoint 2003 版本下，保存文件时可选择"PowerPoint97－2003 & 95 演示文稿"兼容格式。

5.2 PowerPoint 基本操作

5.2.1 创建演示文稿

PowerPoint 的一大特色就是可以使演示文稿中的所有幻灯片具有一致的外观。

控制幻灯片显示外观的方法有以下四种：

❋ 设计模板：系统提供了 30 种预先设计好的幻灯片设计模板，每种设计模板各有特色，包括幻灯片上使用的修饰性小图片、背景和文字颜色、标题和字体样式等。

除了使用系统在 PowerPoint 环境下提供的设计模板外，还可以查看并下载微软通过 Web 提供的其他众多的设计模板。

操作 第一步，单击"视图"命令→"幻灯片设计"命令，打开"幻灯片设计"任务窗格（见图 5—3）。

图5—3 "幻灯片设计"任务窗格

第二步，单击"设计模板"，在"应用设计模板"列表框中，单击最后一个"Microsoft Office Online 设计模板"。系统将自动链接到 office. microsoft. com 网站提供的幻灯片模板网页上，可从中选择喜欢的模板下载使用。

❋ 母版：母版分为幻灯片母版、讲义母版和备注母版三种。幻灯片母版用来设置普通幻灯片上的标题和文本的格式；讲义母版用来设置讲义、打印时的页面格式；而备注母版用来设置打印备注页时的页面格式。母版还包含对背景的设计，例如放在每张幻灯片上的图形。

❈ 幻灯片版式：创建新幻灯片时，可以从系统提供的多达 31 种预先设计好的幻灯片版式（页面元素布局）中进行选择，这些版式包括文字版式（6 个）、内容版式（7 个）、文字和内容版式（7 个）以及其他版式（11 个）。

❈ 配色方案：针对不同的设计模板，系统提供了预先设计好的标准配色方案，用户可从中选择一种使用。在每种配色方案中，系统针对背景、文本和线条、阴影、标题文本、填充、强调、强调文字和超链接、强调文字和已访问的超链接等 8 种颜色进行了预设置。

如果对所选标准配色方案中的颜色不满意，可进行修改。

操作　第一步，单击"视图"命令→"幻灯片设计"命令，打开"幻灯片设计"任务窗格（见图 5—3）。

第二步，单击"配色方案"，在"应用配色方案"列表框中选择一种配色方案。

第三步，单击任务窗格下面的"编辑配色方案"，打开"编辑配色方案"对话框。

第四步，选择"自定义"选项卡（见图 5—4），从"配色方案颜色"列表框中选择要修改的项目颜色。

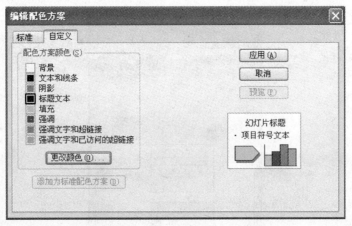

图 5—4　"编辑配色方案"对话框一"自定义"选项卡

第五步，单击"更改颜色"按钮，打开"标题文本颜色"对话框，从中选择一种新的颜色。

第六步，所有需要修改的颜色都设置好后，单击"应用"按钮。

在 PowerPoint 中，可用以下四种方法创建新的演示文稿：

❈ 使用"内容提示向导"创建新的演示文稿。

❈ 使用"设计模板"创建新的演示文稿。

❈ 创建空演示文稿。

❈ 利用已有的演示文稿创建新的演示文稿。

1. 使用"内容提示向导"创建演示文稿

初学者在创建演示文稿时，可用"内容提示向导"来创建新的演示文稿。

　　此方法通过提问的方式来引导使用者完成演示幻灯片的创建过程。只需根据提示，选择或输入一些内容，就可快速地生成一个具有专业水平的演示文稿。

　　在回答每一个提问之后，如演示文稿类型、演示文稿样式和演示文稿选项等，Power-Point 就会自动生成一系列的幻灯片，并提供一个基本的大纲，用户可按自己的想法编辑每张幻灯片的文本、图形和图表，以达到更合理、更完善的效果。

　　操作　第一步，单击"文件"菜单→"新建"命令，打开"新建演示文稿"任务窗格（见图 5—5）。

图 5—5　"新建演示文稿"对话框

　　第二步，单击"根据内容提示向导"命令，打开"内容提示向导"对话框（见图 5—6）。

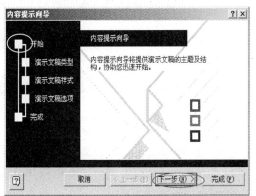

图 5—6　"内容提示向导"对话框

　　"内容提示向导"将按照图 5—6 左侧给出的顺序依次对演示文稿的类型、样式、选项进行设置。在"演示文稿类型"对话框中，可根据需要选择一种演示文稿类型，如选定"常规"类型中的"推荐策略"；在"演示文稿样式"对话框中，可根据需要选择一种输出类型，如"屏幕演示文稿"；在"演示文稿选项"对话框中，可设置演示文稿的标题，如"×××推荐策略"，还可通过"页脚"为每张幻灯片设置统一的文字内容（如演讲人姓名等），以及确定是否插入幻灯片编号等。

在上面每一项内容设置完成后，单击"下一步"按钮。

第三步，设置完成后单击"完成"按钮，即完成了按照向导的引导创建用户所需的演示文稿的操作。图 5—7 是选择演示文稿类型"推荐策略"后创建的演示文稿。

图 5—7　使用"内容提示向导"创建演示文稿示例

对于按照"内容提示向导"生成的演示文稿，PowerPoint 对每张幻灯片中包含的内容都提供了相应的文字。

对于由"内容提示向导"自动生成的幻灯片模板，可以通过单击"格式"→"幻灯片设计"命令对其进行修改。

操作　第一步，单击"视图"命令→"幻灯片设计"命令，打开"幻灯片设计"任务窗格。

第二步，单击"设计模板"，在"应用设计模板"列表框中，每当单击某个幻灯片模板时，工作区中的演示文稿就立即按照该模板样式进行显示。

图 5—8 所示的演示文稿是对图 5—7 显示的演示文稿应用其他设计模板后的效果图。

2. 使用"设计模板"创建演示文稿

PowerPoint 提供了许多适合各种场合应用的设计模板，用户可以根据需要为演示文稿选择合适的模板。

操作　第一步，单击"文件"菜单→"新建"命令，打开"新建演示文稿"任务窗格（见图 5—5）。

第二步，单击"根据设计模板"命令，在工作区将新建一个空演示文稿，同时给出"幻灯片设计"任务窗格（见图 5—3），从"应用设计模板"列表框中为新建的演示文稿选择一个合适的模板。

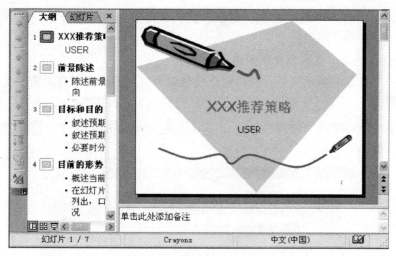

图 5—8　更新模板后的效果

3. 创建空白演示文稿

在 PowerPoint 环境下，任何时候都可创建一个空白演示文稿，其默认的文件名为"演示文稿 n"，n＝1，2，…。

操作　第一步，单击"文件"菜单→"新建"命令，打开"新建演示文稿"任务窗格（见图 5—5）。

第二步，单击"空演示文稿"命令，在工作区将新建一个空演示文稿，同时给出"幻灯片版式"任务窗格（见图 5—9）。

图 5—9　"幻灯片版式"任务窗格

第三步，在"应用幻灯片版式"列表框中为当前新建幻灯片选择一个合适的版式。在以后的新幻灯片设计或编辑中，都可以利用此方法为幻灯片选择相应的版式。

第四步，也可利用"幻灯片设计"任务窗格，为新建的演示文稿选择一个合适的模板。之后就可在幻灯片中输入标题、文字，插入各种对象（如图片、图表、声音和动画等）。

4. 利用已有的演示文稿创建新的演示文稿

可以利用已存在的演示文稿，选择部分或全部幻灯片插入到现有的演示文稿中或创建新的演示文稿。

操作　第一步，单击"插入"菜单→"幻灯片（从文件）"命令，打开"幻灯片搜索器"对话框（见图5—10）。

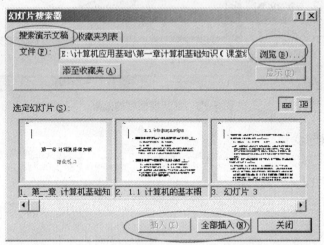

图5—10　"幻灯片搜索器"对话框

第二步，选择"搜索演示文稿"选项卡，通过"浏览"按钮打开要插入的演示文稿。

第三步，通过选择"选定幻灯片"中列出的内容，单击"插入"或"全部插入"，选定的幻灯片将被插入到当前文稿中。

5. 创建一个简单的演示文稿

（1）创建演示文稿的标题幻灯片。

通常每个演示文稿的第一张幻灯片通常都是标题幻灯片。

操作　第一步，创建一个"空演示文稿"，在"幻灯片版式"对话框中，选择"文字版式"列表框中的"标题幻灯片"（见图5—11）。

第二步，单击标题幻灯片中的"单击此处添加标题"框，输入主标题的内容，如输入"PowerPoint 演示文稿"。

第三步，单击标题幻灯片中的"单击此处添加副标题"框，输入副标题的内容，如"讲义"（见图5—12）。

第四步，单击左下角视图按钮栏中的幻灯片放映按钮"🖵"，可查看放映效果。

（2）保存已创建的演示文稿。

操作　单击"文件"菜单→"保存"命令，或单击常用工具栏上的"🖫"保存按钮。

第一次保存时，系统给出"另存为"对话框，输入演示文稿的文件名，按"保存"按钮，即将新创建的演示文稿保存到"保存位置"指定的文件夹下。

（3）打开已存在的演示文稿。

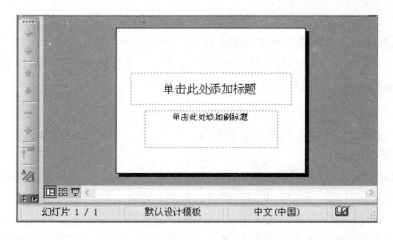

图 5—11 标题幻灯片

图 5—12 制作完成的标题幻灯片

操作 ❋ 单击"文件"菜单→"打开"命令，弹出"打开"对话框，选择要打开的文件，单击"打开"按钮（或双击文件名）。

❋ 或单击常用工具栏上的"☞"打开按钮。

❋ 或利用资源管理器，找到要打开的文件，双击该文件。

5.2.2 幻灯片版式设置和设计模板选择

1. 幻灯片版式设置

在 PowerPoint 中，"版式"和"版面"是同一概念，它们是指各种对象在幻灯片上的布局格式。PowerPoint 提供了 31 种幻灯片版面布局图，称为"幻灯片版式"。除了在新建幻灯片时可以选择版式外，还可以为已存在的幻灯片改变版式。

幻灯片版式分为四大类：

❋ 文字版式：幻灯片上的各种文本组合布局。

❋ 内容版式：将除文本外的其他所有对象组合在一起（称为"对象集合"）的组合布局。

❀ 文字和内容版式：文本和其他"对象集合"的组合布局。

❀ 其他版式：文本和单个对象的组合布局。

通常演示文稿的第一张幻灯片选择的是"标题幻灯片"版式，其后可以根据幻灯片的内容选择合适的版式。

操作　单击"格式"→"幻灯片版式"命令，出现"幻灯片版式"任务窗格（见图5—9），在"应用幻灯片版式"列表框中为当前幻灯片选择一个合适的版式。

2. 设计模板选择

设计模板包括幻灯片的背景图案、背景颜色和配色方案、具有自定义格式的幻灯片和标题母版以及字体样式，它们都可用来创建特殊的外观。

PowerPoint 提供了 30 种预定义的模板。对演示文稿应用设计模板时，新模板的幻灯片母版、标题母版和配色方案将取代原演示文稿的幻灯片母版、标题母版和配色方案。

应用这些模板可使所有的幻灯片具有统一的显示风格，如统一的背景图案和背景颜色。PowerPoint 提供了大量专业设计模板。

如果为某演示文稿创建了特殊的外观，可将它存为模板，即可以创建自己的模板。设计模板的文件扩展名为 .pot。

根据需要，我们可以修改模板，也可在已创建的演示文稿基础上建立新的模板，还可将新建立的模板添加到内容提示向导中以备今后使用。

（1）为新建空白演示文稿选择设计模板。

操作　第一步，单击"格式"→"幻灯片设计"命令，打开"幻灯片设计"对话框（见图 5—3）。

第二步，从"应用设计模板"列表框中为新建的演示文稿选择一个合适的模板。

（2）为已存在的演示文稿更换设计模板。

操作步骤同（1）。

（3）创建新的设计模板。

操作　第一步，创建一个用于设计模板的演示文稿。

第二步，将新建立的演示文稿作为设计模板进行保存。单击"文件"→"另存为"命令，打开"另存为"对话框。在"保存类型"框中选择"演示文稿设计模板（﹡.pot）"。在"文件名"框中输入新模板的名称，然后单击"保存"。以后在新建幻灯片时可选择该设计模板，也可为已存在的演示文稿更换成该设计模板。

5.2.3　PowerPoint 的视图方式

PowerPoint 提供了三种视图方式：普通视图、幻灯片浏览视图和幻灯片放映视图。单击 PowerPoint 窗口左下角的视图按钮可在这三种视图之间轻松地进行切换。

1. 普通视图

普通视图是 PowerPoint 系统默认的工作视图，在该视图中一次只能操作一张幻灯片，可对幻灯片内容进行编排与格式化，并插入文本、图片以及其他元素。

普通视图将文稿编辑区域分为三个部分，左侧为"大纲"和"幻灯片"之间切换的选项卡（或称"大纲窗格"）；其右侧为幻灯片编辑工作区（或称"幻灯片窗格"）；工作区下面是备注区（或称"备注窗格"）。通过这些窗格用户可同时看到演示文稿中的幻灯片内容、备注信息以及大纲信息（见图5—7和图5—8）。

各窗格大小可通过拖动窗格边框改变。

"大纲"选项卡：仅显示幻灯片的标题和主要文本信息，适合组织和创建演示文稿的内容。因此，使用大纲窗格可以输入演示文稿中的所有文本，可重新排列项目符号、段落，可以移动、复制、删除幻灯片。

"幻灯片"选项卡：以缩略图形式显示当前演示文稿中的所有幻灯片，在此区域中可以定位、移动、复制、插入或删除幻灯片。

幻灯片窗格：显示演示文稿中当前定位的幻灯片，是为幻灯片添加和编辑元素的区域。如可以查看每张幻灯片中的文本外观；可以在单张幻灯片中添加文本、图形、声音和影片，建立超链接以及添加动画等。

备注窗格：可以为幻灯片添加与观众共享的备注信息。在播放演示文稿时，通过右键快捷菜单中的"演讲者备注"命令，可以在屏幕上打开一个显示备注信息的对话框，演讲者还可以对其中的备注信息进行修改。

2. 幻灯片浏览视图

幻灯片浏览视图与"幻灯片"选项卡类似，也是以缩略图形式显示当前演示文稿中的所有幻灯片（见图5—13）。在此方式下，可以同时看到演示文稿中的所有幻灯片，因此可以很容易地添加、删除、移动和复制幻灯片，以及设置演示文稿放映时的幻灯片切换的动画方式。

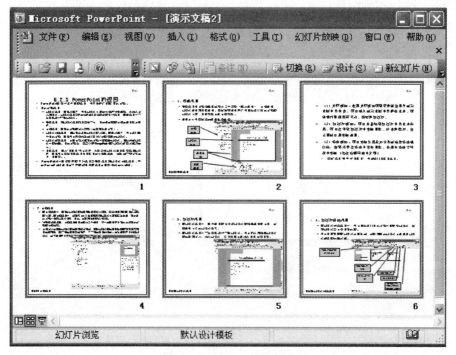

图5—13 幻灯片浏览视图

3. 幻灯片放映视图

幻灯片放映视图在播放幻灯片时占据整个计算机屏幕，可以将整个演示文稿按照幻灯片的排列顺序依次播放完，从中可以观看在幻灯片制作过程中加入的文本、图片、声音、视频、动画以及幻灯片间的切换方式等。

5.2.4 在幻灯片中添加对象

PowerPoint 最富有魅力的地方就是支持多媒体幻灯片的制作。

利用绘图工具栏上的快捷按钮可向幻灯片插入自选图形、艺术字、文本框和简单的几何图形，还可以加入超链接、视频剪辑、声音文件等。

绘图工具栏位于 PowerPoint 窗口的底部。如果在窗口底部没有图形工具栏，通过"视图"菜单→"工具栏"命令，可进行图形工具栏或其他工具栏的添加。

1. 占位符概念

在向幻灯片添加文本、图片等对象时，会涉及"占位符"（也称"预留框"）的概念。

占位符是指在创建新幻灯片时，在为其选择的幻灯片版式中预先为各种对象所确定的位置。不同的幻灯片版式，在幻灯片上出现的对象会不同，而且对象的位置也会有所不同。

每种对象的占位符在幻灯片上表现为虚线方框，这些方框就是为特定对象（如幻灯片标题、文本、图像、图表、表格、组织结构和剪贴画等）预留的区域。在每个对象的占位符中都有对该对象的操作说明以及除文本以外的对象的图标。

如图 5—14 所示的幻灯片版式上，共有三个对象，分别是标题、文本和图表。对于文本和标题的输入只要单击占位符即可，而对图表的输入需要双击图表占位符。同时，它们在幻灯片上的位置也已确定。

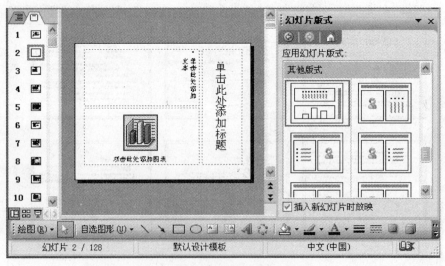

图 5—14 占位符

幻灯片版式为我们提供了众多可选择的各种对象的组合和布局，为我们快速地设计幻灯片、插入各种对象提供了方便。但在实际应用中，有时对幻灯片版式所确定的对象及对象的位置并不满意，因此，可以根据需要对版式预设的对象和位置进行改变，比如图5—14，在幻灯片上可以再添加一个图片；如果右侧的标题不需要，可以把它删除；把图表和文本左右排放等都是可以的。

当然，我们也可以不为幻灯片选择版式，而是通过各种对象操作命令，在幻灯片上插入所需要的对象，自己设计每一张幻灯片的版式。

在为演示文稿选择了合适的设计模板、配色方案以及幻灯片版式后，就可以开始添加对象了。不同的对象添加方法略有不同。

2. 添加文本

操作 在文本占位符内单击鼠标左键，将选定的预留框激活（处于编辑状态），可在其中添加、编辑或删除文本；也可以选择其中的文本，进行格式化处理，如加粗显示、居中、变为项目编号列表等。由此可见，将文本添加到幻灯片中最简单的方法就是将文本直接键入幻灯片的文本占位符中。

如果要在占位符外添加文字或图形，可以使用绘图工具栏上的"█"和"█"文本框按钮或"█"插入剪贴画按钮，也可以添加艺术字，以获得特殊文本效果。

如果在占位符内输入文本后，有多余行的文本无法与占位符大小匹配（超出预留框），PowerPoint 将自动尝试在文本占位符内匹配文本，也就是说先调整行距，然后再调整字号，以保证所有的文本都能放在预留框内。

3. 向文本添加项目符号或编号

操作 第一步，选中要添加项目符号或编号的文本或占位符。

第二步，单击"格式"菜单→"项目符号和编号"命令，或单击工具栏中的项目符号按钮"█"或"编号"按钮"█"，出现"项目符号和编号"对话框（见图5—15）。

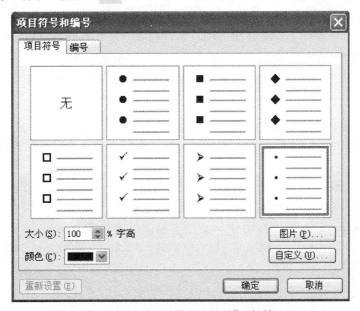

图5—15 "项目符号和编号"对话框

第三步，选择"项目符号"或"编号"选项卡，选择希望使用的符号格式，单击"确定"按钮。还可通过"图片"和"自定义"为文本选择使用不同的图形项目符号。

在设置编号后，每输入内容，按回车键后，列表都将自动进行编号。

4. 添加图片

在 PowerPoint 幻灯片中可以非常方便地放置 Microsoft Office 剪辑库中的图片资料，也可以插入来自其他图形文件的资料。

（1）通过菜单命令插入图片。

操作 第一步，打开希望在其中插入图片的幻灯片。

第二步，单击"插入"菜单→"图片"→"来自文件"命令，打开"插入图片"对话框（见图 5—16）。

图 5—16 "插入图片"对话框

第三步，单击对话框左侧窗口中的图片文件名，可以在右侧窗口预览该图片（单击视图按钮"▦"右侧的向下箭头，从下拉列表中选择"预览"命令）。

第四步，双击希望插入到演示文稿中的图片文件名，或单击"插入"按钮，即可将选中的图片插入到幻灯片的指定位置。

（2）通过占位符插入图片。

在预设了幻灯片版式的幻灯片上插入图片时，可以根据版式给出的占位符中的说明进行相关的操作。

下面通过示例来说明具体的操作。

【例 5—1】 为图 5—17 所示的幻灯片添加图片。

添加剪贴画操作：双击"双击此处添加剪贴画"占位符，弹出"选择图片"对话框（见图 5—18），从列表框中选择一个剪贴画，单击"确定"按钮，将剪贴画插入到幻灯片中。

添加图片操作：在"选择图片"对话框中，单击"导入"按钮，打开"将剪辑添加到管理器"对话框（对话框操作类似于图 5—16），选择一个图片文件，将其添加到列表框

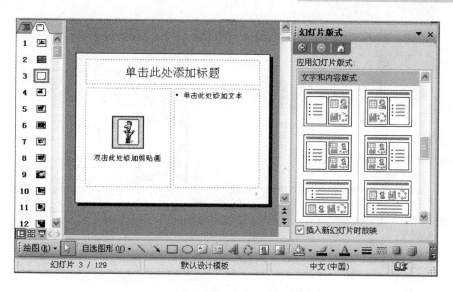

图5—17　根据剪贴画占位符插入图片

中，选择该图片，单击"确定"按钮，将图片插入到幻灯片中。

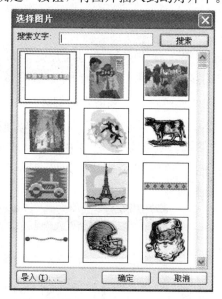

图5—18　"选择图片"对话框

【例5—2】　为图5—19所示的幻灯片添加图片。

在图5—19所示的幻灯片中，使用的是内容版式。内容版式的特点是将所有除文本以外的对象组合在同一个大的图标中，而其中每一个小的对象图标都是可以单击的。如图中所示的大图标中包含有六个小的图标，分别代表表格、图表、剪贴画、图片、组织结构图或其他图示、媒体剪辑。单击其中任何一个小图标就能把相应的对象插入到幻灯片中。

操作　单击插入图片图标"🖼"，打开"插入图片"对话框（见图5—19）。其他操作同前。

剪贴画的插入方法以及绘图工具的使用同 Word 一样。

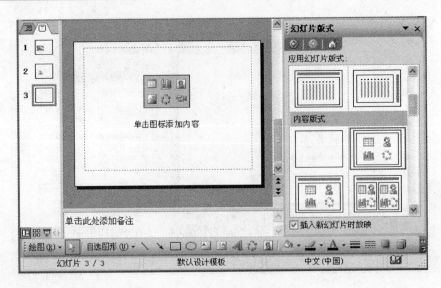

图 5—19　根据组合图标插入对象

如果需要在整个演示文稿的每一张幻灯片中出现同一张图片（如学校的 logo），就需要在"幻灯片母版"模式下将其插入。

5. 添加影片和声音

只要准备好影片和声音资料，制作多媒体幻灯片是非常快捷的。也可以利用 Microsoft Office 剪辑库中提供的多媒体剪辑，把声音和视频插入到演示文稿中。

操作　第一步，选择希望插入声音或视频剪辑的幻灯片。

第二步，单击"插入"菜单→"影片和声音"命令，弹出该命令的级联菜单，根据需要选择影片或声音选项。如果选择"剪辑管理器中声音（或影片）"选项，则打开 Microsoft 剪辑库，从中选择系统提供的声音或影片。如果选择"文件中的声音（或影片）"，则需要从特定的文件中进行选择。

第三步，双击选择的对象，声音（或影片）剪辑将自动插入到幻灯片中。插入声音剪辑后，系统给出图 5—20 所示的提示信息，询问是否希望在幻灯片放映时自动播放声音，还是单击声音图标时播放。

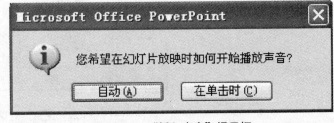

图 5—20　"插入声音"提示框

插入声音后将在幻灯片中出现声音播放器图标" "。在幻灯片视图方式下，双击声音播放器图标，可听到与其相关联的声音文件的内容。对于活动的影片剪辑，则需要进入幻灯片放映视图才能播放。

通过占位符方式插入声音和影片的方式同插入图片时一样，在此不再赘述。

6. 添加 Flash 动画

操作　第一步，选择要插入 Flash 动画的幻灯片。

第二步，单击"视图"菜单→"工具栏"命令，在给出的工具栏选项中选择"控件工具箱"，打开"控件工具箱"（见图 5—21）。

第三步，单击其他控件按钮"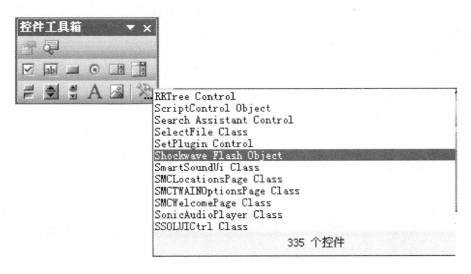"，给出 ActiveX 控件下拉列表，从中选择"Shock-wave Flash Object"选项，光标变成"十"字形，用鼠标在幻灯片上拖出一个矩形框，该框就是 Flash 动画播放的区域。

第四步，在矩形框上单击鼠标右键，选择快捷菜单中的"属性"命令，打开"属性"窗口，选中"自定义"，单击其后面的省略号"…"，出现"属性页"窗口。

第五步，在"影片 URL"文本框中输入 Flash 文件的名字，单击"确定"按钮。

注　意　　Flash 动画和幻灯片要放在同一个文件夹下，否则在输入文件名时要填写完整的路径。

图 5—21　"其他控件"下拉列表

7. 添加图表

PowerPoint 提供了与 Excel 一样强大的图表功能，而且在对图表的操作处理上几乎完全一样。

向幻灯片添加图表与添加图形一样，既可以使用菜单命令也可以使用占位符。下面介绍通过占位符添加图表的方法。

操作　　第一步，双击幻灯片上的图表占位符（在插入新幻灯片时，选择带有图表占位符的幻灯片版式）；或单击常用工具栏上的插入图表按钮"📊"；或单击"插入"菜单→"图表"命令，在占位符处会显示一个图表以及弹出一个与图表相关的数据表窗口，图表数据放在称为"数据表"的表格中。数据表内提供的数据是示范性数据（见图 5—22）。

第二步，双击幻灯片上的图表，使图表和数据表窗口均处于编辑状态，此时可修改数据表中的数据，同时图表中的数据也会做相应调整。在图表空白处单击鼠标右键，可对"图表区格式"、"图表类型"、"图表选项"等进行设置。同 Excel 一样，拖动图表四角可改变它的大小。

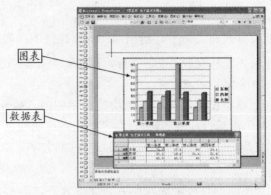

图 5—22   插入图表

第三步，单击图表以外幻灯片的任意地方，数据表窗口消失。

8. 添加表格

在幻灯片中添加表格同前面介绍的添加其他对象一样，可以使用菜单命令、工具栏按钮或表格占位符。

在幻灯片中可以创建两种类型的表格，一种是标准表格，另一种是使用表格绘制工具创建不规则表格。

注　意　表格中的文本在大纲窗格中不显示。

（1）创建标准表格。

操作　❋ 单击常用工具栏上的插入表格按钮"▦"，拖动鼠标设置行数和列数，设置好后，单击左键，表格将出现在幻灯片上。

❋ 或单击"插入"菜单→"表格"命令。

❋ 或单击"表格和边框"工具栏"表格"按钮，选择下拉列表中的"插入表格"命令，弹出"插入表格"对话框（见图 5—23），设置"行"数和"列"数。

❋ 或利用 PowerPoint 提供的带有表格的幻灯片版式添加表格。

第一步，单击"格式"菜单→"幻灯片版式"命令，在"幻灯片版式"任务窗格中的"应用幻灯片版式"列表中，从"内容版式"列表框中选择一个版式，将在幻灯片上加入一个对象组合图标（见图 5—19）。

第二步，单击对象组合图标中的插入表格图标"▦"，打开"插入表格"对话框（见图 5—23）。

图 5—23   "插入表格"对话框

第三步，选择表格的行、列数，单击"确定"按钮，幻灯片上将生成一个新的表格。

（2）绘制不规则表格。

用工具栏上的绘制表格按钮"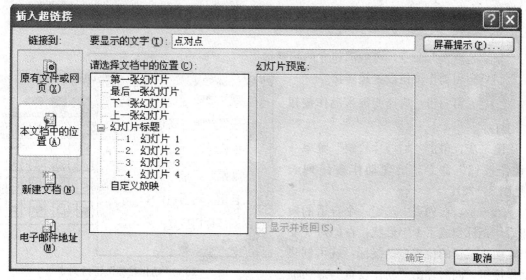"，可做出任意格式的表格。

9. 添加超链接

在 PowerPoint 中，超链接是指从一个幻灯片跳转到另一个幻灯片、Word 文档、Excel 工作表、Web 页或文件的链接。

超链接源本身可以是文本或对象（如图片、图形或艺术字）。利用动作按钮，也可创建链接。动作按钮是 PowerPoint 为用户提供的进行各种操作提示的图标按钮。

（1）超链接的建立与编辑。

建立超链接的具体步骤如下。

操作　第一步，选定要建立链接的文本或对象，单击"插入"菜单中的"超链接"命令，打开"插入超链接"对话框（见图 5—24）。

图 5—24　"插入超链接"对话框

第二步，在该对话框中，设置要超链接的位置（如链接到本地硬盘上的某一文件或 Web 页、当前演示文稿中的幻灯片、新建文档或电子邮件）。单击"屏幕提示"按钮设置当鼠标停留在超链接对象上时显示的文本。

第三步，单击"确定"按钮完成超链接的建立。

在幻灯片放映过程中，将鼠标停留在已建立了超链接的对象上时，鼠标将变成手的形状，单击鼠标就可跳转到超链接设置的相应位置。

编辑超链接的操作步骤与建立超链接的方法类似，在打开的"编辑超链接"对话框中（见图 5—25），对相应的选项进行修改即可。

（2）删除已建立的超链接。

操作　选定要删除超链接的文本或对象，单击"插入"菜单→"超链接"命令，单击"编辑超链接"对话框中的"删除链接"按钮；或单击鼠标右键，在弹出的快捷菜单中选

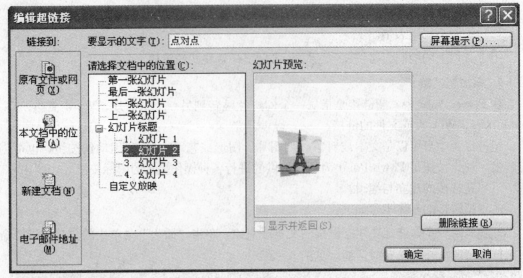

图 5—25   "编辑超链接"对话框

定"删除超链接"命令，可取消建立的超链接。

（3）利用动作按钮设置超链接。

操作   第一步，选择要加入动作按钮的幻灯片。

第二步，单击"幻灯片放映"菜单→"动作按钮"命令，出现动作按钮列表（见图 5—26）。

第三步，在列表中选定一个合适的按钮后，光标变成了十字形状，在幻灯片要设置动作按钮的位置拖动鼠标，就可创建动作按钮，同时弹出"动作设置"对话框（见图 5—27）。

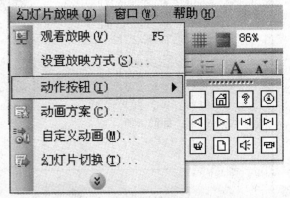

图 5—26   "动作按钮"下拉列表

第四步，在"动作设置"对话框中设置要链接的位置，以及是否播放声音等。

第五步，单击"确定"按钮完成设置。

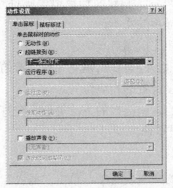

图 5—27   "动作设置"对话框

5.2.5　幻灯片的放映

在幻灯片视图模式下，放映幻灯片有如下方法。

操作　❋ 单击演示文稿窗口左下角的"🖵"幻灯片放映按钮。

❋ 或单击"幻灯片放映"菜单→"观看放映"命令。

❋ 或单击"视图"菜单→"幻灯片放映"命令。

❋ 或按 F5 功能键。

在放映幻灯片的过程中，可以进行如下操作：

❋ 单击鼠标左键（或按 PageUp 键），可播放下一张幻灯片。

❋ 按 PageDown 键，重新播放上一张幻灯片。

1. 幻灯片放映快捷菜单

在幻灯片播放期间，单击鼠标右键，将弹出幻灯片放映快捷菜单。

在快捷菜单中提供有幻灯片放映时所能使用的操作命令如下：

❋ 下一张：继续播放下一张幻灯片。

❋ 上一张：返回上一张已播放的幻灯片。

❋ 定位至幻灯片：可换到指定的幻灯片上进行放映。

❋ 屏幕：其中的"演讲者备注"将显示幻灯片的备注信息，并可以修改和添加新的备注（见图 5—28）。

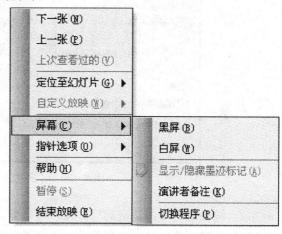

图 5—28　"屏幕"命令下拉菜单

❋ 指针选项：可以将指针设为不同的形状，演讲者在放映幻灯片时可使用鼠标在演示文稿的放映屏幕上圈圈点点（见图 5—29）。

❋ 结束放映：结束整个幻灯片的放映（或按 Esc 键）。

2. 设置放映方式

可以为幻灯片设置各种不同的放映方式。如设置幻灯片放映时是否是全屏幕，是否循环播放或观众自行浏览，是否使用旁白和动画，选择播放哪些幻灯片和换片方式。

操作　第一步，单击"幻灯片放映"菜单→"设置放映方式"命令，打开"设置放映方式"对话框（见图 5—30）。

第二步，在"设置放映方式"对话框中，可以对下面四种选项进行设置。

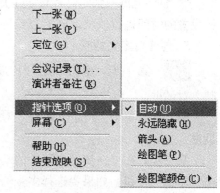

图 5—29　"指针信息"命令下拉菜单

（1）放映类型："演讲者放映"是幻灯片放映中最常用的一种方式（是演示文稿默认的放映方式），演讲者可控制整个文稿演示的放映过程；"观众自行浏览"适合小规模的文稿演示，幻灯片的播放在窗口中进行；"在展示台浏览"适合在展览会上使用，幻灯片可自动循环播放（按 Esc 键停止演示文稿的播放）。

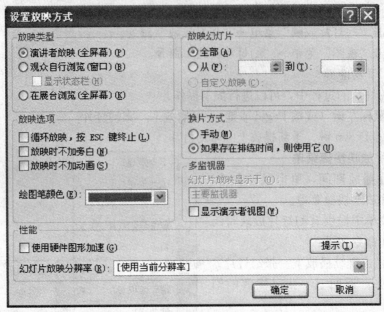

图 5—30　"设置放映方式"对话框

（2）放映幻灯片：指定幻灯片播放的范围。

（3）放映选项：是一个多选项，可同时选择设置"循环放映"、"放映时不加旁白"以及"放映时不加动画"。

（4）换片方式：换片方式有以下两种。

※ 人工指的是在放映过程中，用单击鼠标左键或使用键盘进行幻灯片的切换。

※ 如果为每一张幻灯片设定了放映的时间，则选"如果存在排练时间，则使用它"，按设置的时间进行放映，同时也支持人工换页。

3. 创建自定义放映

操作　第一步，单击"幻灯片放映"菜单→"自定义放映"命令，弹出"自定义放映"对话框。

第二步，单击"自定义放映"对话框中的"新建"按钮，给出"定义自定义放映"对话框。

第三步，在"在演示文稿中的幻灯片"中选取要添加到自定义放映中的幻灯片，再单击"添加"按钮。如果要选择多张幻灯片，在选取幻灯片时按下 Ctrl 键。

如果要改变幻灯片显示次序，先选择幻灯片，然后使用上下箭头将幻灯片在列表内上下移动。

第四步，选取幻灯片及放映次序设置完成后，在"幻灯片放映名称"方框中输入名称，单击"确定"按钮。

图 5—31 给出了上述操作过程的图示。

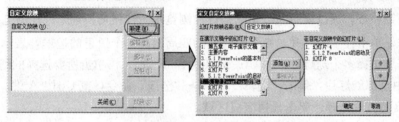

图 5—31　创建自定义放映

如果要预览已创建的自定义放映，在"自定义放映"对话框内选择要放映的名称，单击"放映"按钮，将按照自定义放映的设置顺序进行演示文稿的播放。

5.2.6　幻灯片的编辑操作

幻灯片的编辑操作主要包括：幻灯片的插入、删除、复制、移动、隐藏等。这些操作通常都是在幻灯片浏览视图下进行的，因此在进行上述操作前，首先要切换到幻灯片浏览视图。

1. 插入点概念

在幻灯片浏览视图下进行新幻灯片的插入、幻灯片的复制和移动等操作，都需要确定复制到或移动到的目标位置，这个位置被称为"插入点"。

确定插入点的操作：在幻灯片浏览视图下，单击任一幻灯片左右空白区域，就会出现一条闪动的黑色竖线，这条竖线就是插入点（见图 5—32）。

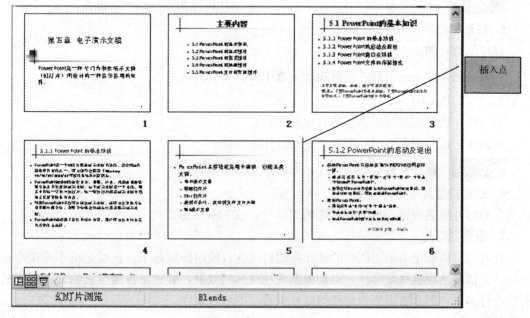

图 5—32　确定插入点

2. 选择幻灯片

操作　第一步，通过窗口左下角的幻灯片浏览视图按钮切换到幻灯片浏览视图下。

第二步，单击任一幻灯片，则该幻灯片的四周出现一个黑色的边框，表示该幻灯片已被选中。若要选择多个幻灯片，按 Ctrl 键（或 Shift 键），再单击所要选择的幻灯片。

❋ 选中全部幻灯片：单击"编辑"菜单→"全选"命令，或 Ctrl＋A 键。

❋ 放弃幻灯片选择：单击任何空白区域。

3. 插入幻灯片

操作　第一步，在幻灯片浏览视图下确定要插入新幻灯片的插入点。单击"插入"菜单→"新幻灯片"命令，或单击常用工具栏中的新幻灯片按钮"🗐"，将在插入点插入一张空白幻灯片，并给出"幻灯片版式"任务窗格（见图 5—9）。

第二步，在"应用幻灯片版式"列表框中选择合适的版式，将其应用到新插入的幻灯片上。

第三步，切换到幻灯片视图，按照版式输入相关的内容，即完成了幻灯片的插入和编辑。

4. 复制幻灯片

可以将设计好的幻灯片复制到任意位置。

操作　第一步，在幻灯片浏览视图下选中要复制的幻灯片。

第二步，按 Ctrl＋C 键。

第三步，确定幻灯片要复制的目标插入点。

第四步，按 Ctrl＋V 键，即完成了幻灯片的复制。

快捷操作　选择要复制的幻灯片，同时按住 Ctrl 键拖动鼠标到指定位置。

5. 移动幻灯片

移动幻灯片的操作步骤同幻灯片的复制类似。

操作　第一步，在幻灯片浏览视图下选中要移动的幻灯片。

第二步，按 Ctrl＋X 键。

第三步，确定幻灯片要移动的目标插入点。

第四步，按 Ctrl＋V 键，即完成了幻灯片的移动。

快捷操作　选择要移动的幻灯片，拖动其到指定位置。

6. 删除幻灯片

在幻灯片浏览视图，选择要删除的幻灯片，按 Delete 键即可。

7. 隐藏幻灯片

有时我们需要把演示文稿中的某几张幻灯片在放映时隐藏起来，也就是说不希望在播放演示文稿时出现这些幻灯片，而是根据现场演示的效果，确定是否播放它们或在适当的时机进行演示，那么就需要为这些幻灯片设置"隐藏"属性。

操作　第一步，进入幻灯片浏览视图，选择希望隐藏的幻灯片。

第二步，单击"幻灯片放映"菜单→"隐藏幻灯片"命令，或单击"🖾"隐藏幻灯片按钮，隐藏的幻灯片编号将被隐去，可直观地看到哪些幻灯片被隐藏了，哪些没有（见图5—33）。

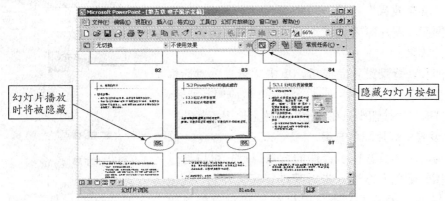

图 5—33　隐藏幻灯片

在演示过程中，如想显示被隐藏的幻灯片，可按下列方法操作。

操作　第一步，可在任何一张幻灯片上单击鼠标右键，选择快捷菜单中的"定位至幻灯片"命令。

第二步，从列有全部幻灯片的列表中，选择被隐藏的幻灯片（被隐藏幻灯片的编号放在括号中，如图 5—34 所示的第 3 号幻灯片），即可将其放映。

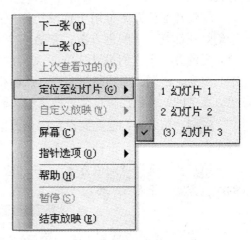

图 5—34　放映被隐藏的幻灯片

5.3　PowerPoint 格式操作

5.3.1　幻灯片背景设置

对幻灯片背景的填充设置可以选择颜色、填充效果（如过渡、纹理、图案和图片）等命令来进行，但值得注意的是在幻灯片或者母版上只能使用一种背景类型。

1. 为演示文稿选择简单的背景

操作　第一步，打开需要设置背景的演示文稿。

第二步，单击"格式"菜单→"背景"命令，打开"背景"对话框（见图5—35）。

第三步，单击颜色下拉箭头，从中选择幻灯片的背景颜色。

※"自动"选项：将背景色改回默认值。

❋"其他颜色"选项：对所列颜色不满意时，可选择其他的颜色。

❋"填充效果"选项：可以帮助用户使用过渡、纹理、图案、图片等来设置幻灯片的背景，达到更完美的设计效果。

第四步，背景设置完成后，单击"背景"对话框中的"全部应用"按钮，则整个演示文稿应用新背景，而单击"应用"按钮则只在当前幻灯片上使用新背景。

2. 设置幻灯片配色方案

在为演示文稿选择了合适的背景以后，可以通过演示文稿的配色方案进一步对其进行完善补充。配色方案从根本上定义了文本、项目符号和对象的显示方式。

幻灯片配色方案可用于预设幻灯片的颜色，每一个幻灯片都有一个配色方案，它是八个对象的颜色集

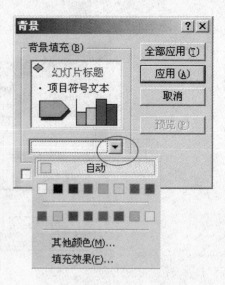

图5—35　"背景"对话框

合，配色方案将它们设计成演示文稿的基本颜色，即背景、文本和线条、阴影、标题文本、填充、强调、强调和超链接、强调和已标向的超链接。当应用了某个配色方案后，配色方案中的八种颜色将自动替换演示文稿中的每一个对象。

操作　第一步，选定要设置配色方案的幻灯片，单击"格式"菜单→"幻灯片设计"命令，打开"幻灯片设计"对话框。

第二步，选择"配色方案"，在"应用配色方案"列表框中，选择一种符合用户要求的配色方案（见图5—36）。

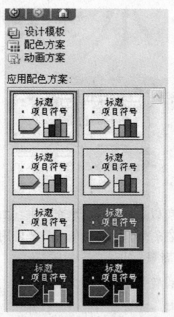

图5—36　"配色方案"任务窗格

第三步,单击选中的配色方案右侧向下箭头,给出下拉列表,其中"应用于所有幻灯片"将把配色方案应用于演示文稿的所有幻灯片上;"应用于所选幻灯片"只把配色方案应用到当前选中的幻灯片上;还可通过"显示大型预览"查看配色方案的效果。

若要自定义配色方案,则选择"配色方案"任务窗格中的"编辑配色方案",可为幻灯片的八个主要对象逐一更改颜色(见图5—4)。单击"应用"按钮,把自定义的配色方案应用到幻灯片中。若单击"添加为标准配色方案",则可以保存配色方案。

5.3.2 幻灯片母版设置

母版是为演示文稿中的每张幻灯片预设格式的模板,它包括每张幻灯片的标题及正文的位置、字体、字号、颜色和项目符号等。

通过母版可改变幻灯片的背景和统一插入的各种对象,如图片、图表、声音和影片等。如果要修改母版,就会影响所有基于母版的幻灯片。但如果手工对幻灯片进行了某些修改(如对文本块着色),这些修改将保留,即幻灯片母版中的设置不对手工修改起作用。

母版可以分为三种类型:幻灯片母版、讲义母版、备注母版。

1. 幻灯片母版

(1)修改幻灯片母版。

操作 第一步,单击"视图"菜单→"母版"→"幻灯片母版",出现如图5—37所示的幻灯片母版。

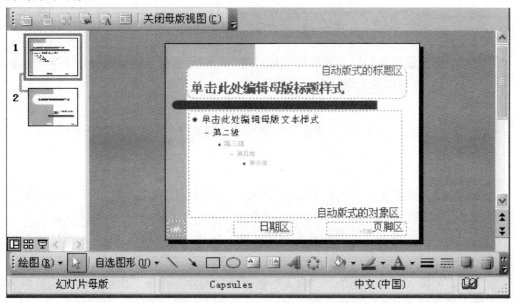

图5—37 幻灯片母版

第二步,根据母版上的提示在母版上设置标题样式、文本样式,如字符格式、段落格式等。

幻灯片上的文本以分层结构进行显示,逐级缩进一个层次,在幻灯片母版中,通过格式工具栏的减少缩进量按钮"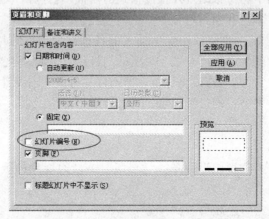"和增加缩进量按钮"　"，可设置或修改分层结构。

　　通常，要进行全局修改时，只需在样式区域内单击或选定一个文本对象，然后对字形、字号、颜色或效果进行修改。这些修改是能在母版上立即看到应用效果的。

　　屏幕上的幻灯片缩略图可以让用户看到修改后的效果。对幻灯片母版所做的任何修改，都将应用于当前的整个演示文稿（除了那些手工修改的格式外），并应用到新的幻灯片中。

　　单击浮动的母版工具栏上的"关闭"按钮，将返回到幻灯片视图。

　　（2）为幻灯片母版设置页脚。

　　操作　第一步，单击"视图"菜单→"页眉和页脚"命令，打开"页眉和页脚"对话框（见图5—38）。

图 5—38　"页眉和页脚"对话框

　　第二步，根据需要为幻灯片添加日期和时间、幻灯片编号，固定的显示文字等。如选中"幻灯片编号"，可以在幻灯片上显示编号。

　　注　意　在备注母版和讲义母版中除了可以设置页脚外，还可以设置页眉。

　　（3）在母版中插入对象。

　　在母版中插入的对象，会在整个演示文稿的所有幻灯片上都显示，如在演示文稿的每张幻灯片上都显示公司的 logo 就可以通过本操作实现。

　　操作　第一步，单击"视图"菜单→"母版"→"幻灯片母版"，进入幻灯片母版编辑状态。

　　第二步，如插入图片，则单击"插入"菜单→"图片"命令，选定要插入的剪贴画或图片文件。插入其他对象的操作类似。

　　（4）为母版设置背景。

　　操作　第一步，单击"格式"菜单→"背景"命令，弹出"背景"对话框（见图5—35）。

　　第二步，从下拉列表中选择相应的颜色或背景。

第三步，单击"全部应用"按钮，选定的颜色将应用到当前演示文稿的所有幻灯片中（相当于对母版设置了背景）；单击"应用"按钮，选定的颜色只应用到当前选定的幻灯片中。

在"背景"对话框中，选中"忽略母版的背景图形"多选框，单击"全部应用"按钮，在幻灯片视图下，演示文稿中的所有的幻灯片上的背景（包括在母版中添加的图片、页眉页脚等）将不显示；单击"应用"按钮，只有当前选中的幻灯片的背景不显示。

2. 备注母版

如果要在备注页中添加图形，则需向备注母版进行添加。

操作 第一步，单击"视图"菜单→"母版"→"备注母版"，进入备注母版编辑状态（见图 5—39）。

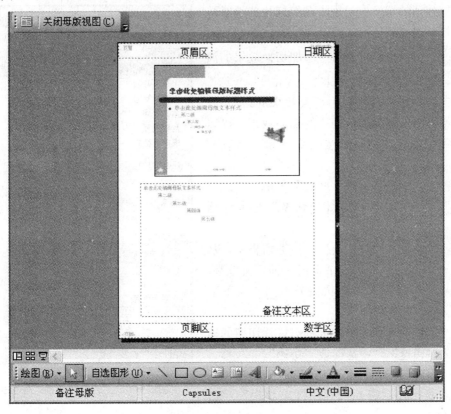

图 5—39 备注母版

第二步，根据需要在备注母版上添加剪贴画、文本、页眉或页脚、日期、时间、页码等。

注 意 在备注母版上添加的项目，如剪贴画、文本、页眉或页脚、日期、时间、页码等，只有在打印时，"将打印内容"设置为"备注页"时才出现，而在备注窗格及幻灯片放映时，添加的项目均不出现。

除了可以在备注窗口中添加备注信息外，还可以单击"视图"菜单→"备注页"，切换到备注页视图，添加备注信息。

对讲义母版的设置同幻灯片母版和备注母版。

5.4　PowerPoint 动画操作

幻灯片动画设计包括两方面的内容：在各幻灯片之间进行切换时的动画效果设计；在一张幻灯片中对不同对象的动画效果设计。

5.4.1　设置幻灯片间切换的动画效果

幻灯片间的切换方式是指在幻灯片放映时从一张幻灯片播放到下一张幻灯片的方式。

操作　第一步，打开希望添加切换效果的演示文稿，进入幻灯片浏览视图。

第二步，选中希望应用切换效果的幻灯片。如果想给多个幻灯片应用同样的切换效果，可以在单击每张幻灯片的同时按住 Ctrl 键，将它们选定。

第三步，单击"幻灯片放映"菜单→"幻灯片切换"命令，打开"幻灯片切换"任务窗格（见图 5—40）。

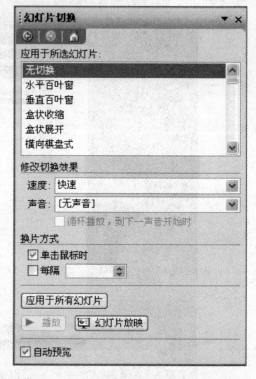

图 5—40　"幻灯片切换"任务窗格

第四步，在"幻灯片切换"任务窗格中，从"应用于所选幻灯片"列表中选定一种切换效果，如"水平百叶窗"、"盒状展开"、"向下插入"等。

在"速度"列表栏中，可将幻灯片切换的速度设置为"慢速"、"中速"或"快速"。

在"声音"列表栏中，为幻灯片切换增加同步音响效果，如"爆炸"、"打字机"、"鼓掌"等。

在"换片方式"区，可通过复选框设置幻灯片何时进行切换，方式可以是单击鼠标时切换和按设置的时间切换。

第五步，单击"幻灯片放映"按钮，可观看所设置的幻灯片间的切换效果。

5.4.2　设置幻灯片内的动画效果

如果在一张幻灯片中要对文本或对象设置动画效果，可采用"动画方案"和"自定义动画"两种方式进行。

"动画方案"是系统将一些典型的动画效果设计成动画方案，供用户选用，这种方法方便、快捷。

"自定义动画"可按用户要求设计出更复杂、更合理的动画。

动画设计一般在"普通视图"方式下进行。

1. 使用"动画方案"

操作　第一步，选中幻灯片中要使用"动画方案"效果的对象。

第二步，单击"幻灯片放映"菜单→"动画方案"命令，给出"动画方案"任务窗格（见图5—41）。

第三步，从"应用于所选幻灯片"列表中选定一种动画方案，如"依次渐变"、"向内溶解"等。

第四步，单击"播放"或"幻灯片放映"按钮来观看动画效果。

2. 设置"自定义动画"

PowerPoint 共定义了四种动画类型，分别是"进入"、"强调"、"退出"和"动作路径"。每类动画下又包含了多种动画效果。如"进入"动画类型下，包含有"百叶窗"、"擦除"、"飞入"等动画效果。

（1）为对象添加动画。

操作　第一步，选中需要设置动画效果的对象（如文本框、图形、图表、艺术字等）。

第二步，单击"幻灯片放映"菜单→"自定义动画"命令，打开"自定义动画"任务窗格（见图5—42）。

第三步，单击"添加效果"按钮，从下拉列表中选择一种动画类型以及该类型下的动画效果。

第四步，为所选动画效果设置相关参数。

※"开始"：启动动画的方式。有"鼠标单击时"、"之前"、"之后"三种方式。

※"方向"：动画播放时的方向。某些动画在表现时具有方向性。如"百叶窗"动画，其方向可以是"水平"的，也可以是"垂直"的。不同的动画效果，其方向参数也不同。

※"速度"：动画播放时的速度。有"非常慢"、"慢速"、"中速"、"快速"、"非常快"五种速度。

第五步，单击"播放"或"幻灯片放映"按钮观看动画效果。

在图5—42所示的动画列表框中，分别设置了三个

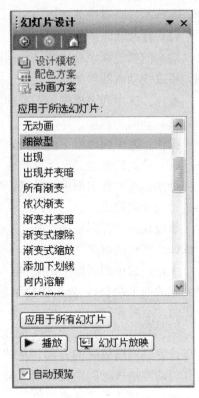

图 5—41　　"动画方案"任务窗格

图 5—42　　"自定义动画"任务窗格

动画。当单击"播放"按钮时，动画在幻灯片编辑状态下播放；若单击"幻灯片放映"按钮，动画在放映视图下播放。

（2）修改动画的播放顺序。

动画的播放顺序是按照动画前面的序号由低向高依次播放，通过两个"重新排序"按钮，可改变动画的顺序。

操作：选中列表框中的一个动画，单击"⬆"或"⬇"按钮，改变其动画顺序。

（3）动画的删除。

操作：选中列表框中的动画，直接按 Delete 键。

（4）动画的修改。

操作：选中列表框中的动画，"添加效果"按钮变成"更改"按钮，单击此按钮，直接进行动画的修改。

修改动画过程同添加动画。

（5）其他动画选项。

操作：选中列表框中的动画，单击鼠标右键（或单击动画右侧的向下箭头），弹出快捷菜单（见图 5—43，当前动画效果为"百叶窗"）。

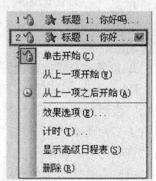

图 5—43   "效果"选项卡

"效果选项"命令：给出"效果"选项卡（见图 5—44）。可以设置动画播放时的方向；从"声音"列表中选择一种声音作为动画播放时的声音；设置动画在"动画播放后"的状态，可以选择变成"其他颜色"、"不变暗"（默认）、"播放动画后隐藏"、"下次单击后隐藏"；还可以设置文本在动画播放时的表现，可以"整批发送"、"按字/词"、"按字母"。

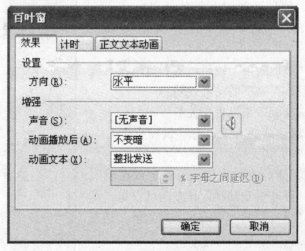

图 5—44   "效果"选项卡

"计时"命令：给出"计时"选项卡（见图 5—45）。可设置启动动画方式；延迟几秒开始播放动画；播放速度；是否重复播放，播放次数是多少等。

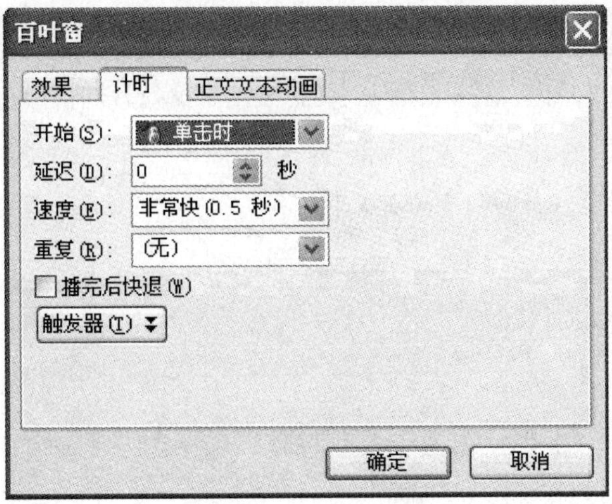

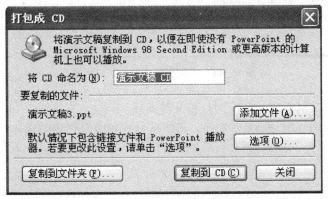

图 5—45　"计时"选项卡

5.5　PowerPoint 文件的打包操作

PowerPoint 2003 新增了一个"打包成 CD"功能，用于制作演示文稿 CD，以便能在其他计算机上演示。

PowerPoint 的打包功能可以将演示文稿的所有文件、链接文件以及 PowerPoint Viewer 播放器打包在 CD 中，因此，在一台没有安装 PowerPoint 的计算机上也能播放该演示文稿。

操作　第一步，单击"文件"菜单→"打包成 CD"命令，出现"打包成 CD"对话框（见图 5—46）。

图 5—46　"打包成 CD"对话框—1

第二步，在"将 CD 命名为"文本框中，为 CD 输入一个的名字；如要添加其他演示文稿，则单击"添加文件"按钮，弹出"添加文件"对话框，从中选择一个文件，单击"添加"按钮，返回"打包成 CD"对话框（见图 5—47）。

第三步，还可以单击"添加"按钮，继续向打包文件中添加演示文稿。通过演示文稿

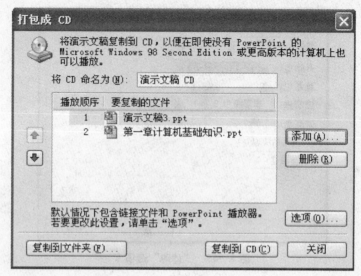

图5—47   "打包成 CD"对话框—2

列表框左侧的上下箭头可以改变演示文稿的播放顺序。

第四步，开始打包操作。

※ 单击"复制到文件夹"按钮，打开"复制到文件夹"对话框（见图5—48），单击"浏览"按钮，确定打包文件的保存位置，也可设置打包文件夹名。单击"确定"按钮，开始文件打包操作。

※ 把 CD 读写盘放入刻录机中，单击"复制到 CD"按钮，开始自动打包刻盘。

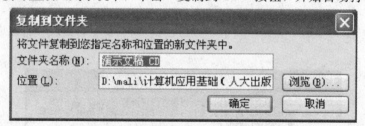

图5—48   "复制到文件夹"对话框

第五步，演示文稿播放。定位到打包文件夹或 CD 盘，直接双击 play. bat 文件，将开始播放幻灯片；双击 pptview.exe 文件，还要从打开的窗口列表中选择打包文件中的 .ppt 文件进行播放。

【本章小结】

本章介绍了 PowerPoint 的基本功能以及窗口组成，对 PowerPoint 的基本操作进行了详细介绍，重点介绍了演示文稿的创建、版式和设计模板的相关概念及操作、视图的相关概念及操作，以及如何在幻灯片中插入各种对象；介绍了幻灯片的背景设置及母版设置的相关操作；介绍了幻灯片间切换效果以及幻灯片内动画效果的设置操作；介绍了对演示文稿的打包操作。

【习题】

一、简答题

1. PowerPoint 提供的幻灯片母版有几种？请写出它们的名字。

2. 在幻灯片浏览视图中，主要能对幻灯片进行哪些操作？

3. 简述创建演示文稿的方法（至少说出三种）。

4. PowerPoint 提供的视图有几种？写出它们的名字。

5. 简述如何插入一张新的幻灯片？

6. 在幻灯片视图下如何增加文本框？

7. 在幻灯片视图下最方便进行的操作有哪些？

二、单选题

1. 在 PowerPoint 中，对幻灯片的重新排序，添加和删除幻灯片以及演示文稿整体构思都特别有用的视图是_____。

A. 幻灯片视图　　B. 幻灯片浏览视图　　C. 大纲视图　　D. 备注页视图

2. 在 PowerPoint 的浏览视图下，使用快捷键_____＋鼠标拖动可以进行复制对象操作。

A. Shift　　　　B. Ctrl　　　　C. Alt　　　　　D. Alt ＋ Ctrl

3. 在 PowerPoint 中，当在幻灯片中移动多个对象时_____。

A. 只能以英寸为单位移动这些对象

B. 一次只能移动一个对象

C. 可以将这些对象编组，把它们视为一个整体

D. 修改演示文稿中各个幻灯片的布局

4. 在 PowerPoint 的数据表中，数字默认是_____。

A. 左对齐　　　　B. 右对齐　　　　C. 居中　　　　D. 两端对齐

5. 在 PowerPoint 中，插入 SWF 格式的 Flash 动画的方法是_____。

A. "插入"菜单中的"对象"命令　　B. Shockwave Flash Object 控件

C. 设置文字的超链接　　　　　　　D. 设置按钮的动作

6. 在 PowerPoint 中，停止幻灯片播放的快捷键是_____。

A. Enter　　　B. Shift　　　C. Ctrl　　　D. Esc

7. PowerPoint 中选择了某种"设计模板"，幻灯片背景显示_____。

A. 不改变　　　B. 不能定义　　　C. 不能忽略模板 D. 可以定义

8. 在 PowerPoint 中，当在一张幻灯片中将某文本行降级时_____。

A. 降低了该行的重要性　　　　B. 使该行缩进一个大纲层

C. 使该行缩进一个幻灯片层　　D. 增加了该行的重要性

9. 在 PowerPoint 自定义动画中，可以设置_____。

A. 隐藏幻灯片　B. 动作　　　C. 超链接　　　D. 动画重复播放的次数

10. 演示文稿中，超链接中所链接的目标可以是_____。

A. 幻灯片中的图片　　　　　B. 幻灯片中的文本

C. 幻灯片中的动画　　　　　D. 同一演示文稿的某一张幻灯片

三、操作题

1. 在自己的文件夹（如 D：\student）下新建一个 PPT 文件，并按要求完成以下操作：

（1）制作 3 张幻灯片，将第 1 张幻灯片版式设置成"标题和竖排文字"；标题输入"PowerPoint 练习"，竖排文字输入"操作练习"

（2）第 2 张幻灯片使用"空白"版式，使用垂直文本框输入文字"输入练习"，并插入任意一张剪贴画。

（3）第 3 张幻灯片使用"标题、文本与内容"版式，在该页插入任意一张图片，并制作一个 3×4 的表格，表格内容随意。

完成以上操作后，将该文件以 Exp1.ppt 文件名保存到文件夹。

2. 将上例的 Exp1.ppt 文件复制到一个新文件 Exp2.ppt 上，并打开 Exp2.ppt，按要求完成以下操作：

（1）在第 1 张幻灯片中插入自选图形"八角星"，并为图形添加文字"八角星"，设置自定义动画效果为快速"棋盘"效果；

（2）将演示文稿的全部幻灯片片间切换效果设置为水平百叶窗，片间间隔 2 秒；

（3）进行幻灯片放映并观察效果。

完成以上操作后，将该文件以原文件名保存在文件夹下。

第六章

计算机网络基础

【学习重点】

请使用 3 学时学习本章内容，着重掌握以下知识点：
- ⊙ 网络的概念、发展、基本拓扑结构、网络协议及网络的组成和功能。
- ⊙ Internet 的概念、作用、应用和特点，IP 地址、网关、子网掩码、域名的基本概念。
- ⊙ 局域网和拨号网络的使用。

【考试要求】

1. 了解　网络的形成与发展；网络按覆盖范围的基本分类；常见的网络拓扑结构；局域网的特点与功能；广域网的概念和基本组成；Internet 的发展历史；Internet 的作用与特点；IP 地址、网关和子网掩码的基本概念；Internet 提供的常规服务；通过代理服务器访问 Internet 的方法；网络检测的简单方法。

2. 理解　网络协议的基本概念；局域网的基本组成；TCP/IP 网络协议的基本概念；域名系统的基本概念；通过局域网接入 Internet；通过拨号网络接入 Internet。

3. 掌握　设置共享资源的基本操作。

　　计算机网络是计算机技术和通信技术紧密结合的产物，它涉及计算机与通信两个领域。它的诞生使计算机体系结构发生了巨大变化。计算机网络在当今社会经济中起着非常重要的作用，对人类社会的进步作出了巨大贡献。

6.1 计算机网络基本知识

6.1.1 计算机网络基本概念

计算机网络是现代计算机技术和通信技术密切结合的产物，是适应社会对信息共享和信息传递的要求而发展起来的。

人类社会已经进入了信息时代。信息是当今世界最重要的资源之一，和其他资源相比，信息资源最主要的特点是它在使用中不但不会被损耗，反而会通过交流和共享得到增值。

要充分利用信息资源，就离不开处理信息和传输信息的高科技手段，处理信息的计算机和传输信息的计算机网络就是在这样的社会需求背景下成了信息时代的基础。

随着计算机技术的普及，人们既希望能共享信息资源，也希望各计算机之间能相互传递信息，这使得计算机技术向网络化方向发展，将分散的计算机连接成网络。

所谓计算机网络，就是将分布在不同地理区域且具有独立功能的多台计算机或计算机系统，利用通信设备和线路相互连接起来，在网络软件（如网络协议、网络操作系统等）的支持下进行数据通信，实现资源共享的计算机系统的集合（如局域网、广域网、网际网）。所以说，计算机网络是现代通信技术与计算机技术密切结合的产物（见图 6—1）。

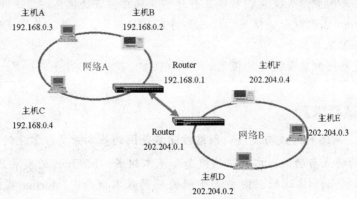

图6—1　计算机网络图示

目前计算机网络已得到了广泛的应用，如网上教学、网上书店、网上购物、网上订票、网上银行、网上医院、网上证券交易、虚拟现实以及电子商务正逐渐走进普通百姓的生活、学习和工作中。

1. 计算机网络的定义

计算机网络有以下三个方面的含义：

第一，必须有两台或两台以上具有独立功能的计算机或计算机系统相互连接，以达到资源共享的目的。

第二，必须有一条通道，这条通道的连接是物理的，由物理介质来实现。

第三，计算机系统之间的信息交换，必须有某种约定和规则，即协议。这些协议可以由硬件或软件来完成。

因此，我们可以把计算机网络归纳为：把分布在不同地点且具有独立功能的多个计算机系统通过通信设备和线路连接起来，在功能完善的网络软件和协议的管理下，以实现网络中资源共享为目标的系统。

网络中所有计算机都可以访问网络中的文件、程序、打印机和其他各种服务（统称资源），可以通过功能完善的网络软件（即网络通信协议、信息交换方式及网络操作系统等）实现网络中的资源共享和信息传递。

2. 计算机网络的组成

计算机网络有两大基本功能：数据处理和数据通信。因此，计算机网络从结构上可分为负责数据处理的计算机与终端，以及负责数据通信的通信处理机与通信线路。

计算机网络主要由资源子网和通信子网组成（见图 6—2）。

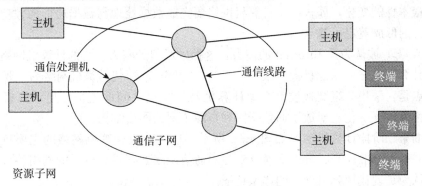

图 6—2　计算机网络组成

（1）资源子网。

功能：负责全网的数据处理，向网络用户提供各种网络资源与网络服务。

构成：由用户计算机系统（包括主机、终端、终端控制器、联网外设）以及用于共享的软件资源和信息资源组成，是网络共享资源的提供者和使用者。其中主机是资源子网的主要组成单元，通过高速通信线路与通信子网的通信控制处理机相连接。

（2）通信子网（也称为数据通信网）。

功能：为资源子网实现资源共享提供通信服务。用于完成网络数据传输、存储转发、差错控制、流量控制、路由选择、网络安全、流量计费等通信处理任务。

构成：由通信设备（主要是交换机、集线器、路由器）和通信线路（双绞线、同轴电缆、光纤等）组成的数据通信系统。通信设备在网络中被称为网络节点，通信线路为通信设备之间提供传输通道。

3. 计算机网络的形成与发展

一般来讲，计算机网络的发展过程可大致分为以下四个阶段。

（1）第一阶段（20 世纪 50 年代～60 年代）：面向终端、以主机为中心的远程联机系统。

第一阶段的计算机网络也称为计算机通信网络，其特征是计算机与终端互连，实现远程访问。

在这一阶段的计算机网络中，主机是网络的控制中心，终端围绕着中心分布在各处，主机的主要任务是进行批处理。人们利用通信线路、集中器、多路复用器以及公用电话网等设备，将一台主机与多台用户终端相连接，用户通过终端命令以交互的方式使用主机系统，从而将单一主机系统的各种资源分散到每个用户手中。

存在的主要问题是：多个用户只能共享一台主机资源。

（2）第二阶段（20世纪60年代～70年代前期）：多台主机互联的通信系统。

第二阶段的计算机网络也称为计算机通信系统，其特征是计算机与计算机互连。

20世纪60年代中期，英国的Davies提出了分组（Packet）的概念，使计算机的通信方式由终端与计算机的通信发展到计算机与计算机之间的通信。

到了60年代末期，美国国防部高级研究计划署（ARPA）的计算机分组交换网AR-PANET投入运行。ARPANET连接了美国位于四所大学的四个节点的计算机。

ARPANET的建立标志着计算机网络的发展进入了一个新纪元，使计算机网络的概念发生了根本性的变化，即表明了计算机网络要完成数据处理与数据通信两大功能，从而为Internet的形成奠定了基础。

ARPANET被认为是Internet的前身，这种以通信子网为中心的计算机网络比最初面向终端的计算机网络的功能扩大了很多，成为20世纪70年代计算机网络的主要形式。

其特点是：采用分组交换技术实现计算机与计算机之间的通信，使计算机网络的结构、概念都发生了变化，形成了通信子网和资源子网的网络结构。

典型的第二阶段计算机网络如图6—3所示。这一阶段计算机网络的主要特点是：资源的多向共享、分散控制、分组交换、专门的通信控制处理机、分层的网络协议，这些特点往往被认为是现代计算机网络的典型特征。

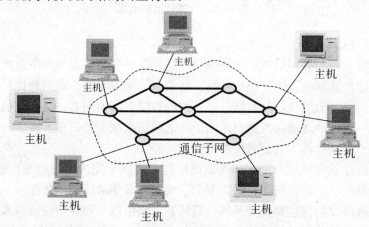

图6—3   以通信子网为中心的计算机网络

（3）第三阶段（20世纪70年代中期～80年代末期）：国际标准化的计算机网络。

第三阶段的计算机网络也称为现代计算机网络，其特征是网络体系结构的形成和网络协议的标准化。

20世纪70年代中期，计算机网络开始向体系结构标准化的方向迈进。

20世纪80年代，随着微机的广泛使用，局域网获得了迅速发展。美国电气与电子工程师协会（IEEE）为了适应微机、个人计算机（PC）以及局域网发展的需要，于1980年

2月在旧金山成立了IEEE802局域网络标准委员会，并制定了一系列局域网标准。

这一阶段典型的标准化网络结构如图6—4所示，通信子网的交换设备主要是路由器和交换机。

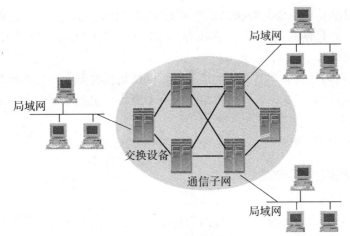

图6—4　标准化网络结构示意图

其特点是：在计算机通信系统的基础上，重视网络体系结构和协议标准化的研究，建立全网统一的通信规则，用通信协议软件来实现网络内部及网络与网络之间的通信，通过网络操作系统对网络资源进行管理，极大地简化了用户的操作，使计算机网络能够为用户提供透明服务。

在此阶段，局域网技术出现突破性进展。

（4）第四个阶段（20世纪90年代以来）：以下一代互联网络为中心的新一代网络。

进入20世纪90年代，随着计算机网络技术的迅猛发展，特别是1993年美国宣布建立国家信息基础设施（National Information Infrastructure，NII）后，世界许多国家纷纷制定和建立了本国的NII，从而极大地推动了计算机网络技术的发展，使计算机网络进入了一个崭新的发展阶段，即进入了计算机网络互连与高速网络阶段（见图6—5）。

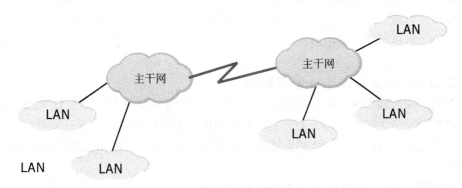

图6—5　网络互连与高速网络的基本模型

经过多年发展后，第一代互联网在全面成熟的同时，其技术体系中存在的诸多缺陷导致了互联网高速发展中的一系列严峻问题，其中最紧迫的就是地址空间问题，这些很难在现有技术体系下通过有限的改良得到解决。因此，人们提出了下一代互联网NGI的研究，希望通过一些革命性的技术发展，解决互联网在管理、安全、服务质量以及规模和性能可扩展性方面存在的问题。

第一代互联网是建立在 IPv4 协议基础上的，下一代互联网的核心将是 IPv6 协议。尽管设计 IPv6 的最初动机主要是解决地址空间日益紧张的问题，但是人们希望它同时能够解决目前 Internet 上存在的、IPv4 难以解决的一些重大问题，包括安全、服务质量（QoS）、移动计算等。

下一代互联网络具有非常巨大的地址空间，网络规模将更大，接入网络的终端种类和数量更多，网络应用更广泛，它将提供给我们一个更快、更安全、更及时、更方便、更可管理、更有效的互联网络。

6.1.2　计算机网络的分类

计算机网络的分类方法很多，如按网络分布范围、网络交换方式分类等。

按网络分布范围（地理范围）划分，根据网络覆盖范围和计算机之间的距离通常将计算机网络分为局域网、城域网、广域网和互联网等。

按网络交换方式分类，计算机网络可以分为电路交换网、报文交换网和分组交换网三种。

除了以上两种分类方法外，还可按采用的传输介质分为双绞线网、同轴电缆网、光纤网、无线网；按网络传输技术可分为广播式网络和点到点式网络；按所采用的拓扑结构可分为星型网、总线网、环型网、树型网和网状网；按信道的带宽可分为窄带网和宽带网；按不同的用途可分为科研网、教育网、商业网、企业网等。下面具体介绍局域网、城域网、广域网和互联网。

1. 局域网（Local Area Network，LAN）

局域网是最常见的计算机网络，是在一个很小的地理范围内，比如一间房屋、一座建筑内，由两台以上的计算机组成的网络。

局域网一般是一个单位或部门架设的专用网络，它具有传输速度快、技术成熟等优点，是目前计算机网络中最活跃的分支，大多应用在公司、学校的计算机室和同一栋大楼的办公室。

2. 广域网（Wide Area Network，WAN）

广域网也称为远程网，覆盖范围可以从几百公里到几千公里，是在较大的地理范围内，比如几个城市之间，由许多大型主机系统相连接而组成的网络。

比较典型的广域网是全国性的系统网，如国内的专业银行网、中国教育科研网等都属于广域网。

3. 城域网（Metropolitan Area Network，MAN）

城域网介于局域网和广域网之间，一般覆盖范围在 10 公里左右，用于一个城市的计算机连接。

4. 互联网（Internet）

互联网分布在世界各地，它将成千上万个局域网和广域网相互连接，形成一个规模空前的超级计算机网络。

6.1.3　计算机网络拓扑结构

网络拓扑结构是指网络中的终端系统或工作站之间的互连方式，是网络中的计算机、传输线路和其他设备的物理布局，它规范了网络上各计算机之间的连接方式。

简单地说，网络拓扑结构就是指网络形状、网络连通性等。

常见的网络拓扑结构有总线型、星型、环型、树型、网状型。

1. 总线型拓扑结构

总线型拓扑结构采用一条公用通道作为主干线，网上的所有设备都通过相应的硬件接口直接连接到这条主干线上，这一公用信道称为总线。网络中各结点都通过总线进行通信，在同一时刻只能允许一对结点占用总线通信。

如图 6—6 所示，总线型的拓扑结构是最简单的组网方式。

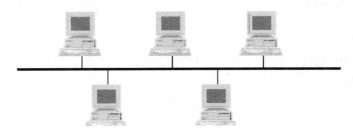

图 6—6　总线型拓扑结构

优点：

❋ 使用电缆较少，且安装容易。

❋ 使用的设备相对简单，可靠性高。

❋ 总线型拓扑结构的总线大都采用同轴电缆。

缺点：

❋ 各工作站地位平等，无中心节点控制，故障诊断困难。

❋ 总线中任一处发生故障将导致整个网络瘫痪。

2. 星型拓扑结构

每个计算机节点通过点对点链路连接到中心节点，而这种星型拓扑结构的中心节点通常是由集线器或者交换机来承担，网络中任意两个节点的通信都要通过中心节点转接，如图 6—7 所示。

由于所有的计算机都连接到中心节点上，所以网络规模较大时需要大量缆线。如果中心节点设备出现问题，会造成整个网络瘫痪。如果某台计算机或该机与中心节点相连的缆线出现问题，则只影响该计算机不能收发数据，网络其余部分工作正常。

星型网络是目前使用最为广泛的联网方式。它比总线型网络可靠，而且通过中心节点设备上的指示灯可以很容易判断网络上的连接故障。

优点：

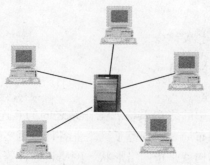

图 6—7   星型拓扑结构

❋ 网络的扩展容易。

❋ 控制和诊断方便。

❋ 访问协议简单。

缺点：

❋ 过分依赖中心节点。

❋ 成本高。

3. 环型拓扑结构

环型拓扑结构中的计算机连成环状，信号沿环的一个方向传播，依次通过每台计算机，如图 6—8 所示。

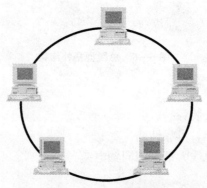

图 6—8   环型拓扑结构

与总线型拓扑结构不同的是，环型拓扑结构中的每台计算机都是一个中继器，把信号放大并传给下一台计算机。因为信号通过每台计算机，所以任何一台计算机或一条传输介质出现连接故障都会影响整个网络。

优点：

❋ 路由选择控制简单。信息流沿着一个固定的方向流动，两个站点间仅有一条通路。

❋ 电缆长度短。环型拓扑结构所需电缆长度和总线型拓扑结构相似，但比星型拓扑结构要短。

❋ 适用于光纤。光纤的传输速度高，而环型拓扑结构是单方向传输的，十分适用于光纤这种传输介质。

缺点：

❈ 节点故障会引起整个网络瘫痪。

❈ 故障诊断困难。

4. 树型拓扑结构

树型拓扑结构是星型拓扑结构的扩展，树型拓扑结构是分层结构，有根节点和分支节点。树型拓扑结构最上端的节点叫根节点，当一个节点发送信息时，根节点接收该信息并向全树广播。

树型拓扑结构易于扩展，也易于故障隔离，但对根节点依赖性太大，它适用于分级管理和控制系统（见图6—9）。

图6—9　树型拓扑结构

5. 网状型拓扑结构

网状型拓扑结构又称为无规则型结构。在网状型拓扑结构中，节点之间的连接是任意的，没有规律。

网状型拓扑结构的主要优点是系统可靠性高，但是结构复杂（见图6—10）。

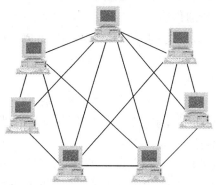

图6—10　网状型拓扑结构

6.1.4　网络协议基本概念

1. 网络体系结构

计算机网络的主要功能是资源共享和信息交换。要真正实现网络中的计算机与终端间正确传送信息和数据，它们之间就必须有共同的语言。交流什么、怎样交流及何时交流，都必须遵循某种互相都能接受的规则。这种约定或规则被称作协议（Protocol）。

所谓网络体系结构（Architecture）就是计算机网络各层次及其协议的集合。网络体系结构是从体系结构的角度来研究和设计计算机网络体系的，其核心是网络系统的逻辑构造和功能分配定义，即描述实现不同计算机系统之间互连和通信的方法和结构。通常采用结构化设计方法，将计算机网络划分成若干功能模块，形成层次分明的网络体系结构。

2. OSI 参考模型（开放系统互连标准）

世界上第一个网络体系结构是 1974 年由 IBM 公司提出的"系统网络体系结构"（SNA）。之后，许多公司纷纷提出了各自的网络体系结构。

图6—11　OSI 参考模型

国际标准化组织（ISO）在 1984 年 10 月 15 日正式颁布了 OSI 开放系统互连标准（Open System Interconnection/Reference Model，OSI/RM），简称 OSI。OSI 模型是一个开放的体系结构，它将网络分为七层，并规定了每层的功能（见图 6—11）。

OSI 七层协议描述了网络通信所需要的全部功能。每层都表示不同的功能，都直接为它的上一层提供服务，并且所有层次都互相提供支持。

3. 网络协议

网络协议是计算机网络中通信各方事先约定的通信规则的集合。例如通信双方以什么样的控制信号联络，发送方怎样保证数据的完整性和正确性，接收方如何应答等。网络协议是分层次的，因此，在同一个网络中可以有多种协议同时运行。

对 Windows 操作系统而言，它支持多种协议，其中主要支持以下协议。

（1）TCP/IP 协议。

TCP/IP 协议（Transmission Control Protocol/Internet Protocol，传输控制协议/网际协议）是 Internet 使用的主要通信协议。

TCP/IP 协议由传输控制协议 TCP 和网际协议 IP 组成，应用非常广泛，几乎所有的网络都支持 TCP/IP 协议。

（2）HTTP 协议。

HTTP（HyperText Transfer Protocol，超文本传输协议）协议是互联网上应用最为广泛的一种网络协议，它是客户端浏览器或其他程序与 Web 服务器之间的应用层通信协议。在 Internet 上的 Web 服务器上存放的都是超文本信息，客户机需要通过 HTTP 协议传输所要访问的超文本信息。HTTP 不仅用于 Web 访问，也可以用于其他因特网/内联网应用系统之间的通信，从而实现各类应用资源超媒体访问的集成。

（3）SMTP 协议。

SMTP（Simple Mail Transfer Protocol，简单邮件传输协议）协议是一种提供可靠且有效电子邮件传输的协议。SMTP 的一个重要特点是它能够在传送中接力传送邮件，即邮件可以通过不同网络上的主机接力式传送。工作在两种情况下：一是电子邮件从客户机传输到服务器；二是从某一个服务器传输到另一个服务器。SMTP 是个请求/响应协议，它监听 25 号端口，用于接收用户的邮件请求，并与远端邮件服务器建立 SMTP 连接。

（4）POP3 协议。

POP（Post Office Protocol，邮局协议）协议，用于电子邮件的接收，现在常用的是第三版，所以简称为 POP3。POP3 采用 C/S 工作模式，它规定怎样将个人计算机连接到 Internet 的邮件服务器并下载电子邮件的协议。它是因特网电子邮件的第一个离线协议标准，POP3 允许用户从邮件服务器上把邮件存储到用户的本地计算机上，同时删除保存在邮件服务器上的邮件，而 POP3 服务器则是遵循 POP3 协议的接收邮件服务器，用来接收并保存电子邮件的。

6.1.5 计算机网络系统的组成

计算机网络系统可分为三个部分：硬件系统、软件系统、网络信息。

1. 硬件系统

硬件系统是计算机网络的基础，由计算机和通信设备组成，硬件系统中设备的组合形式决定了计算机网络的类型，（见图 6—12）。

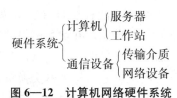

图 6—12 计算机网络硬件系统

下面介绍几种常用的硬件设备。

（1）服务器。

服务器（Server）是一台速度快、存储量大的计算机，它是网络资源的提供者。在局域网中，服务器对工作站进行管理并提供服务，是局域网系统的核心。在互联网中，服务器之间互通信息，相互提供服务，每台服务器的地位是同等的。

（2）工作站。

工作站（Work Station）又称客户机（Client）。当一台计算机连接到局域网上时，这台计算机就成为局域网的一个客户机。

工作站是一台台各种型号的计算机，它是用户向服务器申请服务的终端设备，用户可以在工作站上处理日常工作，并随时向服务器索取各种信息和数据，请求服务器提供各种服务。

客户机与服务器不同，服务器为网络上许多用户提供服务以共享它的资源，而客户机仅为操作该客户机的用户提供服务。

客户机是用户和网络的接口设备，用户通过它可以与网络交换信息，共享网络资源。客户机通过网卡、传输介质以及网络设备连接到网络服务器上。

（3）网络设备。

❈ 网络适配器（网卡）。

网络适配器（NIC，Network Interface Card）也就是俗称的网卡。网卡是计算机网络系统中最基本的、最重要的和必不可少的连接设备，计算机主要通过网卡接入计算机网络。网卡是安装在计算机主板上的电路板插件。一般情况下，无论是服务器还是工作站都应安装网卡。

网卡的作用是：将计算机与通信设施相连接，将计算机的数字信号转换成通信线路能够传送的电子信号或电磁信号。

❀ 调制解调器。

调制解调器（Modem）是一种信号转换装置。它可以把计算机的数字信号"调制"成通信线路的模拟信号，再将通信线路的模拟信号"解调"回计算机的数字信号。

调制解调器的作用是：将计算机与公用电话线相连接，使得计算机网络系统以外的计算机用户，能够通过拨号的方式利用公用电话网访问计算机网络系统。这些用户的计算机上可以不装网卡，但必须配备一个 Modem。

❀ 集线器。

集线器（HUB）是局域网中使用的设备，是网络的中心设备，它具有多个端口，可连接多台计算机。在局域网中常以集线器为中心，将所有分散的工作站与服务器连接在一起，形成星型拓扑结构的局域网系统。

❀ 交换机。

交换机是指能够在源端口和目标端口间提供直接、快速及准确的点到点连接的设备，它采用网络分段的方式增加网络的有效带宽，并优化网络的管理。

交换机的引入使每个网段上都只有小量的站点，从而可以有效地降低带宽的争用。

根据支持的网络技术不同，交换机可分为以太网交换机、快速以太网交换机、千兆位以太网交换机、FDDI 交换机、ATM 交换机、令牌环交换机等。

❀ 网桥。

网桥（Bridge）也是局域网使用的连接设备。网桥的作用是扩展网络的距离，减轻网络的负载。

在局域网中每条通信线路的长度和连接设备的数量都是有限度的，如果超载就会降低网络的工作性能。对于较大的局域网，可以用网桥将负担过重的网络分成多个网段。当信号通过网桥时，网桥会将非本网段的信号过滤，使网络信号能够更有效地使用信道，从而达到减轻网络负担的目的。

❀ 路由器。

路由器（Router）是互联网中使用的连接设备，用于连接多个逻辑上分开的网络。逻辑网络是指一个单独的网络或一个子网。当数据从一个子网传输到另一个子网时，可通过路由器来完成。因此，路由器具有判断网络地址和选择路径的功能。

路由器可以将两个网络连接在一起，组成更大的网络。被连接的网络可以是局域网也可以是互联网，连接后的网络都可以称为互联网。它与网桥不同（网桥互联的网络是一个单一的逻辑网络），互联的网络可以是多个不同的逻辑子网。它既可以连接同类网络，也可连接异构网络。

路由器的主要功能是：路由寻找和路由选择。

❀ 网关。

网关（Gateway）可以概括为能够连接不同网络软件和硬件的产品。

从原理上讲，网关的作用是通过重新封装信息以使它们能被另一个系统处理。网关可以设在服务器、微型计算机或大型计算机上。网关工作在 OSI 七层协议的传输层或更高层。网关主要用于连接不同体系结构的网络。

（4）计算机网络常用的传输介质。

目前局域网中常用的传输介质有：双绞线、同轴电缆、光纤。

❋ 双绞线。

双绞线是两根相互绝缘的铜芯导线按照规定的绞距呈螺旋状互相扭绞成一对，以提供稳定的导电性能的传输介质。

扭绞的目的是使对外的电磁辐射和遭受的外部电磁干扰减少到最小。

双绞线可分为屏蔽对绞线（STP）和非屏蔽对绞线（UTP）。

屏蔽对绞线是指含有屏蔽层的缆线（见图6—13）。它具有防止外来电磁干扰和防止向外辐射的优点；但存在重量重、体积大、价格贵和不易施工等缺点。

非屏蔽对绞线是不含有屏蔽层的缆线（见图6—14）。它具有重量轻、体积小、弹性好和价格适宜的优点；但也存在抗外界电磁干扰性能较差，安装时因受牵拉和弯曲易使其均衡绞距受到破坏，安全性较差等缺点。

图6—13 屏蔽双绞线

图6—14 非屏蔽双绞线

❋ 同轴电缆。

同轴电缆的结构由内向外分别是铜芯、绝缘层、金属网屏蔽层、保护套（见图6—15）。它的特点是：频率特性比双绞线好，能进行高速率传输。

❋ 光纤。

光纤是一种光传输介质，是光导纤维的简称。它由能传导光波的石英玻璃纤维（或塑料纤维）外加保护层构成。相对于金属导线来说具有重量轻、线径细的优点。

它的特点是：不受电磁干扰或噪声影响，光波间也不会相互干扰。因此，适宜长距离传输数据，安全性好，但价格较贵。

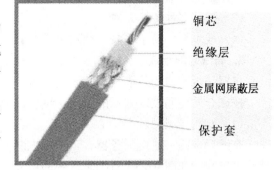

图6—15 同轴电缆

2. 软件系统

（1）网络系统软件。

网络系统软件包括网络操作系统和网络协议。

网络操作系统是控制和管理网络资源的软件。网络操作系统安装在服务器上。常用的网络操作系统有：NetWare系统、Windows NT系统、UNIX系统等。

网络协议是保证网络中两台设备之间正确传送数据的软件。网络协议一般是由网络系统决定的，网络系统不同，网络协议也不同。如 NetWare 系统的协议是 IPX/SPX，Windows NT 系统则支持 TCP/IP 等多种协议。

（2）网络应用软件。

网络应用软件是指能够为网络用户提供各种服务的软件。如浏览软件、传输软件、远程登录软件、电子邮件等。

3. 网络信息

在计算机上存储、传送的信息称为网络信息。它是计算机网络中最重要的资源。网络信息存储在服务器上，由网络系统软件对其进行管理和维护。服务器与服务器之间、网络与网络之间通过一定的网络协议传送信息。网络用户通过网络应用软件获取网络信息。

6.1.6　局域网的概念和基本组成

1. 局域网概念

局域网是在一个局部的地理范围内（如一个学校、工厂和企业内），将各种计算机、外部设备和数据库等互相连接起来组成的计算机通信网。局域网是封闭型的，可以由办公室内的两台计算机组成，也可以由一个公司内的上千台计算机组成。它可以通过数据通信网或专用数据网络，与远方的局域网、数据库或网络中心相连接，构成一个大范围的信息处理系统。

局域网的范围可以是同一办公室、同一建筑物、同一公司和同一学校等，一般是方圆几千米以内。局域网可以实现文件管理、应用软件共享、打印机共享、扫描仪共享、工作组内的日程安排、电子邮件和传真通信服务等功能。

局域网的主要特点：

（1）地域范围小，通常是一个办公室，一座楼或楼群内的计算机和设备的组网。

（2）数据传输速度快、传输质量高、误码率低。

（3）支持多种传输介质。

（4）成本低，易于安装，使用灵活。

2. 局域网的组成

按照局域网使用传输介质的不同，可以分为有线局域网和无线局域网。

按照介质访问控制方式的不同，可以分为共享式局域网和交换式局域网。

（1）有线局域网。

有线局域网一般由服务器、工作站、网卡、有线传输介质和网络设备（交换机或集线器）等组成。如图 6—16 所示是常规的局域网组网形式。

（2）无线局域网。

无线局域网（Wireless Local Area Network，WLAN）是一种基于 IEEE802.11n/b/g/a 标准，利用 WiFi 无线通信技术将 PC 等设备连接起来，构成可以互相通信、实现资源共享的网络。

所需组网设备：

✻ 无线网卡。无线网卡的作用和以太网中的网卡的作用基本相同，它作为无线局域网的接口，能够实现无线局域网各客户机间的连接与通信。

❀ 无线 AP（Access Point，接入点）。无线 AP 就是无线局域网的接入点、无线网关，它的作用类似于有线网络中的集线器或交换机。

❀ 无线天线。当无线网络中各网络设备相距较远时，随着信号的减弱，传输速率会明显下降以致无法实现无线网络的正常通信，此时就要借助于无线天线对所接收或发送的信号进行增强。

无线局域网的优点：

❀ 灵活性和移动性。在有线网络中，网络设备的安放位置受网络位置的限制，而无线局域网在无线信号覆盖区域内的任何一个位置都可以接入网

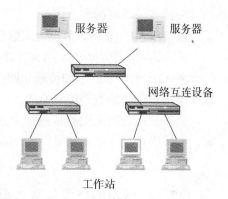

图 6—16　常规局域网组网形式

络。无线局域网另一个最大的优点在于其移动性，连接到无线局域网的用户可以移动且能同时与网络保持连接。

❀ 安装便捷。无线局域网可以免去或最大限度地减少网络布线的工作量，一般只要安装一个或多个接入点设备（AP），就可建立覆盖整个区域的局域网络。

❀ 易于进行网络规划和调整。对于有线网络来说，办公地点或网络拓扑的改变通常意味着重新建网。重新布线是一个昂贵、费时、浪费和琐碎的过程，无线局域网可以避免或减少以上情况的发生。

❀ 故障定位容易。有线网络一旦出现物理故障，尤其是由于线路连接不良而造成的网络中断，往往很难查明，而且检修线路需要付出很大的代价。无线网络则能很容易定位故障，只需更换故障设备即可恢复网络连接。

❀ 易于扩展。无线局域网有多种配置方式，可以很快从只有几个用户的小型局域网扩展到上千用户的大型网络，并且能够提供节点间"漫游"等有线网络无法实现的特性。

由于无线局域网有以上诸多优点，因此其发展十分迅速，已经在企业、医院、商场、工厂和学校等场合得到了广泛应用。

（3）共享式局域网。

在局域网中，连接各类计算机的网络设备既可以采用集线器（HUB）也可以采用交换机（Switch）。利用集线器连接的局域网称为共享式局域网，而利用交换机连接的局域网称为交换式局域网。

在共享式局域网中，由于集线器内部采用的是总线型结构，因此采用的介质访问控制方式是 CSMA/CD（载波监听多路访问/冲突检测）机制，这就使得共享式局域网存在的主要问题是所有用户共享同一带宽，每个用户的实际可用带宽随网络用户数的增加而递减。这是因为当信息繁忙时，多个用户都可能同时"争用"信道，而在某一时刻只允许一个用户占用信道，所以大量的计算机经常处于监听等待状态，致使信号在传送时产生抖动、停滞或失真，严重影响了网络的性能。

（4）交换式局域网。

在交换式局域网中，由于交换机提供给每个用户专用的信息通道，除非两个源端口企图将信息同时发往同一目的端口，否则各个源端口与各自的目的端口之间可同时进行通信而不会发生冲突。

交换式局域网的特点：

　❀ 网络中任意两个节点之间通信是独享带宽，不会影响网内其他计算机间的通信。

　❀ 采用星型拓扑结构，容易扩展，而且每个用户的带宽并不因为互连的设备增多而降低。

　❀ 由于消除了共享的传输介质，每个站点独自使用一条链路，不存在冲突问题，可以提高用户的平均数据传输速度。

交换式局域网无论是从物理上还是逻辑上都是星形拓扑结构，多台交换设备可以级联，构成多级星形结构（见图6—16）。

6.1.7　广域网的概念和基本组成

1. 广域网的概念

当计算机之间的距离较远时，如相隔几十或几百公里，甚至几千公里，局域网显然就无法完成计算机之间的通信任务。这时就需要另一种结构的网络，即广域网。

广域网是一种用来实现不同地区的局域网或城域网的互连，可提供不同地区、城市和国家之间的计算机通信的远程计算机网。

广域网通常能够跨接很大的物理范围，连接多个城市、国家或地区，并能提供远距离通信。因此对通信的要求高，也更复杂。

广域网覆盖的范围比局域网和城域网都广。广域网的通信子网主要采用分组交换技术。广域网的通信子网可以利用公用分组交换网、卫星通信网和无线分组交换网，它将分布在不同地区的局域网或计算机系统互连起来，达到资源共享的目的。

广域网一般最多只包含OSI参考模型的下三层，而且目前大部分广域网都采用存储转发方式进行数据交换。也就是说，广域网是基于报文交换或分组交换技术的（传统的公用电话交换网除外）。广域网中的交换机先将发送给它的数据包完整接收下来，然后经过路由选择协议（算法）找出一条输出链路，最后交换机将接收到的数据包发送到该链路上去，并被下一个交换机接收，以此类推，在经过多次交换机转发之后，数据包最终被转发到目的结点。

广域网可以提供面向连接和无连接两种服务模式，对应于两种服务模式，广域网有虚电路方式和数据报方式两种组网方式。

通常广域网的数据传输速率比局域网低，而信号的传播延迟却比局域网要大得多。除了使用卫星的广域网外，几乎所有的广域网都采用存储转发机制。

广域网的主要特点

（1）适应大容量与突发性通信的要求。

（2）适应综合业务服务的要求。

（3）开放的设备接口与规范化的协议。

（4）完善的通信服务与网络管理。

2. 广域网的组成

通常广域网由许多节点交换机和计算机所组成，其节点交换机称为包交换机（Packet Switch）或分组交换机，因为它能将完整的包从一个节点传送到另一个节点，并利用其输入/输出接口，构建许多不同的网络拓扑结构，如使用交换机的高速接口实现交换机间的互连，使用交换机的低速接口来连接计算机。

交换机是广域网的基本组成部分，一组交换机相互连接构成广域网。广域网是由一些节点交换机以及连接交换机的链路组成。节点交换机能够执行将分组存储转发的功能。节点交换机之间都是点到点的连接，但为了提高网络的可靠性，通常一个节点交换机往往与多个节点交换机相连。

图 6—17 表示相距较远的局域网通过路由器与广域网相连，组成了一个覆盖面很广的互联网。

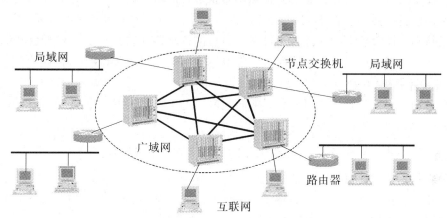

图 6—17　由局域网和广域网组成的互联网

从图 6—17 可看出，广域网通常由两个以上的局域网构成，这些局域网间的连接可以穿越较长的距离。大型的广域网可以由各大洲的许多局域网和城域网组成。最广为人知的广域网就是 Internet，它由全球成千上万的局域网和广域网组成。

在实际应用中，广域网可与局域网互连，即局域网可以是广域网的一个终端系统。组织广域网，必须按照一定的网络体系结构和相应的协议进行，以实现不同系统的互连和相互协同工作。

同时，我们也看到，广域网由许多交换机组成，交换机之间采用点到点的线路连接，几乎所有的点到点通信方式都可以用来建立广域网，包括租用线路、光纤、微波、卫星信道等。

6.1.8　设置网络共享资源的操作

在网络环境下，用户除了使用本地资源外，还可以使用网络中其他计算机的资源。只要用户有资源的使用权限，就可以使用这些资源，所以网络中的资源是可以共享的，即可以被多个用户使用。

1. 关于资源共享的几个概念

（1）共享。

Windows 中的共享是指将自己计算机上的资源（如文件夹和打印机等）提供给网络上其他用户使用，即用户在网络上所能访问的资源仅是那些已经设置了共享属性的资源，未设置共享属性的网上资源是不能直接访问的。

在网络上给任何一种资源设置共享属性时，必须要有一个供他人使用和识别的名称，这个名称称为该资源的共享名，但值得注意的是，若要在 Windows 中给文件设置共享，只能设置文件所在的文件夹，而不能单独对文件名进行共享设置。

共享的访问许可权限包括完全控制、读取和更改。

（2）资源共享。

资源共享是计算机网络的最主要功能之一。在 Windows 中的共享资源是指一切可供网络用户使用的资源，这些资源主要包括网络设备和网络数据库等，其中打印机是可以被共享的网络设备，而网络数据主要包括文件、文件夹等。对于 Windows 2000 用户来说，一般可以将本地计算机中的文件、文件夹、所有的驱动器（软盘驱动器和光盘驱动器、硬盘）及打印机设置为网络共享，同时，也能在本地网络中搜索和调用共享的网络资源。

2. 设置计算机标识

在局域网中，每一台计算机都必须有自己唯一的 IP 地址和标识，后面将介绍 IP 地址的概念及设置方法，下面介绍计算机标识的设置方法。

操作 第一步，在桌面"我的电脑"图标上单击鼠标右键，选择快捷菜单中的"属性"选项，弹出"系统特性"对话框。

第二步，选择"计算机名"选项卡（见图 6—18），在"计算机描述"文本框中可以为本计算机进行简单描述。

第三步，如果要重新命名计算机或加入某个域，单击"更改"按钮，弹出"计算机名称更改"对话框（见图 6—19）。修改计算机名或所隶属的工作组名称，单击"确定"按钮，此时重新启动计算机后，新设置的"计算机标识"即可生效。

也可以通过单击"网络 ID"按钮，在网络标识向导的引导下加入域并创建本地用户账号。

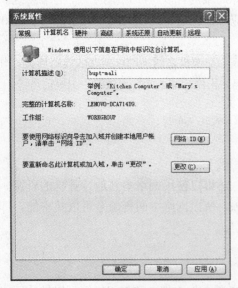
图 6—18 "计算机名"选项卡

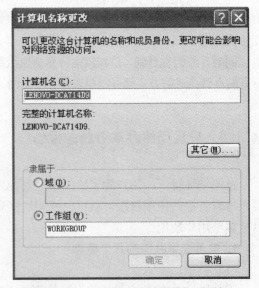
图 6—19 "计算机名称更改"对话框

3. 设置文件夹或驱动器共享

将本地计算机中的某个文件夹或驱动器设置为共享后，同一个工作组中的其他计算机就可以访问、存储甚至运行文件夹或驱动器中的资源。

下面以设置 E 盘下的"计算机应用基础文档"文件夹共享为例，说明设置文件夹或驱动器共享的具体操作步骤。

操作　第一步，选择需要共享的 E 盘下的"计算机应用基础文档"文件夹，单击鼠标右键，在弹出的快捷菜单中选择"共享和安全"命令，弹出"计算机应用基础文档属性"对话框（见图6—20）。

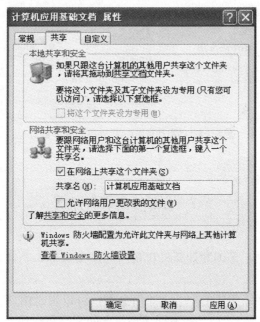

图 6—20　"共享"选项卡

第二步，在"共享"选项卡中，选中复选框"在网络上共享这个文件夹"，在"共享名"文本框中输入共享文件夹的名称，单击"确定"按钮。

如果共享的是驱动器，在"共享"选项卡上，单击"如果您知道风险，但还要共享驱动器的根目录，请单击此处"。其他操作同设置文件夹共享一样。

第三步，单击"确定"或"应用"按钮。该文件夹即被设置为共享，从文件夹列表中可看到共享文件夹的图标是用小手托着的文件夹（见图 6—21）。

图 6—21　共享文件夹图标

4. 设置打印机共享

操作　第一步，单击"开始"菜单→"打印机和传真"命令，打开"打印机和传真"对话框。

第二步，鼠标右键单击要共享的打印机，弹出该打印机的"属性"对话框。

第三步，在"共享"选项卡上，选中单选按钮"共享这台打印机"，并在"共享名"文本框中输入共享的打印机名。

第五步，单击"确定"或"应用"按钮。该打印机即被设置为共享打印机。

5. 访问网络中的共享资源

从"网上邻居"中打开某一用户或服务器的计算机名时，在该计算机上所有设置或共享的资源都会显示出来，这时可以像使用本地资源一样使用它们（见图6—22）。

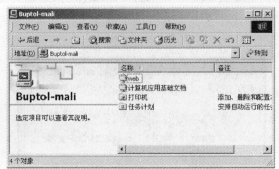

图6—22　网上邻居中某用户的共享信息

6.2　Internet 基本知识

Internet 又称因特网，是国际计算机互联网的英文简称，是世界上规模最大的计算机网络。

Internet 是由各种网络组成的一个全球信息网，可以说是由成千上万个具有特殊功能的专用计算机通过各种通信线路，把不同地理位置的网络在物理上连接起来的网络。

在英语中"inter"的含义是"交互的"，"net"是指"网络"。简单地讲，Internet 是一个计算机交互网络，又称网间网（或网际网）。它是一个全球性的巨大的计算机网络体系，它把全球数万个计算机网络、数千万台主机连接起来，包含了难以计数的信息资源，从而能够向全世界提供信息服务。

从网络通信的角度来看，Internet 是一个以 TCP/IP 网络协议连接各个国家、各个地区、各个机构的计算机网络的数据通信网。从信息资源的角度来看，Internet 是一个集各个部门、各个领域的各种信息资源为一体，供网上用户共享的信息资源网。

今天的 Internet 已经远远超过了网络的含义，它是一个信息社会的缩影。虽然至今还没有一个准确的定义来概括 Internet，但是这个定义至少应从通信协议、物理连接、资源共享、相互联系、相互通信等角度来综合加以考虑。

一般认为，Internet 的定义至少包含以下三个方面的内容：

※ Internet 是一个基于 TCP/IP 协议族的国际互联网。

※ Internet 是一个网络用户的团体，用户使用网络资源，同时也为该网络的发展壮大贡献力量。

※ Internet 是所有可被访问和利用的信息资源的集合。

Internet 是全世界最大的国际性计算机互联网络，目前已广泛应用于教育科研、政府军事、娱乐商业等许多领域。众多网络用户的参与使 Internet 成为宝贵的信息资源库。

6.2.1 Internet 的起源与发展

1. Internet 的起源

Internet 最初起源于美国国防部高级计划研究署（ARPA）在 20 世纪 60 年代建立的一个实验性网络 ARPANET。该网络将美国许多大学和研究机构中从事国防研究项目的计算机连接在一起，是一个广域网。

ARPANET 建网的初衷旨在帮助那些为美国军方工作的研究人员通过计算机交换信息，它的设计与实现基于这样的一种主导思想：网络必须能够经受住故障的考验，一旦发生战争，当网络的某一部分因遭受攻击而失去工作能力时，网络的其他部分应当能够维持正常通信。

1974 年美国国防部高级计划研究署研究并开发了一种新的网络协议，即 TCP/IP 协议（Transmission Control Protocol/Internet Protocol），使得连接到网络上的所有计算机能够相互交流信息。

2. Internet 的发展

20 世纪 80 年代局域网技术迅速发展。1981 年美国国防部高级计划研究署建立了以 ARPANET 为主干网的 Internet 网，1983 年 Internet 已开始由一个实验型网络转变为一个实用型网络。

1986 年美国国家科学基金会（NSF）网络 NSFNET 的建立是 Internet 发展史上的里程碑，它将美国的五个超级计算机中心连接起来，该网络使用 TCP/IP 协议与 Internet 连接。

NSFNET 建成后，Internet 得到了快速的发展。到 1988 年 NSFNET 已经接替原有的 ARPANET 成为 Internet 的主干网。1990 年，ARPANET 正式停止运行。

Internet 的第二次大发展得益于 Internet 的商业化。1992 年，专门为 NSFNET 建立高速通信线路的公司 ANS（Advanced Networks and Services）建立了一个传输速率为 NSFNET 30 倍的商业化的 Internet 骨干通道——ANSNET，Internet 主干网由 ANSNET 代替 NSFNET 是 Internet 商业化的关键一步。

随后出现了许多专门为个人或单位接入 Internet 提供产品和服务的公司——Internet 服务提供商（ISP，Internet Service Provider）。1995 年 4 月，NSFNET 正式关闭。

Internet 的商业化，开拓了其在通信、资料检索、客户服务等方面的巨大潜力，导致了 Internet 新的飞跃，并最终走向全球。近年来，随着 Internet 的不断发展，Internet 已经应用到各个国家的各个行业。Internet 为个人生活与商业活动提供了更为广阔的空间和环境。网络广告、电子商务、电子政务、电子办公已经为大家所熟悉。

Internet 的公众化主要体现在：Internet 用户的普及、Internet 应用范围的扩大。

3. Internet 在我国

与世界上一些发达国家相比，我国 Internet 起步比较晚，但发展非常迅速。

1987 年 9 月 20 日，中国科学院钱天白教授发出我国第一封电子邮件"越过长城，通向世界"，揭开了中国人使用 Internet 的序幕。1990 年 10 月，钱天白教授代表中国正式在国际互联网信息中心（InterNIC）的前身 DDN－NIC 注册登记了我国的顶级域名 CN。1994 年 5 月 21 日，在钱天白教授和德国卡尔斯鲁厄大学的协助下，中国科学院计算机网络信息中心完成了中国国家顶级域名（CN）服务器的设置，改变了中国的 CN 顶级域名服务器一直放在国外的历史。1994 年 4 月 20 日，我国通过 64kbps 国际专线正式连入 Internet，实现了与 Internet 的全功能连接。从此中国被国际上正式承认为真正拥有全功能 Internet 的国家。

因此，Internet 在我国的发展可分为以下两个阶段：

第一阶段：1987—1993 年，主要是理论研究与电子邮件服务。1990 年，我国启动中关村地区教育与科研示范网（NCFC），1992 年该网络建成，实现了中国科学院与北京大学、清华大学三个单位的互连。

第二阶段：1994 年至今，建立了国内的计算机网络并实现了与 Internet 的全功能连接。1994 年，NCFC 工程通过美国 SPRINT 公司连入 Internet 的 64K 国际专线开通，实现了与 Internet 的全功能连接。

到 1996 年底，我国的 Internet 已形成了四大主流网络体系，实现了互联互通。其中中科院网络——中国科技网（CSTNet）和中国教育科研网（CERNet）主要以科研和教育为目的，从事非经营性活动；中国公用计算机网（ChinaNet）和中国金桥信息网（ChinaGBN）属于商业性 Internet，以经营手段接纳用户入网，提供 Internet 服务。

（1）CERNet（中国教育科研网）。

1994 年 10 月，中国教育科研网工程启动，1995 年 12 月完成建设任务。在技术上，CERNet 建成包括全国主干网、地区网和校园网在内的三级层次结构的网络，CERNet 全国网络中心位于清华大学，分别在北京、上海、南京、广州、西安、成都、武汉和沈阳八个城市设立地区网络中心。目前 CERNet 已连接 800 多所大学和中学，上网人数达数百万之多。

（2）CSTNet（中国科技网）。

中国科技网是我国最早的国际因特网。1994 年 4 月，CSTNet 开通了我国第一条正式的 Internet 线路，并承担了中国最高级域名（cn）的运行管理。CSTNet 主要面向全国的科研、教育、政府、高科技企业等部门提供网络接入、主机托管、虚拟主机、域名注册等服务，目前网络已覆盖全国大部分省、市、自治区，是一个面向科技用户、科技管理部门及与科技有关的政府部门的全国性网络。

（3）ChinaNet（中国公用计算机网）。

中国公用计算机因特网是由原邮电部建设的网络，主要用于民用和商用。该网络目前已覆盖了全国 31 个省市。

（4）ChinaGBN（中国金桥信息网）。

中国金桥信息网由原电子工业部归口管理，是以卫星综合数字业务网为基础，以光纤、微波、无线移动等方式构成的天地一体的网络结构。它是一个把国务院、各部委专用网络与各省市自治区、大中型企业以及国家重点工程连接起来的国家经济信息网。

中国互联网络信息中心（CNNIC）2011 年 7 月在《中国互联网络发展状况统计报告》中公布了如下数据（截止到 2011 年 6 月底）：中国网民规模达到 4.85 亿，预计 2011 年年底将超过 5 亿，互联网普及率达到 36.2%。中国家庭电脑宽带上网网民规模达到 3.90 亿人，占家庭电脑上网网民的 98.8%。手机网民数量继续增长，达 3.18 亿。但网民规模整体增长减缓，商务应用、娱乐应用等增长亦有所放慢，与此不同，微博用户则呈现爆发式的增长，即时通讯工具或有可能超过搜索引擎成为最大网络应用。中国网民规模的增长，无疑预示着中国互联网广阔的市场前景，基于网络的应用将会越来越多，越来越丰富。

4. 下一代互联网络

（1）下一代互联网的提出。

下一代互联网（NGI）的提出主要是针对目前互联网技术体系中存在的诸多先天缺陷。这些缺陷已经导致了互联网高速发展中的一系列严峻问题，并且很难在现有技术体系下得到解决。因此，NGI 的实质是通过一些革命性的技术发展，解决互联网在管理、安全、服务质量以及规模和性能可扩展性方面存在的诸多问题。

现在的互联网是建立在 IPv4 协议基础上的，下一代互联网的核心将是 IPv6 协议。经过多年发展后，第一代互联网在全面成熟的同时，也逐渐显现出一些不足，其中最紧迫的就是 IP 地址空间枯竭问题。

在 20 世纪 90 年代初，人们就开始讨论新的互联网络协议。IETF 的 IPng 工作组在 1994 年 9 月提出了一个正式的草案"The Recommendation for the IP Next Generation Protocol"，1995 年年底确定了 IPng 的协议规范，并称为"IP 版本 6"，也就是我们常说的 IPv6，以此与现阶段使用的 IPv4（版本 4）相区别，在 1998 年又作了较大的改动。尽管设计 IPv6 的初衷主要是解决地址空间日益紧张的问题，但是人们希望它同时能够解决目前 Internet 上存在的、IPv4 难以解决的一些重大课题，包括安全、服务质量（QoS）、移动计算等。

到 1998 年年初，IPv6 协议的基本框架已经逐步成熟，并在越来越广泛的范围内得到实践。有关 IPv6 的所有讨论和建议，被称为 IP-the next generation（IPng）。由于 IPv4 向 IPv6 过渡的重要性，IETF 成立了专门的工作组—ngtrans—研究从现有的 IPv4 网络向 IPv6 网络的过渡策略和必要的技术。国际的 IPv6 试验网—6bone—也于 1996 年成立。现在，6bone 已经扩展到全球很多的国家和地区。

（2）国际下一代互联网的研究与发展。

美国不仅是第一代互联网全球化进程的推动者和受益者，而且在下一代互联网的发展中仍然处于领跑者的地位。1996 年，美国政府发起下一代互联网 NGI 行动计划，建立了下一代互联网主干网 vBNS；1998 年，美国下一代互联网研究的大学联盟 UCAID 成立，启动 Internet2 计划。作为美国的重要战略盟友，加拿大政府也提出并支持了 CANet 发展计划，目前已经历 4 次大规模的升级。

美国在下一代互联网发展中的垄断地位已经引起许多发达国家的关注。2001 年，欧共体正式启动下一代互联网研究计划，建立了横跨 31 个国家的主干网 GéANT，并以此为基础全面开展下一代互联网各项核心技术的研究和开发。

日本、韩国和新加坡三国在 1998 年发起建立"亚太地区先进网络 APAN"，加入到下一代互联网的国际性研究中。日本目前在国际 IPv6 的科学研究乃至产业化方面占据国际领先地位。

（3）中国下一代互联网的研究与 CNGI。

1998 年，清华大学依托 CERNET，建设了中国第一个 IPv6 试验床，应该说，这是中国开始下一代互联网最有标志性意义的事件。1999 年，即开始试验分配 IPv6 地址。在"九五"期间，中国政府即对下一代互联网研究给予大力支持，启动了一系列科研乃至产业发展计划。

2000 年底，在国家自然基金委的支持下，"中国高速互联研究实验网络（NFCnet）"项目启动，建设了我国第一个地区性下一代互联网试验网络。该项目连接了清华大学、北京大学、北京航空航天大学、中科院、国家自然基金委等 6 个节点，并与世界上下一代互联网连接。

2003 年 8 月，国家发改委批复了"中国下一代互联网示范工程 CNGI 示范网络核心网"建设项目可行性研究报告，该项目正式启动。国家同意由 CERNet 建设中国下一代互联网示范工程中最大的、也是唯一学术的核心网 CERNet2（第二代中国教育和科研计算机网）。

CNGI 的启动体现了我国政府高度重视下一代互联网研究的标志性项目，是从政府层面推动下一代互联网研究与建设的基础项目，对全面推动我国下一代互联网研究及建设有重要意义。

2004 年 3 月 19 日，CERNet2 试验网正式开通，为 CNGI-CERNet2 的建设做好了充分的前期准备。

2004 年 12 月 25 日，CNGI 核心网 CERNet2 正式开通。这也是目前世界上规模最大的纯 IPv6 互联网，引起了世界各国的高度关注。

CERNet2 是中国下一代互联网示范工程 CNGI 最大的核心网和唯一的全国性学术网，也是目前所知世界上规模最大的采用纯 IPv6 技术的下一代互联网主干网。CERNet2 主干网采用纯 IPv6 协议，为基于 IPv6 的下一代互联网技术提供了广阔的试验环境。CERNET2 还将部分采用我国自主研制具有自主知识产权的世界上先进的 IPv6 核心路由器，将成为我国研究下一代互联网技术、开发基于下一代互联网的重大应用、推动下一代互联网产业发展的关键性基础设施。

6.2.2　Internet 的特点

1. 开放性

由于 Internet 所采用的 TCP/IP 协议采取开放策略，支持不同厂家生产的硬件、软件和网络产品，任何计算机，无论是大型、中型计算机，还是小型、微型、便携式计算机，甚至掌上电脑，只要采用 TCP/IP 协议，就可实现与 Internet 的互联。

2. 平等性

每一个 Internet 网络成员都是自愿加入的并要承担相应的各种费用，与网上的其他成员和睦友好地进行数据传输，不受任何约束，共同遵守协议的全部规定，既可共享网上资源，也可将自身的资源向网上的其他用户开放。

因特网的一个重要特点是没有一个机构能把整个网络全部管理起来。一个国家可以有中央政府、地方政府，从而形成一个自上而下的统一管理的网络。但 Internet 不属于任何个人、企业、部门和国家，也没有任何固定的设备和传输媒体。Internet 是一个无所不在的网络，覆盖了世界各地，覆盖了各行各业。

3. 技术通用性

Internet 允许使用各种通信介质，即计算机通信使用的线路。把 Internet 上数以百万计的计算机连接在一起的电缆包括构造办公室小型网络的电缆、专用数据线、本地电话线、全国性的电话网络（通过电缆、微波和卫星传送信号）和国家间的电话载体等。

4. 专用协议

Internet 使用 TCP/IP 协议。TCP/IP 协议是一种简洁但很实用的计算机协议。由于 TCP/IP 的通用性，使得 Internet 成为今天无所不在的网络。

5. 内容广泛

快速方便地与本地、异地其他网络用户进行信息通信是 Internet 的基本功能。一旦接入 Internet，即可获得世界各地的有关政治、军事、经济、文化、科学、商务、气象、娱乐和服务等方面的最新信息。

6.2.3 TCP/IP 网络协议

1. TCP/IP 体系结构

TCP/IP 协议起源于 ARPANET，目前已成为 Internet 的标准连接协议。TCP/IP 协议其实是一个协议集合，包含了许多协议。TCP 协议和 IP 协议是其中最重要的、并能确保数据完整传输的两个协议。IP 协议用于主机之间传送数据；TCP 协议则确保数据在传输过程中不出现错误和丢失。除此之外，还有多个功能不同的其他协议。

TCP/IP 协议与 OSI 参考模型相比，简化了高层协议，即简化了会话层和表示层，将其融合到了应用层，减少了通信的层次，提高了通信的效率。

图 6—23 给出了 TCP/IP 与 OSI 参考模型之间的对应关系。

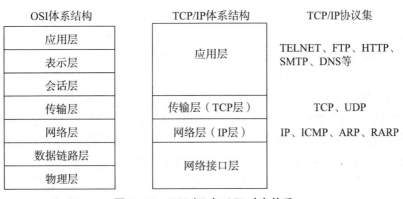

图 6—23 TCP/IP 与 OSI 对应关系

TCP/IP 体系结构中各层功能介绍如下。

（1）网络接口层。

网络接口层提供了 TCP/IP 协议与各种物理网络的接口。物理网络指的是各种局域网和广域网。常见的接口层协议有：Ethernet 802.3、Token Ring 802.5、X.25、Frame relay、HDLC、PPP ATM 等。

（2）网络层。

网络层也称网际层，主要负责相邻计算机之间的通信。其功能包括三方面。

※ 处理来自传输层的分组发送请求，收到请求后，将分组装入 IP 数据报，填充报头，选择去往信宿机（目的结点）的路径，然后将数据报发往适当的网络接口。

※ 处理输入数据报：首先检查其合法性，然后进行路由选择。如果该数据报已到达信宿机，则去掉报头，将剩下部分交给适当的传输协议；如果该数据报尚未到达信宿机，则转发该数据报。

※ 处理路径、流量控制、拥塞等问题。

网络层主要包括四个协议：IP（Internet Protocol，Internet 协议）协议、ICMP（Internet Control Message Protocol，Internet 控制报文协议）协议、ARP（Address Resolution Protocol，地址转换协议）协议、RARP（Reverse ARP，反向地址转换协议）协议。

IP 协议是网络层的核心，通过路由选择将下一跳 IP 封装后交给接口层。IP 数据报是无连接服务。

ICMP 是 IP 协议的补充，它被用来传送 IP 的控制信息。还可以回送报文，用来检测网络是否通畅。PING 命令是最常用的基于 ICMP 的服务，它发送 ICMP 的 echo 包，通过回送的 echo relay 进行网络测试。

ARP 是正向地址解析协议，通过已知的 IP 地址，寻找对应主机的 MAC 地址。

RARP 是反向地址解析协议，通过 MAC 地址确定 IP 地址。比如无盘工作站和 DHCP 服务。

（3）传输层。

传输层提供应用程序间的通信。其功能包括：

※ 格式化信息流。

※ 提供可靠传输。

为了实现后者，传输层协议规定接收端必须发回确认，并且假如分组丢失，必须重新发送。

传输层定义了两种协议：TCP（Transmission Control Protocol，传输控制协议）协议和 UDP（User Datagram protocol，用户数据报协议）协议。

TCP 协议是一种可靠的面向连接的协议，其主要功能是保证信息无差错地传输到目的主机。TCP 提供了可靠传输的机制，它能够自动检测丢失的数据并自动重传，从而弥补 IP 协议的不足。TCP 协议和 IP 协议总是协调一致地工作，确保数据的可靠传输。

UDP 协议是一种不可靠的无连接协议，它与 TCP 协议不同的是它不进行分组顺序的检查和差错控制，而是把这些工作交给上一级应用层完成。

（4）应用层。

应用层一般是面向用户的服务，如 FTP（文件传输协议）、TELNET（远程登录访问）、DNS（域名解析服务）、SMTP（简单邮件传输协议）、HTTP（超文本传输协议）等。

2. TCP 协议和 IP 协议的工作过程

TCP/IP 网络通信协议，规范了网络上的所有通信设备，尤其是一个主机与另一个主机之间的数据往来格式以及传送方式。TCP/IP 是 Internet 的核心协议，也是一种计算机数据封装和寻址的标准方法。

在数据传送中，我们可以形象地理解为有两个信封，如图 6—24 所示。

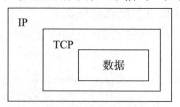

图 6—24 数据封装的形象图示

TCP 和 IP 就像是两个不同的信封，根据物理网络对所传分组长度的要求，把要传递的信息划分成若干个数据段（称为数据报），将每一数据段装入一个 TCP 信封（称为 TCP 报头），并在该信封记录有分段号的信息，以便在接收端把数据还原成原来的格式；然后再将 TCP 信封装入 IP 大信封（称为 IP 报头），在信封写上接收主机的地址，这样，就可以在物理网络上传送数据了。

IP 协议具有利用路由算法进行路由选择的功能，这些 IP 信封可以通过不同的传输路径进行传输。由于传输路径不同，可能导致数据到达目的结点的顺序和发出时的顺序不一致；还可能由于网络原因，出现数据丢失、出错、重复等现象。这些问题都由 TCP 协议来处理，它具有检查和处理错误的功能。

在接受端，一个 TCP 软件包收集信封，从中抽出数据，根据分段号信息按发送前的顺序还原，并加以校验。若发现差错，TCP 将会要求重发。

因此，TCP/IP 在 Internet 中几乎可以无差错地传送数据。对 Internet 用户来说，并不需要了解网络协议的整个结构，只需要了解 IP 的地址格式，就可以与世界各地进行网络通信。

3. 端口概念

一台拥有 IP 地址的主机可以提供许多服务，比如 Web 服务、FTP 服务、SMTP 服务等，这些服务完全可以通过 1 个 IP 地址来实现。那么，主机怎样区分不同的网络服务呢？显然不能只靠 IP 地址，因为 IP 地址与网络服务的关系是一对多的关系。实际上，主机是通过"IP 地址＋端口号"来区分不同的服务的。

TCP 和 UDP 协议必须使用端口（port）与上层进行通信，因为不同的端口号代表了不同的服务或应用程序。

TCP/IP 协议实现所提供的服务是使用知名的 1～1023 之间的端口号。这些知名的端口号由 Internet 号码分配机构（Internet Assigned Numbers Authority，IANA）进行管理。其中 80 端口分配给 WWW 服务，21 端口分配给 FTP 服务，53 端口分配给 DNS 服务，25 端口分配给 SMTP 服务，110 端口分配给 POP3 服务等。

6.2.4 IP 地址、子网掩码和网关

1. IP 地址

Internet 由不同的物理网络互连而成，为在不同网络之间实现计算机的相互通信必须

有相应的地址标识，这个地址标识就称为 IP 地址。

因特网采用一种全局通用的地址格式，为全网的每一个网络和每一台主机都分配一个唯一的 IP 地址。网络上每台计算机主机都必须拥有一个独一无二的 IP 地址。信息在网络传送时，每个数据包中都包含有发送方的 IP 地址以及接收方的 IP 地址，以确保数据传送无误。

目前 IP 地址使用的是 IPv4 的 IP 地址，它是一个 32 位的二进制（4 个字节）地址，由于二进制使用起来不方便，为了表示和使用方便，通常用 4 个十进制数进行表示，中间用小数点符号"."隔开，称为"点分十进制"表示法。具体表示方法是：将 32 位的 IP 地址分为四段，每段由 8 位二进制数码组成，将每段的二进制数码分别转化成十进制数，中间用"."符号隔开。

例如：二进制表示的 IP 地址为：11000000101010000000000001101110，那么，点分十进制表示的 IP 地址为：192.168.0.110。

一个 IP 地址只能被一个网络设备所使用，但一个网络设备可以同时使用多个 IP 地址。

IP 地址是 Internet 主机的一种数字型标识，它由网络标识（NetID）和主机标识（HostID）两部分组成。

❀ 网络标识：用来在网络中识别某个网段。处于同一物理网络上的所有主机都用同一个网络标识。

❀ 主机标识：用来在网段内标识一个 TCP/IP 节点，如工作站、服务器、路由器及其他 TCP/IP 设备。在网段内部，主机地址必须是唯一的。

IP 地址的一般格式为：类别＋NetID＋HostID（见图 6—25）。

其中：

❀ 类别：用来区分 IP 地址的类型；

❀ 网络标识（NetID）：表示入网主机所在的网络；

❀ 主机标识（HostID）：表示入网主机在本网段中的标识。

类型	NetID	HostID

图 6—25　IP 地址的组成

为了给不同规模的网络提供必要的灵活性，IP 地址设计者将 IP 地址分为 A、B、C、D、E 五类，其中 D 类和 E 类用于特殊用途，一般只使用前三类地址。

以下用 IP 地址的四段表示形式 W. X. Y. Z 来说明 IP 地址的分类，如表 6—1 所示。

表 6—1　　　　　　　　　　　　　　　　IP 地址分类

		W	X	Y	Z
A 类	0	网络地址	主机地址		
B 类	10	网络地址		主机地址	
C 类	110	网络地址			主机地址

从表6—1可以看出：

对于A类地址，IP地址中的前8位表示网络地址（第1位必须加0），后24位表示主机地址；

对于B类地址，IP地址中的前16位表示网络地址（前2位必须为10），后16位表示主机地址；

对于C类地址，IP地址中的前24位表示网络地址（前3位必须为110），后8位表示主机地址。

根据规定，网络上的一台主机，其正确的IP地址必须是A、B、C类中的一类地址，而且地址的网络地址和主机地址不能全为0或1，故IP地址的分配情况如表6—2所示。

表6—2 IP地址分配表

	W	网络地址数	网络主机数
A类	1—127	126	16 777 214
B类	128—191	16 384	65 534
C类	192—255	2 097 152	254

目前使用的IPv4地址格式使用32位地址，即在IPv4的地址空间中有2^{32}（4 294 967 296，约为43亿）个地址可用。这样的地址空间在因特网早期看来几乎是无限的，但是现在看来IPv4地址空间最终会被用尽。

为了能够得到更多的可分配IP地址空间，人们开始致力于下一代因特网协议——IPv6（IPv6采用128位地址长度，几乎可以不受限制地提供地址）的研究。

2. 子网掩码

前面已经介绍了，每个IP地址都包含网络标识（也称为网络号）和主机标识（也称为主机号）两部分，以便于IP地址的寻址操作。

由于不同的网络类别，使得网络地址和主机地址所占的位数也不相同。因此，就必须知道IP地址中的网络号和主机号各占用了多少位，如果不指定，就不知道哪些位是网络号、哪些位是主机号，这就需要通过子网掩码来实现。

子网掩码的设置规则：

（1）子网掩码由1和0组成，且1和0分别连续。

（2）子网掩码的长度也是32位。

（3）子网掩码左边是网络位，用连续的"1"表示，"1"的数目等于网络位的长度；右边是主机位，用连续的"0"表示，"0"的数目等于主机位的长度。

这样设置的目的是为了让掩码与IP地址做"逻辑与"（AND）运算时，用"0"屏蔽掉原主机号数字，而不改变原网络号数字，而且很容易通过"0"的位数确定子网中的主机数。

注：网络中的主机数＝$2^{主机位数}-2$，因为主机号全为"1"时表示该网络的广播地址，全为"0"时表示该网络的网络号，这是两个特殊地址，不能分配给主机使用。

只有通过子网掩码，才能表明一台主机所在的子网与其他子网的关系，使网络正常工作。

A 类地址默认的子网掩码为 255.0.0.0。

B 类地址默认的子网掩码为 255.255.0.0。

C 类地址默认的子网掩码为 255.255.255.0。

特别注意，子网掩码不是一个地址，不能单独使用。它的作用就是获取主机 IP 的网络地址信息，用于区别主机通信时的不同情况，是在本网络内通信还是网络外通信，由此选择不同路由器。

3. 网关

在 Internet 上连接有众多的网络，当从一个网络向另一个网络发送信息时，必须经过一道"关口"，这道关口就是网关。顾名思义，网关（Gateway）就是一个网络连接到另一个网络的"关口"。

注：关口在词典中的定义是"关的出入口或来往必经的处所"。

网关实质上是一个网络通向其他网络的 IP 地址。比如现有两个网络 A 和 B，网络 A 的 IP 地址范围为"192.168.1.1～192.168.1.254"，子网掩码为 255.255.255.0；网络 B 的 IP 地址范围为"192.168.2.1～192.168.2.254"，子网掩码为 255.255.255.0。在没有路由器的情况下，两个网络之间是不能进行 TCP/IP 通信的，即使是两个网络连接在同一台交换机上，TCP/IP 协议也会根据子网掩码（255.255.255.0）判定两个网络中的主机处在不同的网络里。要实现这两个网络之间的通信，必须通过网关。如果网络 A 中的主机发现数据包的目的主机不在本地网络中，就把数据包转发给它自己的网关，再由网关转发给网络 B 的网关，网络 B 的网关再转发给网络 B 的某个主机。

所以说，只有设置好网关的 IP 地址，TCP/IP 协议才能实现不同网络之间的相互通信。那么这个 IP 地址是哪台机器的 IP 地址呢？网关的 IP 地址是具有路由功能的设备的 IP 地址，具有路由功能的设备有路由器、启用了路由协议的服务器（实质上相当于一台路由器）、代理服务器（也相当于一台路由器）。

因此，网关也被称为 IP 路由器。它的作用就是实现数据包的选路、转发。Internet 就是由众多的路由器将各种网络连接起来，形成庞大、遍布世界的互联网络。

如果搞清了什么是网关，默认网关也就好理解了。就好像一个房间可以有多扇门一样，一台主机可以有多个网关。默认网关的意思是一台主机如果找不到可用的网关，就把数据包发给默认指定的网关，由这个网关来处理数据包。现在主机使用的网关，一般指的是默认网关。

一台计算机的默认网关是不可以随便指定的，否则将导致计算机将数据包发给不是网关的计算机，无法与其他网络的计算机通信。

6.2.5　域名系统

1. 域名

Internet 上海量的信息都分布在遍布世界各地的称为"站点"服务器上，每个站点都分配有唯一的 IP 地址，通过这个 IP 地址，我们就可以从世界的任何角落把信息从拥有该 IP 地址的服务器上把信息读取过来。

由于 IP 地址采用二进制编码，多达 32 个 "0"、"1" 组合位数，记忆起来太困难，输入时也难免出错，所以，通过 IP 地址去访问服务器是件很困难的事情。而域名（Domain Name）很好地解决了这个问题。

站点在发布信息时要申请一个域名与它的 IP 地址相对应。简单地讲，域名就是为 Internet 上的主机所起的一个名字，它是一种 "助忆符"。

域名采用分层次命名的方法，每一层都有一个子域名（见图 6—26）。域名是由一串用小数点分隔的子域名组成。

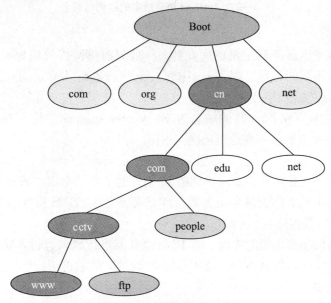

图 6—26 域名的层次结构

域名的一般格式为：

计算机名 . 组织机构名 . 网络名 . 最高层域名（各部分用小数点隔开）

其中：

最高层域名也称顶级域名，在因特网中是标准化的，代表主机所在的国家。

网络名是第二级域名，能够反映主机所在单位的性质。

组织机构名是第三级域名，一般表示主机所属的域或单位。

计算机名是第四级域名，一般根据需要由网络管理员自行定义。

通常，按照各部分所代表的含义，域名可以分解为三部分，即：主机名称、机构名称及类别、地理名称。

（1）主机名称。

主机名称通常是按照主机所提供的服务种类来命名的，例如提供 WWW 服务的主机，其主机名称为 WWW，而提供 FTP 服务的主机，其主机名称是 FTP。用户可以通过 IE 等浏览器查询 WWW 系统中的信息。

（2）机构名称及类别。

机构名称通常是指公司。Internet 协会规定的机构性域名有 14 类，见图6—27。

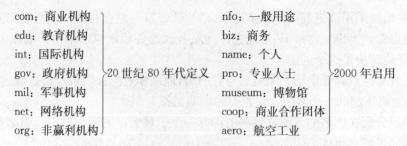

图 6—27　Internet 协会规定的机构性域名

（3）地理名称。

地理名称用以指出服务器主机的所在地，一般只有美国以外的地区才会使用地理名称，不同的国家有不同的名称。如：cn（中国）、jp（日本）、fr（法国）、au（澳大利亚）、ca（加拿大）、uk（英国）等。

中央电视台的 WWW 服务器的域名为 www. cctv. com. cn。其中四个部分依次代表 WWW 服务器、中央电视台、商业机构网与中国。

2. 域名系统

把易于记忆的域名翻译成机器可识别的 IP 地址的工作通常由"域名系统"软件完成，而装有域名系统的主机就称为域名服务器（DNS 服务器），DNS 服务器上存有大量的 Internet 主机的地址（数据库）。

当通过域名访问一台主机时先由一台 DNS 服务器进行域名解析，完成"IP 地址—域名"间的双向查找功能，将域名转换成实际的 IP 地址，然后再进行访问连接。

3. 无线接入方式

个人无线接入分为 WiFi 和移动接入两种。

（1）WiFi 技术。

WiFi 是一种可以将个人电脑、手持设备（如 PDA、手机）等终端以无线方式互相连接的技术。随着技术的发展，以及 IEEE802.11a 及 IEEE802.11g 等标准的出现，现在 IEEE802.11 这个标准已被统称作 WiFi。

WiFi 无线网络是由 AP（Access Point）和无线网卡组成的无线网络。AP 一般称为网络桥接器或无线接入点，它是当作传统的有线局域网络与无线局域网络之间的桥梁，因此任何一台装有无线网卡的计算机均可通过 AP 去访问有线局域网络甚至 Internet 的资源，其工作原理相当于一个内置无线发射器的 HUB 或者是路由器；而无线网卡则是负责接收由 AP 所发射信号的客户端设备。

WiFi 特别是对于宽带接入的使用更显优势。例如，有线宽带网络（ADSL、小区 LAN 等）到户后，连接到一个 AP（无线路由器，可同时提供有线和无线接入）上。对于固定且又方便直接连线的电脑可以通过一条网线直接连接到 AP 的 UTP 端口上；而对于位置不固定或者不方便直接连线的电脑，可在电脑中安装一块无线网卡即可，这样，家里的几台电脑都可以通过这个 AP 连接到宽带网络上。普通的家庭有一个 AP 已经足够，甚至用户的邻里如得到授权后，也无需增加端口，就能以共享的方式连接到 Internet。

目前在一些公共场所提供有免费的 WiFi 上网，只要能搜索到 WLAN，就可以使用。

（2）移动接入。

移动接入是指采用无线上网卡接入 Internet。3G 时代的到来，使得无线上网速度发生飞跃，用户可以脱离网线的束缚，自由自在享受随时随地的高速网上冲浪的乐趣。

无线上网卡指的是无线广域网卡，通过它可以连接到无线广域网，由提供移动接入服务的运营商提供。如各大运营商提供的 3G 上网卡，就是作为高速接入 3G 网络的通道，如中国移动的 TD-SCDMA 网络、中国电信的 CDMA2000 网络、中国联通的 WCDMA 网络。

无线上网卡的作用及功能相当于有线调制解调器。它可以在有无线电话信号覆盖的任何地方，利用 USIM 或 SIM 卡连接到互联网上。无线上网卡的作用、功能就好比无线化了的调制解调器（MODEM），常见的接口类型有 PCMCIA、USB 等。

用户可以通过智能手机或插有无线上网卡的电脑，使用移动运营商提供的无线移动网络接入互联网，同时，用户需要向移动运营商缴纳包月或按流量付费的通信费用。

由此看出，无线网卡和无线上网卡是完全不同的无线网络产品。

❀ 无线网卡。指的是具有无线连接功能的局域网卡，它的作用和功能与普通电脑的网卡一样，是用来连接到局域网上的，它只是一个信号处理设备，只有在搜索到连接到互联网的 AP 时，才能实现与互联网的连接。无线网卡只能局限在已布有无线局域网的范围内，它与 Internet 的接入依靠与广域网相连的代理服务器或无线路由器等设备。

❀ 无线上网卡。其作用和功能相当于有线的调制解调器，它可以在有无线电信号覆盖的任何地方，利用 USIM 或 SIM 卡连接到互联网。

6.2.6　Internet 常见服务

Internet 之所以能在人类进入信息化社会的进程中起到如此强大的作用，其主要原因就在于它具有极高的工作效率、丰富的信息资源和服务资源。Internet 上有许多提供各式各样服务的服务器，用户通过与服务器沟通，可以享受这些服务器所提供的服务，并从中获取大量的知识和信息。

1. WWW 信息服务

WWW（World Wide Web）称为"万维网"，是 Internet 上增长最快、最受欢迎、最为流行的信息服务。它通过超文本（HyperText）向用户提供全方位的文字、声音、图像、动画等多媒体信息，从而为全球的 Internet 用户提供了一种获取信息、共享信息的全新途径。

WWW 信息服务和 Internet 的其他服务一样，也采用了客户机/服务器结构，WWW 服务器的作用是整理和存储各种各样的 WWW 信息资源。WWW 信息是以 Web 页形式提供给客户机的。

大多数 Web 页都包含链接到相关网页的超链接，通过单击超链接点，可以迅速从服务器的一页转到另一页，也可以转到其他服务器的页面上。用户对信息的浏览可以按照自己感兴趣的顺序进行。WWW 提供了美观友好的多媒体图形界面，并且提供了快速、灵活、方便的浏览信息的方法。

2. 电子邮件 E-mail

电子邮件（E-mail）是 Internet 提供的一个很主要的服务，是一种通过计算机联网与其他用户进行联络的快速、简便、廉价的现代化通信手段。它允许一个用户给任何拥有电子邮件地址的用户发送任何计算机上可以创建的信息。

电子邮件方便了发送者和接收者之间信息的传递，发送者可以在任何时刻发送邮件，而且该邮件一定可以到达接收者那里，并在接收者方便的时候进行阅读。同时，电子邮件还可以随信件同时发送一些文件，如图像文件、声音文件、文本文件、可执行文件等，这些文件称为电子邮件的附件。

与传统的邮件相比，电子邮件具有速度快、价格低、方便、一信多发、邮寄多媒体、自动定时邮寄等优点。

用户可以通过网络中提供电子邮件服务的网站（网页）申请一个邮件账号，电子邮件服务器会为用户设立了一个电子邮件信箱，用户的电子邮件到达后就一直存放在他的信箱里，用户随时都可以打开信箱查看信件，也可以删除或存储这些信件，也可以转发给其他用户或回信。

电子邮件地址的标准格式是：

　　用户名@电子邮件服务器域名

例如 wangli@163.com。

一般采用专门软件，如 Outlook Express，进行电子邮件的编辑、发送和接收。

3. 文件传输（FTP）

文件传输协议（FTP，File Transfer Protocol）是 Internet 传统的服务之一。FTP 使用户能在两个联网的计算机之间传输文件，它是 Internet 最主要的传递文件方法。

FTP 服务解决了远程传输文件的问题，无论两台计算机相距多远，只要它们都加入 Internet 并且都支持 FTP 协议，就可以在这两台计算机之间进行文件传送，FTP 实质上是一种实时的联机服务，用户首先要登录到目的服务器上，之后就可以在服务器目录中寻找所需的文件进行传送了。

4. 搜索引擎

搜索引擎（Search Engine）是一个根据一定的策略、运用特定的计算机程序，对 Internet 上众多的信息资源进行搜集整理，在对信息进行组织和处理后，为用户提供检索服务，将用户检索出的相关信息展示给用户的系统。

常见的搜索引擎有百度（www.baidu.com）、Google（www.google.com）等。

5. 即时通信

即时通信（Instant Messenger，IM）是一种能够即时发送和接收互联网消息等的业务。自 1998 年面世以来，特别是近几年的迅速发展，即时通信的功能日益丰富，逐渐集成了电子邮件、博客、音乐、电视、游戏和搜索等多种功能。即时通信不再是一个单纯的聊天工具，它已经发展成集交流、资讯、娱乐、搜索、电子商务、办公协作和企业客户服务等为一体的综合化信息平台。

常用的即时通信工具有腾讯 QQ、MSN、飞信、网易泡泡、百度 HI 等。

6. 电子公告板

电子公告板（Bulletin Board System，BBS）是一种交互性强、内容丰富而及时的电子信息服务系统。它向用户提供了一块公共电子白板，每个用户都可以在上面发布信息或提出看法。

早期的 BBS 由教育机构或研究机构管理，如 1995 年 8 月建在 CERNET 上的水木清华 BBS，是中国大陆第一个 Internet 上的 BBS。

现在多数网站上都建立了自己的 BBS 系统，供网民通过网络来结交更多的朋友，表达更多的想法。用户在 BBS 站点上还可以获得各种信息服务，如下载软件、发布信息、进行讨论、聊天等。

7. 博客

博客（Blog），最初的名称是 Weblog，由 web 和 log 两个单词组成，按字面理解是网络日记的意思。后来喜欢新名词的人把这个词的发音故意改了一下，读成 "we blog"，由此，blog 这个词被创造出来。

Blog 的中文意思即网络日志。但在中国也有人将 Blog 本身和 Blogger（即博客作者）均音译为 "博客"。

博客，又译为网络日志、部落格等，是一种通常由个人管理、不定期发布新的文章的网站。博客上的文章通常按照发布时间，以倒序方式由新到旧排列。大多数的博客专注于特定的主题上提供评论或新闻，也有一些很个人化的日记体博客。

一个典型的博客上集合了文字、图像、其他博客或网站的链接、及其与主题相关的媒体。让读者以互动的方式留下意见，是许多博客的重要内容。大部分的博客内容以文字为主，但仍有一些博客专注在艺术、摄影、视频、音乐、播客等各种主题。

8. 微博

微博，即微博客（MicroBlog）的简称，是一个基于用户关系的信息分享、传播以及获取平台，用户可以通过 WEB、WAP 以及各种客户端组建个人社区，以 140 字左右的文字更新信息，并实现即时分享。

相对于强调版面布局的博客来说，微博的内容组成只是由简单的只言片语组成，从这个角度来说，对用户的技术要求门槛很低，而且在语言的编排组织上，也没有博客那么高。

微博以电脑为服务器以手机为平台，把每个手机用户用无线的手机连在一起，让每个手机用户不用使用电脑就可以发表自己的最新信息，并和好友分享自己的快乐。

最早也是最著名的微博是美国的 twitter，根据相关公开数据，截至 2010 年 5 月，该产品在全球注册用户已突破 1 个亿。2009 年 8 月中国最大的门户网站新浪网推出 "新浪微博" 内测版，成为门户网站中第一家提供微博服务的网站，微博正式进入中文上网主流人群视野。

2011 年微博已经成为最给力的新媒体，正在改变我们的生活、改变着新媒体的格局、改变着传播营销方式，它对社会诸领域的介入和渗透与日俱增，社会影响力日益巨大。

9. 网络音乐与影视

近年来，随着网络技术的突飞猛进和市场需求的强劲增长，我国的网络音乐与影视市场得到了快速发展。

据中国互联网络信息中心（CNNIC）于 2011 年 7 月发布的数据，截止到 2011 年 6 月底，我国网络音乐的用户规模分别为 3.82 亿，用户使用率为 78.7%；网络视频用户达 3.01 亿，用户使用率为 62.1%。

10. 电子商务

电子商务（Electronic Commerce）是基于因特网的一种商业运营模式，其特征是商务活动在因特网上以数字化电子方式完成。

电子商务在因特网开放的网络环境下，基于浏览器/服务器应用方式，买卖双方不谋面地进行各种商贸活动，实现消费者的网上购物、商户之间的网上交易和在线电子支付以及各种商务活动、交易活动、金融活动和相关的综合服务活动。

这种应用系统主要体现在网上商店的建立，现在已经有很多的在线交易平台，如：淘宝网、易趣网等。这些交易平台为很多消费者提供了在网上开店的机会，使得越来越多的人进入这一个系统。

11. 远程教育

现代远程教育是随着现代信息技术的发展而产生的一种新型教育形式，是构建终身教育的学习型社会的重要手段。

它的特点是：学生与教师分离；采用特定的传输系统和传播媒体进行教学；信息的传输方式多种多样；学习的场所和形式灵活多变。与面授教育相比，远程教育的优势在于它可以突破时空的限制；提供更多的学习机会；扩大教学规模；提高教学质量；降低教学的成本。

6.3　网络连接

6.3.1　Internet 的常用接入方式

用户接入 Internet 时首先要选择一个 ISP（Internet Service Provider，Internet 服务提供商）。

目前国内向全社会正式提供商业 Internet 接入服务的主要是 ChinaNet（中国公用计算机网），由电信部门管理。普通用户可以直接通过 ChinaNet 接入。

除此之外，CERNet（中国教育科研网，主控中心设在清华大学网络中心）和 CSTNet（中国科技网，由中科院管理）主要供国内的一些学校、科研院所和政府管理部门接入 Internet，例如我国的各高等院校一般选择接入 CERNet。

在 Internet 上向用户提供互联网信息服务和增值业务的服务商称为 ICP（Internet Content Provider，Internet 内容提供商）。ICP 也需要接入 ISP 才能提供互联网内容服务。知名的 ICP 有新浪、搜狐、网易、21CN 等。

常用的接入方式有局域网接入、电话拨号接入、ADSL 接入、Cable Modem 接入等。

网络接入分为两种类型：

❀ 有线接入。包括住宅用户接入和企业用户接入，分别将家庭和政府机关、企事业单位的计算机接入到 Internet。

❀ 无线接入。为移动办公需求的用户提供 Internet 的接入。目前可通过电信运营商提供的 3G 上网卡接入。

表 6—3 中列出了在我国常用的接入 Internet 方式的特点和用途。

表6—3 常用接入Internet方式的特点和用途

接入方式	传输速率（bps）	特点	成本	适用对象
电话拨号	56K	方便、速度慢	低	个人用户、临时用户
ISDN	128K	较方便、速度慢	低	个人用户
ADSL	512K～8M	速度较快	较低	个人用户、小企业
Cable Modem	8M～48M	利用有线电视的同轴电缆传送数据信息、速度快	较低	个人用户、小企业
LAN接入（宽带接入）	10M～100M	通过ISP、速度快	较低	个人用户、小企业
光纤	≥100M	速度快、稳定	高	大中型企业用户
WiFi	11M～54M	方便、速度较快	较高	移动笔记本用户、WiFi手机
无线GPRS、CDMA、3G		速度较慢	较低	智能手机、插有无线上网卡的笔记本

6.3.2 Windows下的网络连接设置

1. 通过局域网连接Internet

通过局域网方式接入Internet所必需的硬件是网卡（10M/100M）和网线（4对UTP双绞线）。

首先在关机状态下，将网卡插到计算机的一个扩展槽中；将网线的一端（RJ45头）插入网卡的RJ45接口中，另一端插入信息插座或交换机的RJ45接口中。在插入网卡后，启动Windows XP，系统将自动安装网卡的驱动程序和相关的协议。

然后需要为计算机配置IP地址，具体操作步骤如下。

操作 第一步，单击"开始"按钮→"连接到"菜单→"显示所有连接"命令；或鼠标右键单击桌面上的"网上邻居"图标，在弹出的快捷菜单中选择"属性"选项，弹出"网络连接"窗口（见图6—30）。

图6—30 "网络连接"对话框

第二步，用鼠标右键单击本地连接图标，选择快捷菜单中的"属性"选项，弹出"本地连接属性"对话框（见图6—31）。在该对话框中列出了当前使用的网卡类型和加载到该网卡上的各种服务和协议，在默认的情况下系统自动加载"Microsoft网络客户端"、"Microsoft网络的文件和打印机共享"、"NetBEUI协议"和"Internet协议（TCP/IP）"。用户可以根据该对话框加载或卸载协议或服务。

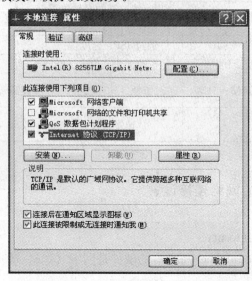

图6—31　"本地连接属性"对话框

第三步，配置TCP/IP协议。添加好了TCP/IP协议之后，还要进行相关的设置才能对局域网进行访问。在"本地连接属性"对话框中，选择"Internet协议（TCP/IP）"，单击"属性"按钮，弹出"Internet协议（TCP/IP）属性"对话框（见图6—32）。

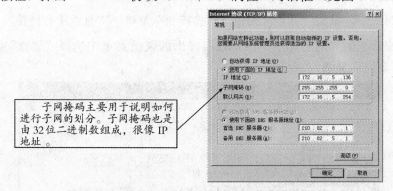

子网掩码主要用于说明如何进行子网的划分。子网掩码也是由32位二进制数组成，很像IP地址。

图6—32　"Internet协议（TCP/IP）属性"对话框

如果使用动态IP地址，则选中"自动获得IP地址"即可；若使用静态IP地址，则需要配置四个参数：IP地址、子网掩码、默认网关和DNS服务器地址，参数的具体内容需要询问网络管理员。

第四步，完成以上参数设置后，单击"确定"按钮，TCP/IP协议设置完成了。

2. 通过ADSL连接Internet

硬件设备：一块10M或10M/100M自适应网卡、一个ADSL调制解调器、一个信号分离器、两根两端是 RJ11 头（电话机插头）的电话线和一根两端是 RJ45 头（网线插头）的五类 UTP 双绞线。

由于 ADSL 调制解调器是通过网卡和计算机相连的，所以在安装 ADSL Modem 前要先安装网卡驱动，要注意的是安装协议里一定要有 TCP/IP 协议，一般使用 TCP/IP 的默认配置，不要设置固定的 IP 地址。

使用 ADSL 上网的用户大多数需要虚拟拨号，这就需要安装 PPPoE 虚拟拨号软件。在 Windows XP 中已集成了 PPPoE 协议支持。下面介绍虚拟拨号配置过程。

操作　第一步，单击"开始"按钮→"所有程序"→"附件"→"通讯"→"新建连接向导"命令，打开"欢迎使用新建连接向导"对话框（见图 6—33），直接单击"下一步"按钮。

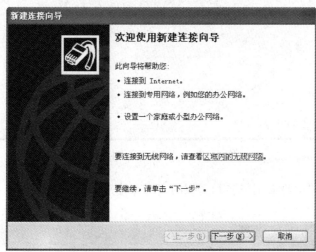

图 6—33　"欢迎使用新建连接向导"对话框

第二步，选择网络连接类型为"连接到 Internet"（见图 6—34），单击"下一步"按钮。

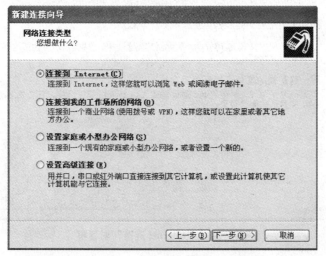

图 6—34　"网络连接类型"对话框

第三步，选择"手动设置我的连接"（见图 6—35），单击"下一步"按钮。

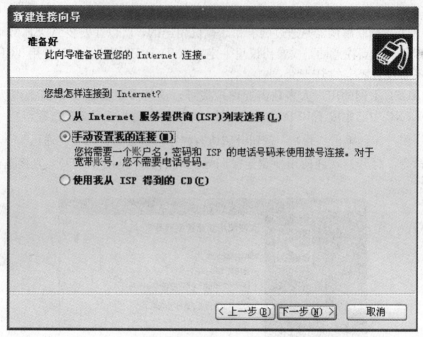

图 6—35　"准备好"对话框

第四步，选择"用要求用户名和密码的宽带连接来连接"（见图 6—36），单击"下一步"按钮。

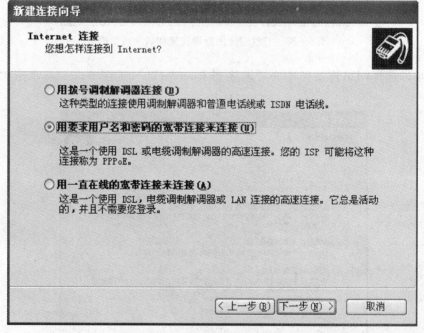

图 6—36　"Internet 连接"对话框

第五步，在"ISP 名称"文本框中输入提供 ADSL 接入的 ISP 的名字或其他文字（见

图 6—37），单击"下一步"按钮。

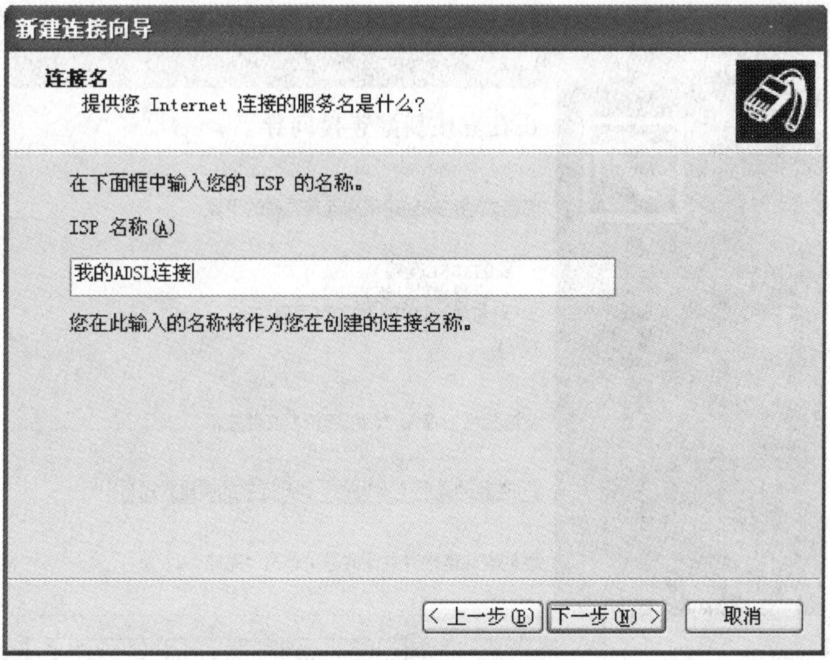

图 6—37 "连接名"对话框

第六步，在"用户名"文本框输入自己的 ADSL 账号，在"密码"和"确认密码"文本框输入密码，还可以根据需要对多选框进行选择（见图 6—38），单击"下一步"按钮。

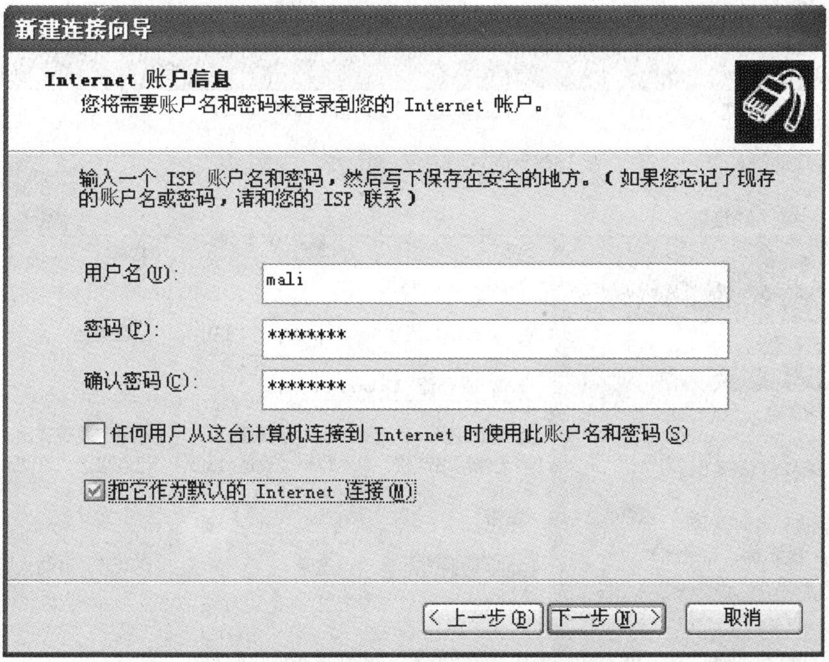

图 6—38 "Internet 账户信息"对话框

第七步，在"正在完成新建连接向导"对话框（见图 6—39），单击"完成"按钮，在

"网络连接"窗口添加了新建的"我的 ADSL 连接" ADSL 虚拟拨号连接（见图 6—40），
至此完成了虚拟拨号的设置。

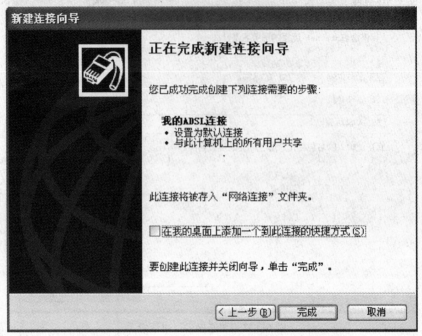

图 6—39 "正在完成新建连接向导"对话框

双击该连接图标，弹出"连接 我的 ADSL 连接"对话框（见图 6—41），输入用户名
和密码，单击"连接"按钮，即可连接到 Internet。

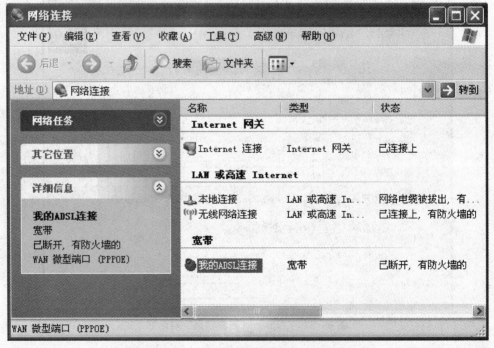

图 6—40 "网络连接"对话框

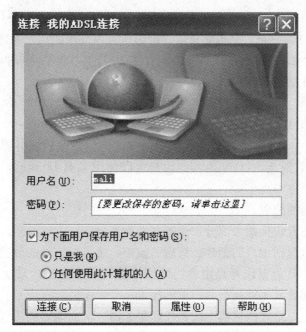

图 6—41 "连接 我的 ADSL 连接"对话框

3. 通过代理服务器访问 Internet

(1) 代理服务器的概念。

通常，当使用浏览器直接去访问 Internet 上的某个站点的网页时，是直接连接到目的站点服务器，然后由目的站点服务器把信息传送回来。

代理服务器是介于客户端和 Web 服务器之间的另一台服务器，有了它之后，浏览器不是直接到 Web 服务器去取回网页而是向代理服务器发出请求，信号会先送到代理服务器，由代理服务器连接到目的站点服务器，取回浏览器所需要的信息并传送给浏览器。

大部分代理服务器都具有缓冲功能，就好像一个大的 Cache，它有很大的存储空间，它不断将新取得数据储存到它本机的存储器上，如果浏览器所请求的数据在它本机的存储器上已经存在而且是最新的，它就直接将存储器上的数据传送给用户的浏览器，这样能显著提高浏览速度和效率。

更重要的是，代理服务器是 Internet 链路级网关所提供的一种重要的安全功能，它工作在 OSI 参考模型的会话层，从而起到防火墙的作用。因此，代理服务器大多被用来连接 Internet 和 Intranet（企业内部网）。

(2) 代理服务器的作用。

1) 设置用户验证和记账功能。可按用户进行记账，没有登记的用户无权通过代理服务器访问 Internet。并对用户的访问时间、访问地点、信息流量进行统计。

2) 对用户进行分级管理，设置不同用户的访问权限。对外界或内部的 IP 地址进行过滤，设置不同的访问权限。

3) 增加缓冲器（Cache），提高访问速度。对经常访问的地址创建缓冲区，大大提高热门站点的访问效率。通常代理服务器都设置一个较大的硬盘缓冲区，当有外界的信息通过时，同时也将其保存到缓冲区中，当其他用户再访问相同的信息时，则直接由缓冲区中取出信息，传给用户，以提高访问速度。

4）连接内网与 Internet，充当防火墙。因为所有内部网的用户通过代理服务器访问外界时，只映射为一个 IP 地址，所以外界不能直接访问到内部网；同时可以设置 IP 地址过滤，限制内部网对外部的访问权限。

5）节省 IP 开销。代理服务器允许使用大量的伪 IP 地址，节约网上资源，即用代理服务器可以减少对 IP 地址的需求，对于使用局域网方式接入 Internet，如果为局域网内的每一个用户都申请一个 IP 地址，其费用可想而知。但使用代理服务器后，只需代理服务器上有一个合法的 IP 地址，LAN 内其他用户可以使用私有 IP 地址，这样可以节约大量的 IP，降低网络的维护成本。

（3）代理服务器的配置。

代理服务器的配置包括两个部分：服务器端与客户端。

服务器端的配置包括用户的创建、管理、监控，账号的统计、分析与查询等设置。但这项工作通常是由 ISP 负责或者是由专门的网络管理员来做的。对于普通的拨号用户来说，代理服务器的配置其实就是指客户端的配置。

客户端的设置主要是在浏览器上配置代理服务器，从而能够利用代理服务器提供的功能，不同的浏览器其配置方式不同。下面以 IE7.0 浏览器为例，说明浏览器是如何来使用代理服务器功能的。

操作　第一步，打开 IE 浏览器窗口，单击"工具"菜单→"Internet 选项"，弹出"Internet 选项"对话框。

第二步，选择"连接"选项卡（见图 6—42），在"拨号和虚拟专用网络设置"栏中，选择自己所使用的拨号连接，并单击旁边的"设置"按钮，出现"设置"对话框（见图 6—43）。

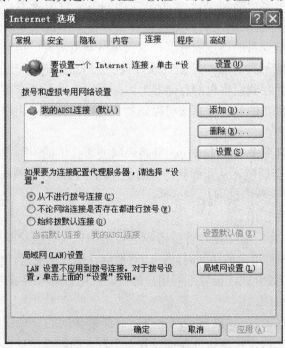

图 6—42　"Internet 选项"对话框

第三步，在"地址"栏里填入使用的 HTTP 代理服务器的 IP 地址或计算机名字，在"端口"栏中填入所使用的代理服务器的端口。

第四步，设置好后，单击"确定"完成所有的设置工作。

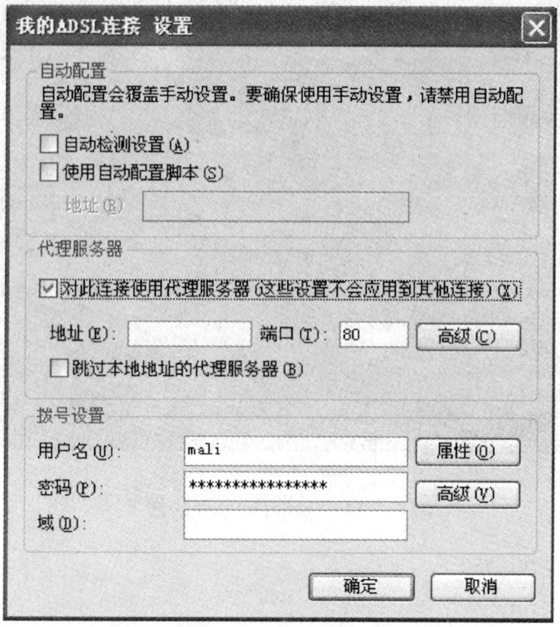

图 6—43 "设置"对话框

6.3.3 常用网络故障检测命令

1. ipconfig 命令

ipconfig 命令用于显示当前 TCP/IP 的设置值，一般用来检验人工配置的 TCP/IP 是否正确。

如果计算机和所在的局域网使用了动态主机配置协议（DHCP），通过 ipconfig 命令可以知道计算机是否已成功获得一个 IP 地址，如果获得，则可以了解它目前分配到的是什么 IP 地址。了解计算机当前的 IP 地址、子网掩码以及默认网关，是进行网络连通测试和故障分析的常用手段。

格式 1：ipconfig

当使用 ipconfig 命令不带任何参数选项时，就会显示当前主机 IP 地址的配置情况，如 IP 地址、子网掩码和默认网关值（见图 6—44）。

格式 2：ipconfig/all

当使用 all 选项时，ipconfig 命令能显示 DNS 和 WINS 服务器已配置且所要使用的附加信息（如 IP 地址等），并且显示内置于本地网卡中的物理地址（MAC）。如果 IP 地址是从 DHCP 服务器（动态主机配置服务器）获得的，ipconfig 命令将显示 DHCP 服务器的 IP 地址和已获得地址预计失效的日期。

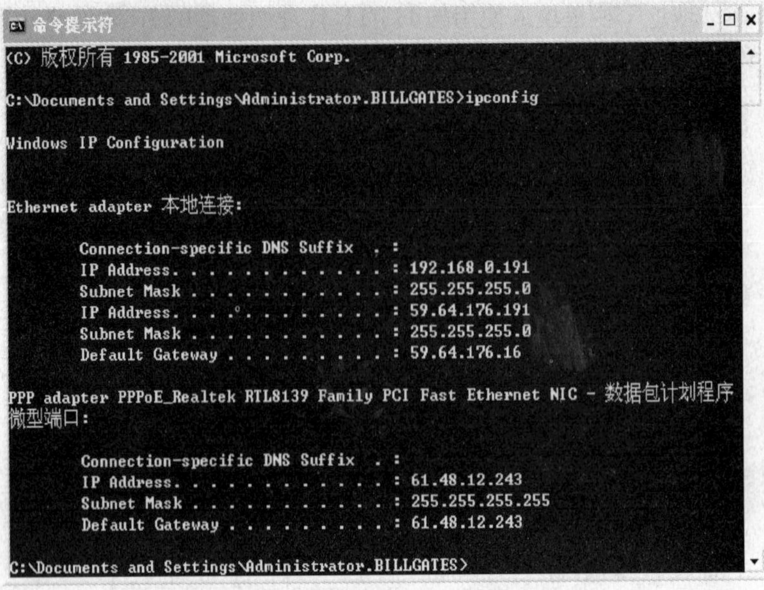

图 6—44   ipconfig 命令的结果

格式 3：ipconfig /release

　　　　ipconfig /renew

这是两个附加选项，只能在向 DHCP 服务器获得其 IP 地址的计算机上起作用。如果输入 ipconfig /release，获得的 IP 地址将重新交还给 DHCP 服务器（归还 IP 地址）。如果输入 ipconfig /renew，则本地计算机设法与 DHCP 服务器取得联系，获取一个 IP 地址。

2. ping 命令

ping 命令是一个使用频率极高的命令，用于确定本地主机是否能与另一台主机交换（发送与接收）数据。根据返回的信息可以推断 TCP/IP 参数是否设置正确以及运行是否正常。如返回信息为"Reply from×××"表明对方有应答；"Request timed out"表明对方无应答。

简单来说，ping 命令就是一个测试程序，可以检查网络连通、检测故障。当使用 ping 命令来查找问题所在或检验网络运行情况时，通常需要使用许多 ping 命令，如果所有命令都运行正确，就可以相信网络基本连通、配置参数没有问题；如果某些 ping 命令出现运行故障，它也可以指明到何处去查找问题。

下面就给出一个典型的 ping 命令检测次序及可能发生的故障。

命令 1：ping 127.0.0.1

这个 ping 命令被送到本地计算机的 IP 软件，如果无应答则表示 TCP/IP 的安装或运行存在问题。

命令 2：ping 本机 IP 地址

这个命令被送到本地计算机所配置的 IP 地址，计算机始终都应该对该 ping 命令作出应答，如果无应答，则表示本机 IP 地址配置或安装存在问题。

出现此问题时，局域网用户应断开网络电缆，然后重新发送该命令。如果网线断开后本命令正确，则表示在局域网中有 IP 地址冲突，即另外一台计算机可能配置了相同的 IP

地址。

命令 3：ping 局域网内其他 IP 地址

这个命令将离开本地计算机，经过网卡及网络电缆到达其他计算机，再返回到本机。

如收到应答则表明本地网络中的网卡和通信线路运行正常。但如果未收到应答，则表示子网掩码设置不正确或网卡配置错误或传输电缆有问题。

命令 4：ping 网关 IP 地址

这个命令如果应答正确，表示局域网中的网关路由器运行正常。

命令 5：ping 远程 IP 地址

如果收到 4 个应答，表示成功使用了默认网关。对于拨号上网用户则表示能够成功访问 Internet。

命令 6：ping localhost

localhost 被用作系统的网络保留名，它是 127.0.0.1 的别名，每台计算机都应该能够将该名字转换成该地址。如果没有做到这一点，则表示主机文件(/Windows/host) 中存在问题。

命令 7：ping 域名

对某域名执行 ping 命令，通常是通过 DNS 服务器，如果这里应答不正确，则表示 DNS 服务器的 IP 地址配置不正确或 DNS 服务器有故障。

可以利用本命令实现域名对 IP 地址的转换功能。如获得 263.net 的 IP 地址。

如果上面所列出的所有 ping 命令都能获得正确应答，则说明计算机的本地和远程通信功能基本配置正确。但这些命令的成功运行并不说明所有的网络配置都没有问题，比如某些子网掩码错误就无法用这些方法检测到。

ping 命令的常用参数选项有以下几个：

❀ -t 连续对 IP 地址执行 ping 命令，直到被用户以 Ctrl＋C 中断，或关闭窗口。

❀ -l 3000 指定 ping 命令中的数据长度为 3 000 字节，而不是缺省的 32 字节。

❀ -n 执行指定次数的 ping 命令。

【本章小结】

本章介绍了计算机网络的基本概念，包括网络类型，网络拓扑结构、网络协议等，重点介绍了局域网的基本组成以及如何在局域网内设置资源共享；对 Internet 的相关概念做了详细介绍，包括 Internet 的起源与发展、TCP/IP 协议、IP 地址、子网掩码、域名系统、接入方式以及 Internet 所提供的服务等；介绍了如何通过局域网或 ADSL 连接到 Internet，并介绍了两个重要的网络故障检测命令 ipconfig 和 ping 的使用方法。

【习题】

一、简答题

1. 列举几种因特网上比较常见的服务项目。

2. 简述什么是 TCP/IP 协议。

3. 在计算机网络中，网络协议起什么作用？

4. 列举几个因特网采用的网络协议。

5. 什么是 IP 地址？请将下列 32 位的 IP 地址转换为点分十进制：11000000101010000000000011001010。

6. 什么是计算机网络？

7. 在域名中，cn、com、edu 分别表示什么意思？

二、单选题

1. 计算机网络最突出的优点是_____。

A. 运算速度快　　　　　　　　　B. 联网的计算机能够相互共享资源

C. 计算精度高　　　　　　　　　D. 内存容量大

2. 支持局域网与广域网互联的设备称为_____。

A. 转发器　　　B. 以太网交换机　C. 路由器　　　　D. 网桥

3. TCP/IP 协议是 Internet 中计算机之间通信所必须共同遵循的一种_____。

A. 信息资源　　　B. 通信规定　　　C. 软件　　　　　D. 硬件

4. 以下关于 Internet 的知识不正确的是_____。

A. 起源于美国军方的网络　　　　B. 可以进行网上购物

C. 可以共享资源　　　　　　　　D. 消除了安全隐患

5. Internet 是由_____发展而来的。

A. 局域网　　　　B. ARPANET　　C. 标准网　　　　D. WAN

6. 下列说法中正确的是_____。

A. Internet 计算机必须是个人计算机

B. Internet 计算机必须是工作站

C. Internet 计算机必须使用 TCP/IP 协议

D. Internet 计算机在相互通信时必须运行同样的操作系统

7. 提供可靠传输的传输层协议是_____。

A. TCP　　　　　B. IP　　　　　　C. UDP　　　　　D. PPP

8. 下列_____协议是 Internet 采用的主要协议。

A. Telnet　　　　B. TCP/IP　　　　C. HTTP　　　　　D. FTP

9. 下一代 Internet IP 的版本是_____。

A. IPv3　　　　　B. IPv4　　　　　C. IPv5　　　　　D. IPv6

10. 下列 IP 地址中，不正确的 IP 地址组是_____。

A. 259.197.184.2 与 202.197.184.144

B. 127.0.0.1 与 192.168.0.21

C. 202.196.64.1 与 202.197.176.16

D. 255.255.255.0 与 10.10.3.1

11. IP 地址能唯一地确定 Internet 上每台计算机与每个用户的_____。

A. 距离　　　　　B. 位置　　　　　C. 费用　　　　　D. 时间

12. 用于解析域名的协议是_____。

A. HTTP　　　　B. DNS　　　　C. FTP　　　　D. SMTP

13. 将文件从 FTP 服务器传输到客户机的过程称为_____。

A. 上载　　　　B. 下载　　　　C. 浏览　　　　D. 计费

14. 调制调解器（modem）的功能是实现_____。

A. 数字信号的编码　　　　　　B. 数字信号的整形

C. 模拟信号的放大　　　　　　D. 模拟信号与数字信号的转换

15. 下面_____命令是用于测试网络是否连通的命令。

A. telnet　　　　B. nslookup　　　　C. ping　　　　D. ftp

三、操作题：

在 Windows 中，在自己的文件夹（D：\ student）下建立一个子文件夹，命名为"我的共享文件"，将该文件夹设为共享，向该文件夹复制任意一个或几个文件。通过"网上邻居"查看，并让其他同学或同事访问该文件夹中的文件。

第七章

Internet 的应用

🏛 **【学习重点】**

请使用 3 学时学习本章内容，着重掌握以下知识点：

⊙ 文本、超文本、URL、浏览器的概念，Internet Explorer 浏览器的基本操作、信息检索与信息交流。

⊙ 电子邮件的概念、Outlook Express 的基本操作和邮件管理。

⚙ **【考试要求】**

1. 了解　文本、超文本、Web 页的超文本结构和统一资源定位器 URL 的基本概念；BBS 的基本操作；Web 格式邮件的使用；电子邮件的基本概念。

2. 掌握　Internet Explorer 浏览器选项参数的基本设置；在 Internet Explorer 浏览器中访问 FTP 站点的基本操作；Outlook Express 基本参数设置；Outlook Express 电子邮件管理的基本操作；Outlook Express 通信簿的使用。

3. 熟练掌握　Internet Explorer 浏览器的打开和关闭；浏览网页的基本操作；Internet Explorer 浏览器收藏夹的基本使用；信息搜索的基本方法和常用搜索引擎的使用；Outlook Express 的基本操作。

7.1　IE 浏览器的使用

7.1.1　相关概念

1. WWW

WWW 是英文词组 World Wide Web 的缩写，简称为 3W 或 Web。中文名字叫做万维网或全球信息网。它是基于超文本技术、以方便用户在 Internet 上搜索和浏览信息为目的的信息服务系统。

WWW 提供信息的基本单位是网页（Web 页面），每一个网页可包含文字、声音、图像、动画等多种信息。以网页形式储存信息的计算机叫 WWW 服务器，也称为 Web 站点。

2. 主页（Home Page）

Web 站点的起始页，是用户使用 WWW 浏览器访问 Internet Web 站点所看到的第一个页面，通常被看做是 Web 站点的入口，它包含了到同一站点上其他网页或其他站点的链接。

3. WWW 协议

WWW 协议是实现 WWW 服务不可缺少的通信协议，包括：统一资源定位器（URL）、超文本传输协议（HTTP）和超文本标记语言（HTML）。

4. 超文本与超媒体

文本是指字符（文字、字母、数字、符号等）的有序组合，又称为普通文本。含有超链接的文本被称为超文本。超链接是指在网页中具有特殊格式的文字或图像，这些文字和图像是其他信息资源的指针。超文本中链接的信息不仅有文本信息，还有声音、图像等多媒体信息，这种超文本称为超媒体。

HTML（Hyper Text Markup Language）是编写 Web 网页最基本的文本格式语言。HTML 通过在文本文件中加入一系列的标签（Tag）来告诉计算机如何显示网页，所以 HTML 是一种排版标记语言。

链接（Link）提供了浏览 Web 的导航方法。可链接内容一般是高亮度、鲜艳颜色或带有下划线的文本或图形。用鼠标选中一个链接时，鼠标通常变成手状图标，文本的颜色改变或加深。

5. URL 地址

在 WWW 上，任何一个信息资源都有统一的并且在网上唯一的地址，这个地址就叫做 URL（Uniform Resource Locators），称为统一资源定位器。

URL 的一般句法形式可表示为：

〈Method〉://〈HostName：Port〉/〈Path〉/〈File〉

其中：

Method：服务类型，如 HTTP、FTP、News、Telnet 等；

HostName：信息资源所在的主机名（域名或 IP 地址）；

Post：端口号；

Path：路径名；

File：文件名。

例如：http://www.cctv.com.cn。

6. 浏览器/服务器（B/S）模式

用户通过浏览器发送信息查询请求给服务器，服务器接受用户的请求，并将查询结果以 Web 页面的形式回送到用户的浏览器上（见图 7—1）。

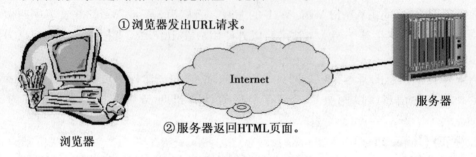

①浏览器发出 URL 请求。

Internet

服务器

②服务器返回 HTML 页面。

浏览器

图 7—1　浏览器/服务器模式工作原理

常用的浏览器有微软公司的 IE（Internet Explorer）以及 Netscape 公司的网景（Netscape Navigator）。

7.1.2　IE 浏览器的进入与退出

IE 浏览器是微软公司发行的一套网络软件，它具备电子邮件通信、新闻组管理、在线会议、网页编辑等功能。

1. 启动 IE

操作　※ 双击桌面上的 Internet Explorer 图标。

※ 或单击任务栏快捷按钮区中的 IE 图标。

※ 或单击"开始"按钮→"程序"→"Internet Explorer"菜单项。

2. 退出 IE

操作　像关闭 Windows 其他应用程序窗口一样直接关闭 IE 窗口即可。

7.1.3　IE 浏览器窗口组成

当正常启动 Internet Explorer 以后，会出现 IE 的使用界面，并自动链接到用户或系统所设定的主页（见图 7—2）。

图 7—2　Internet Explorer 窗口

❋ 标题栏：位于窗口的顶部，用来显示当前网页的名称。

❋ 菜单栏：提供 IE 浏览器的操作命令（每个菜单命令都有快捷键）。

❋ 工具栏：包括标准功能按钮、"地址"栏、"链接"栏三项。标准功能按钮以按钮的形式列出菜单中常用的操作命令（见图 7—3）；"地址"栏用来输入或显示当前网页的网址；"链接"栏用来存放系统自带的网页地址。

图 7—3　IE 常用工具按钮

❋ 功能区：为用户提供"搜索"、"收藏夹"等相应的操作功能。此区域可以关闭。

❋ 显示区：显示当前网页的文字、图形等信息，用户在此区域也可进行相应的操作，如输入数据、点击超链接进入下一页面等。

下面详细介绍标准功能按钮的用途。

（1）后退按钮。

单击后退按钮，可返回到浏览过的上一网页。

（2）前进按钮。

单击前进按钮，可转到已阅览过的下一网页。

（3）停止按钮。

单击停止按钮，可中断正在浏览的 web 页的连接。

（4）刷新按钮。

单击刷新按钮，可更新当前页。如果在频繁更新的 web 页上看到旧的信息或者页面加载不正确，可以使用该功能。

（5）主页按钮。

主页是打开浏览器时自动进入的页面。单击主页按钮可随时与设置好的主页地址链接。

（6）搜索按钮。

可以在 IE 选择搜索服务，搜索 Internet 上的相关信息。单击搜索按钮，会在 IE 窗口左侧的功能区出现搜索列表；再次点击，将隐藏搜索列表。

（7）收藏按钮。

单击收藏按钮，可将已保存在收藏夹中的网站地址信息在 IE 窗口左侧的功能区显示出来，然后直接点击其中想再去浏览的页面或地址，即可快速地浏览到该网页内容。再次点击该按钮，将隐藏收藏夹列表区。

（8）历史按钮。

单击历史按钮，将在 IE 窗口左侧的功能区显示文件夹列表，包含几天或几周前访问过的 Web 站点的链接。单击文件夹或网页以显示相关的 Web 页。

可以通过"Internet 选项"对话框更改在"历史记录"列表中保留网页的天数。指定天数越多，保存该信息所需的磁盘空间就越多。

再次单击历史按钮可以隐藏历史记录栏。

（9）打印按钮。

单击打印按钮，可打印当前正在浏览的 Web 页内容，按照屏幕的显示进行打印。

7.1.4　IE 浏览器的基本操作

1. Web 页面的基本浏览方法

（1）浏览网页。

通过 IE 浏览器浏览 Internet 上的 www 网页以获取信息和服务，是 IE 浏览器的主要功能之一。

浏览指定网站的方法通常有两种：输入该网页所在网站的 URL 地址和通过超链接的方式直接进入。

❋ 使用 URL 打开网站和网页。

启动 IE 浏览器，只要在 IE 的"地址"栏中输入该网站的 URL 地址，然后按回车键。浏览器开始与 Web 服务器建立连接，一旦连接成功（该 URL 地址存在），服务器将把用户所请求的页面文件显示在计算机的屏幕上。

如在 IE 浏览器的地址栏中输入"www.cctv.com.cn"，即可进入中央电视台的网站。

❋ 使用超链接打开网页。

超链接是 Internet 上快速连接和访问网页的一种方式。超链接有的指向该服务器上的其他 Web 页，有的可以链接到其他服务器。单击其中的某个超链接，即可进入由超链接指定的 Web 网页。如此一级级地浏览下去，就可漫游整个 WWW 资源。

也可通过工具栏上的"后退"、"前进"、"主页"等按钮进行返回前页、转入后页、返回主页等浏览操作。

（2）中断当前的浏览操作。

当下载网页时，如果网络传输速度过慢或因网页信息量很大造成等待时间过长，可单击工具栏的停止按钮或按 Esc 键停止下载。

（3）刷新当前页面。

有时候在页面下载过程中，会因为某个环节发生错误，而导致该页面显示不正确或下载过程发生中断（内容不全），可单击刷新按钮，再次向存放该网页的服务器发出请求以重新浏览该页面。

（4）开启多个浏览窗口加快网页浏览速度。

为了提高上网效率，应开启多个浏览器窗口，同时浏览不同网站的信息。

2. 保存当前浏览的网页

（1）保存当前页面到本地。

浏览 Web 页时，可以将常用的 Web 页上的信息保存下来以便日后参考或脱机浏览。

`操作` 第一步，单击"文件"菜单→"另存为"命令，出现"保存网页"对话框。

第二步，选择相应的保存位置，输入保存文件名（或默认当前网页的名字），单击"保存"按钮。

保存类型有：

❀ 网页，全部：保存页面 HTML 文件和所有超文本信息（文本、图形、动画等）。

❀ Web 档案，单一文件：把当前页的全部信息保存在一个 MIME 编码文件中。

❀ 网页，仅 HTML：只保存 Web 页的文字内容，不保存图像、声音或其他文件。

❀ 文本文件：将 Web 页信息（文字）以 .txt 格式进行保存。

（2）保存当前页面的图片到本地。

Web 页面中包含的图片格式一般是适合网络传输的 JPG 格式或 GIF 格式。

❀ 保存图片的操作。

`操作` 第一步，在页面图片位置上单击鼠标右键，在快捷菜单中选择"图片另存为"。

第二步，在"保存图片"对话框中确定保存位置、图片的文件名（可使用默认）以及图片的保存类型（通常使用默认），单击"保存"按钮。

❀ 保存背景图片的操作。

`操作` 第一步，将鼠标定位在页面中喜欢的背景处（没有超链接、没有插图），单击鼠标右键，在快捷菜单中选择"背景另存为"。

第二步，在"保存图片"对话框中确定保存位置、背景图片的文件名以及保存类型，单击"保存"按钮。

❀ 将 Web 页面图片作为桌面墙纸的操作。

`操作` 在页面图片位置上单击鼠标右键，在快捷菜单中选择"设置为背景"命令，即可将选定的图片作为桌面背景。

3. 加快网页浏览速度

（1）只浏览页面中的文字内容。

Web 页面中包含有大量的图像、声音和动画，由于受带宽影响，使得 Web 页面的浏览速度缓慢，如果只浏览其中的文字信息（取消页面中的多媒体信息），可加快页面浏览速度。

操作　第一步，单击浏览器的"工具"菜单→"Internet 选项"，弹出"Internet 选项"对话框。

第二步，选择"高级"选项卡（见图 7—4），移动垂直滚动条到"多媒体"设置区，取消"播放网页中的动画"、"播放网页中的声音"、"播放网页中的视频"、"显示图片"等复选框，单击"确定"按钮。

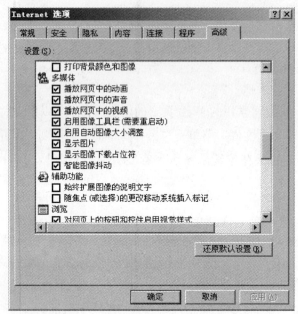

图 7—4　"Internet 选项"的"高级"选项卡

（2）利用历史记录浏览以前访问过的页面。

用户访问过的网页的 URL 地址将被保存在本地"Temporary Internet Files"文件夹中。对于这些保存的历史记录，我们可以用日期、站点等查找方式，快速地找到以前访问过的网页，并可以脱机进行浏览。

操作　第一步，单击工具栏历史按钮，在浏览器左侧将给出历史记录栏，列出最近几天或几星期内访问过的网页和站点的链接（见图 7—5）。

第二步，单击"查看"右侧下拉箭头，弹出的下拉菜单中有"按日期"、"按站点"、"按访问次数"以及"按今天的访问顺序"四个选项，可按此查看相应的历史记录。

7.1.5　IE 浏览器的基本设置

Internet Explorer 在使用过程中，可以根据用户的使用习惯和要求来修改它的一些设置。IE 的各种设置是通过"Internet 选项"对话框实现的。

1．"Internet 选项"简介

操作　第一步，鼠标右键单击桌面上的 Internet Explorer 图标，在弹出的快捷菜单中单击"属性"选项；或单击 IE 浏览器中的"工具"菜单→"Internet 选项"命令，弹出"Internet 选项"对话框。

第二步，单击"Internet 选项"对话框中相应的选项卡，即可完成更改主页、安全设置、局域网连接设置等操作。

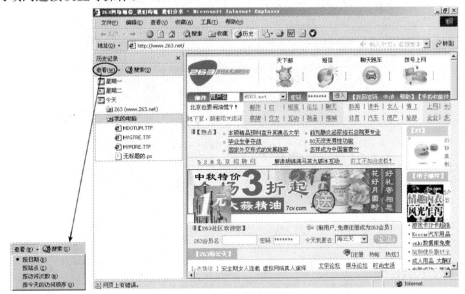

图 7—5　查看历史记录

（1）"常规"选项卡。

通过"常规"选项卡（见图 7—6），可以更改浏览器的主页；设置 Internet 临时文件夹的属性，以提高浏览速度；删除临时文件夹的内容；增加计算机的硬盘空间；清除历史记录及设置历史记录的存储时间等。

（2）"安全"选项卡。

使用"安全"选项卡，可以对 Web 内容进行安全设置，其中包括 Internet、本地 Intranet、受信任的站点、受限制的站点等。同时还可以对该区域的安全级别进行设置，包括自定义级别和设置默认级别。

（3）"隐私"选项卡。

上下移动"隐私"选项卡中的滑块进行隐私设置，可为 Internet 区域选择一个隐私限制，即设置浏览网页是否允许使用 Cookie。

（4）"内容"选项卡。

使用"内容"选项卡，可以进行三方面的设置，即分级审查、证书和个人信息。

（5）"连接"选项卡。

使用"连接"选项卡，可以添加 Internet 拨号连接或 Internet 网络连接，还可以设置代理服务器，以及局域网的相关参数（代理服务器地址）等。

（6）"程序"选项卡。

使用"程序"选项卡（见图 7—7），可在"Internet 程序"区域中，指定 Windows 自动用于每个 Internet 服务的程序，包括 HTML 编辑器、电子邮件等。

通过"重置 Web 设置"按钮，可将 Internet Explorer 重置为使用默认主页和搜索

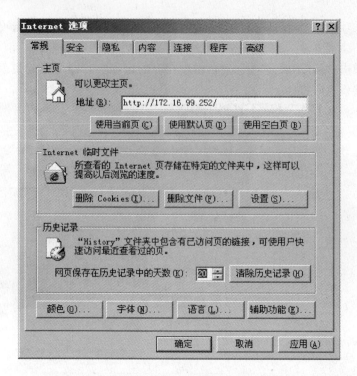

图 7—6　"Internet 选项"的"常规"选项卡

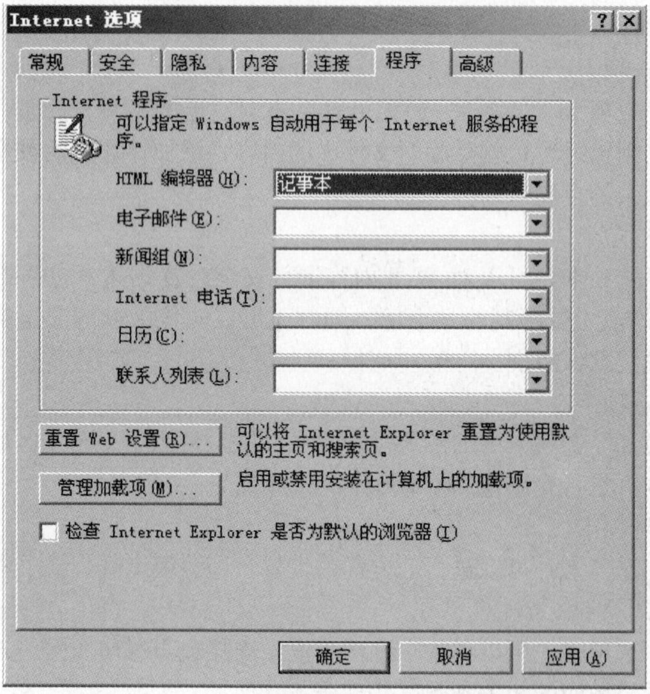

图 7—7　"Internet 选项"的"程序"选项卡

页等。

（7）"高级"选项卡。

通过"高级"选项卡（见图 7—4），可设置个性化的 IE 浏览方式，包括 HTTP1.1 设置、安全、从地址栏中搜索、打印、多媒体、辅助功能、浏览页面的显示效果等相关属性设置。

2. 设置浏览器的起始页

当启动 IE 时，浏览器会自动下载并显示出一个页面，这个页面称为浏览器的主页，也是用户浏览的起始页。用户可以根据自己的需要将经常浏览的网页设置为浏览器的主页。

操作　第一步，单击"Internet 选项"对话框中的"常规"选项卡（见图 7—6）。

第二步，在"主页"区的"地址"栏中输入要作为浏览器主页的网页或网站的 URL地址。

❀ 使用当前页：将当前浏览的页面作为主页。

❀ 使用默认页：使用浏览器生产商微软公司的主页。

❀ 使用空白页：启动 IE 时不打开任何网页，以空白页面"about:blank"作为主页。

第三步，单击"确定"按钮。

3. 清除历史记录

在 IE 浏览器中，只要单击工具栏上的"历史"按钮即可查看所有浏览过的网页的历史记录。但随着时间的增加，历史记录也会越积越多。

通过"Internet 选项"对话框中的"常规"选项卡，可以设置历史记录的保存时间，时间超过后，系统会自动删除超时的历史记录。

操作　第一步，单击"Internet 选项"对话框中的"常规"选项卡。

第二步，调整"历史记录"区天数计数器的值，设置历史记录的保存天数。

第三步，单击"确定"按钮。

单击"清除历史记录"按钮，弹出提示对话框，如确认删除，单击"是"即可将保存的历史记录全部删除。

4. 设置临时文件夹，提高网站的访问速度

临时文件夹存放最近访问过的所有 Web 站点的信息，这些信息被保存在默认的文件路径下，即 C:\Documents and Settings\Administrator\Local Settings\Temporary Internet Files。

操作　第一步，单击"Internet 选项"对话框中的"常规"选项卡。

第二步，单击"Internet 临时文件"区的"设置"按钮，弹出"设置"对话框（见图 7—8）。

"移动文件夹"按钮：可以改变临时文件夹的路径。

"查看文件"按钮：可以查看临时文件夹的内容。

第三步，单击"确定"按钮。

5. 设置代理服务器

操作　第一步，单击"Internet 选项"对话框中的"连接"选项卡，单击"局域网设置"按钮，弹出"局域网（LAN）设置"对话框（见图 7—9）。

第二步，在"代理服务器"区，选中"为 LAN 使用代理服务器"复选框，设置相应的代理服务器地址及端口号等。

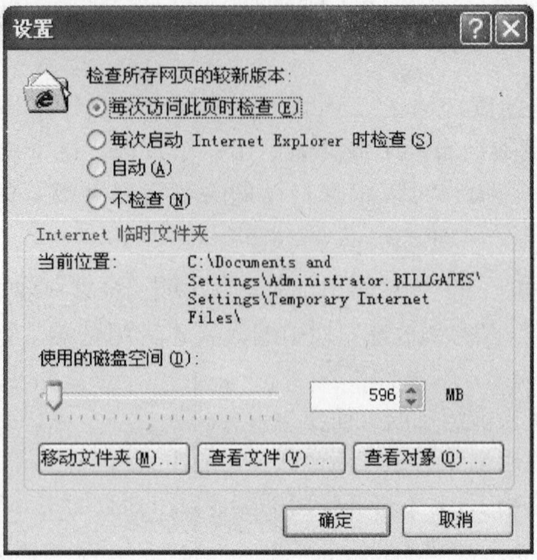

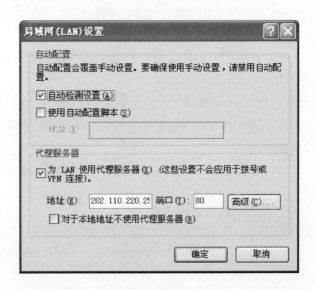

图 7—8 设置临时文件夹

图 7—9 "局域网（LAN）设置"对话框

第三步，单击"确定"按钮。

7.1.6 IE 浏览器收藏夹的使用

在浏览网页时用户经常会看到一些有用的信息和一些经常使用的站点。为方便查看和操作，随时可以将这些网页和站点存放到收藏夹中，在需要浏览的时候，只需打开收藏夹，单击相关的链接即可显示相应站点的页面信息。

1. 将网址添加到收藏夹列表

操作 第一步，打开要添加到收藏夹的网页。

第二步，单击"收藏"菜单→"添加到收藏夹"命令，弹出"添加到收藏夹"对话框（见图 7—10）。

第三步，单击"创建到"按钮，可显示出对话框下面的"创建到"文件夹创建区域。

IE 浏览器的收藏夹设有 Links、Media 和链接三个预定义的文件夹，可以根据需要将网页保存在这些预定义的文件夹中；也可以通过"新建文件夹"按钮创建新的文件夹，分门别类地进行保存；或者直接保存到"收藏夹"目录下。

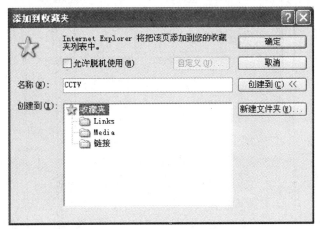

图 7—10　"添加到收藏夹"对话框

2. 整理收藏夹

当收藏夹中收藏的网页太多时，可能会给查找带来麻烦，所以应经常对收藏夹中的文件夹及网站地址进行整理，保留有价值的网站地址，删除不经常浏览的网站地址。

操作　第一步，单击"收藏"菜单→"整理收藏夹"命令，弹出"整理收藏夹"对话框（见图 7—11）。

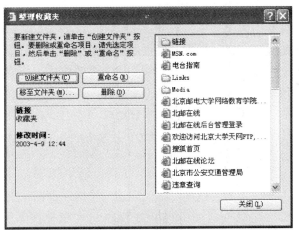

图 7—11　"整理收藏夹"对话框

第二步，通过"创建文件夹"、"重命名"、"移至文件夹"、"删除"等按钮，完成相应的整理工作。

7.1.7　搜索引擎的使用

搜索引擎是一种能够通过 Internet 接受用户的查询指令，并向用户提供符合其查询要求的信息资源网址系统。

搜索引擎既是用于检索的软件，又是提供查询、检索的网站。所以，搜索引擎也可看作 Internet 上具有检索功能的网页。

1. 搜索引擎的特点及作用

搜索引擎可以看做是提供网上信息查询服务的系统，是互联网上查询信息的导航工具，是特殊的 WWW 网站，其资源并非是一般网页而是索引数据库。

搜索引擎的作用：为用户提供所需信息的定位，如所在的网站或网页，文件所在的服务器及目录等。

2. 搜索引擎的分类

搜索引擎按其工作方式可分为两类。

（1）全文搜索引擎（基于关键词的检索）。

全文搜索引擎是名副其实的搜索引擎，它从互联网上提取各个网站的信息（以网页文字为主），建立起数据库。用户可以用逻辑组合方式输入各种关键词（Keyword），搜索引擎根据这些关键词，从数据库中检索与用户查询条件相匹配的记录，然后根据一定的规则反馈给用户包含此关键词信息的所有网址和指向这些网址的链接。

根据搜索结果来源的不同，全文搜索引擎可分为两类：

✺ 拥有自己的网页抓取、索引、检索系统（Indexer），有独立的"蜘蛛"（Spider）程序或"爬虫"（Crawler）或"机器人"（Robot）程序（这三种称法意义相同），能自建网页数据库，搜索结果直接从自身的数据库中调用。如 Google 和百度就属于此类。

✺ 租用其他搜索引擎的数据库，并按自定的格式排列搜索结果。如 Lycos 搜索引擎。

（2）分类目录型搜索引擎。

把因特网中的资源收集起来，根据其提供的资源类型不同，分成不同的目录，再一层层地进行分类。用户完全可以按照分类目录找到所需要的信息，不依靠关键词进行查询。

目录索引虽然有搜索功能，但严格意义上不能称为真正的搜索引擎，提供的只是按目录分类的网站链接列表。目录索引中最具代表性的是 Yahoo、新浪等分类目录搜索。

常用的搜索引擎有：www. yahoo. com、www. google. com、www. baidu. com。

其他门户网站也可以实现搜索功能，如 www. sina. com. cn、www. 163. com 等。

3. 常用的查询方法

（1）简单查询：根据输入的关键词，不加限制地查询；查询结果多，不一定准确。

（2）复杂查询：又称高级查询（Advanced Search），依据搜索引擎支持的查询条件，让搜索引擎查询出符合查询条件的信息；查询结果一般很准确。

不同的搜索引擎提供的复杂查询功能和实现的方法不同，由于没有统一的建站标准，查询方法和限制方法各不相同，因此在使用不同的搜索引擎时，需要查阅有关帮助文件或有关资料。

4. 搜索引擎的使用

以百度为例说明基于关键词的全文搜索引擎的使用方法。

操作　第一步，在浏览器中打开百度搜索引擎（www. baidu. com），选择要搜索的类别，在搜索栏中输入要查询的关键词或关键词组合，直接回车，或单击"百度一下"按钮（见图 7—12）。搜索引擎将把查询到的所有信息列在浏览器中。

第二步，点击相应的信息，可进入具体的页面查看详细信息；点击页号可进入下一页查看相关信息的列表（见图 7—13）。

图 7—12　搜索引擎的使用 1

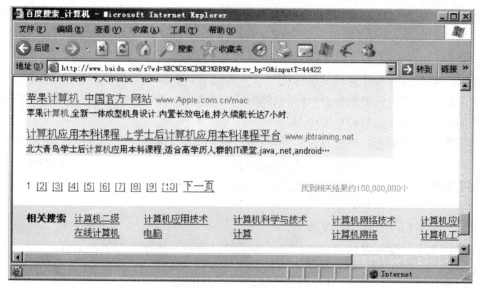

图 7—13　搜索引擎的使用 2

（1）简单查询。

在搜索引擎中，直接输入关键词进行信息查询，这是最简单的查询方法，使用也非常方便。但是返回的查询结果会非常多，也不准确，对查询者来说可能很多都是无用的信息。如图 7—12 所示就是一个简单查询。

（2）限定查询条件进行查询。

在搜索引擎中，通过几个关键词的组合来缩小查询的范围。这样做的结果会过滤掉很多无用的信息，使查询结果更接近用户所需的信息。

例如，想查询 Word 中与图表制作有关的信息，可以在搜索引擎中输入"Word 图表制作"（注：关键词之间用空格分隔），返回 20 万条左右的查询结果；但是，如果仅输入"图表制作"返回的结果则是 340 万条左右。

（3）使用加号"＋"限定查询。

在使用两个或两个以上的关键词进行限定查询时，关键词之间除了可以使用空格进行分隔外，也可以使用"＋"号进行相连。

大多数的搜索引擎对于用空格和用加号连接的关键词组合的查询，其查询结果是相同的。

（4）使用减号"－"限定查询。

在使用两个或两个以上的关键词进行限定查询时，如果关键词之间使用"－"号相连，可以使查询的范围更准确。

"－"号的作用是在第一个关键词的查询结果中过滤掉与"－"号后面关键词有关的内容，有利于更准确地查询出用户需要的信息。

如果有多个"－"号进行限定，则依次过滤信息，即后面的"－"号是在前面"－"号过滤的基础上再进行过滤。例如，想查询计算机网络中除网络协议以外的信息，在搜索引擎中输入"计算机网络－网络协议"（注：减号前一定要有一个空格）。

（5）使用引号限定查询。

有些搜索引擎可以对搜索的关键词作智能化处理，即自动地把句子分割成若干个词语作为子关键词进行查询，这样做的结果会把与这些子关键词有关的信息全部搜索出来，而这些信息对用户来说可能大都无用。

例如，想查询与"计算机网络协议"有关的信息，如果在计算机网络协议两边未使用引号加以限定，则搜索引擎会分别针对计算机、网络、协议等关键词进行查询，这样查询的结果要比用户想查询的信息多得多。

为了解决这个问题，可以在搜索关键词两边使用引号进行限定，以保证搜索结果的准确性，因为搜索引擎不会对引号内的内容进行拆分。

在很多搜索引擎中，把这种查询方式称为短语查询或专用词语查询。此方法对查找名言警句或专有名词时格外有用。

（6）使用逻辑关系符组合关键字。

在使用多个关键词进行限定查询时，各关键词之间可使用下列逻辑关系符进行相连：

AND：逻辑"与"。搜索的结果中，应同时包含 AND 两端的关键词；作用同"＋"号。

OR：逻辑"或"。搜索的结果中，只包含 OR 两端任一关键词即可。

NOT：逻辑"非"。搜索的结果中，不包含此关键词；作用同"－"号。

7.1.8　Web 方式下访问 FTP 站点

1. FTP 相关概念

FTP（File Transfer Protocol，文件传输协议）协议是 TCP/IP 协议族中的协议之一，

该协议是 Internet 文件传送的基础，它由一系列规格说明文档组成，目标是提高文件的共享性，提供非直接使用远程计算机，使存储介质对用户透明和可靠高效地传送数据。

FTP 协议的主要作用就是让用户连接上一台远程计算机。这些计算机上运行着 FTP 服务程序，并且存储着成千上万个非常有用的文件，包括计算机软件、声音文件、图像文件、电影等。用户通过 FTP，可以从远程计算机获得所需要的文件，也可以把本地计算机的文件送到远程计算机上。

在 TCP/IP 协议中，FTP 端口号为 21。

2. 相关术语

本地计算机：请求 FTP 服务的计算机。

远程计算机：提供 FTP 服务的计算机。

上传（Upload）：把本地计算机的文件送到远程计算机去。

下载（Download）：查看远程计算机上有哪些文件，然后把文件复制到本地计算机。

FTP 的功能就是对本地计算机和远程计算机上的目录和文件进行操作，在两台计算机之间通过网络传输文件。FTP 服务端口号为 21。

3. FTP 服务方式

FTP 服务器在对外提供服务时，有匿名 FTP 服务和非匿名 FTP 服务两种。

（1）匿名 FTP 服务。

匿名 FTP 服务允许任何一个用户自由地登录到 FTP 服务器上下载或上传文件，不要求用户事先在 FTP 服务器进行注册。

当访问匿名 FTP 服务器时，如需要提供用户名和密码，一般通用的用户名是"anonymous"，密码是自己的电子邮件地址。

（2）非匿名 FTP 服务

要进入非匿名 FTP 服务器，必须先向 FTP 服务器进行注册，以获得可访问的用户名及密码。非匿名 FTP 服务器通常供内部使用或提供收费咨询服务。

4. FTP 地址格式

FTP 通用地址格式如下：

ftp：//［用户名：密码@］FTP 服务器 IP 地址或域名：FTP 端口/路径/文件名

注：方括号中内容可选。

如下地址都是有效的 FTP 地址：

ftp：//username：password@ftp. pku. edu. cn/path

ftp：//username：password@ftp. pku. edu. cn

ftp：//ftp. pku. edu. cn

5. FTP 访问方式

可以通过如下两种方式访问 FTP 服务器：

（1）Web 方式。

通过 Web 浏览器使用 FTP 协议访问 FTP 服务器。只要在地址栏输入 FTP 服务器的地址或者域名，即可连接到 FTP 服务器上。

（2）客户端 FTP 软件方式。

通过客户端的 FTP 软件访问 FTP 服务器。客户端的 FTP 软件有很多，如 ws-ftp、

leechftp、leapftp、cuteftp、netants（网络蚂蚁）等。

6. 访问 FTP 站点

操作：

第一步，打开 IE 浏览器，在地址栏输入：ftp：//ftp. bupt. edu. cn，连接到北京邮电大学的 FTP 服务器上（见图 7—14）。

第二步，浏览 FTP 服务器开放的文件夹和文件。操作方法如同在资源管理器中管理文件或文件夹一样。

第三步，如要下载，可在选中的文件上单击鼠标右键，选择快捷菜单的"复制"命令，然后在资源管理器中确定要保存文件的文件夹，单击鼠标右键，选择快捷菜单的"粘贴"命令即可。

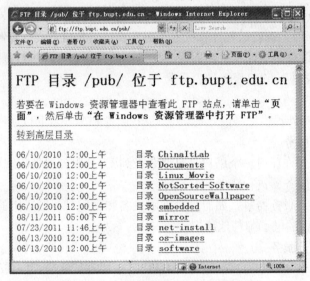

图 7—14　使用浏览器访问 FTP 服务器

如果 FTP 服务器还对用户开放了写入权限，则用户可以在 FTP 服务器上创建自己的文件夹、上传文件、删除文件夹和文件等操作。

7.1.9　BBS 的使用

BBS 的英文全称是 Bulletin Board System，中文翻译为"电子公告板"或"电子公告牌"。

BBS 一般按不同的主题分成很多个布告栏，布告栏的设立依据是大多数 BBS 使用者的要求和喜好，使用者可以阅读他人关于某个主题的最新看法，也可以将个人的想法毫无保留地贴到公告栏中。如果需要单独交流，可以将想说的话直接发到某个人的电子信箱中。如果想与在线的某个人聊天，可以启动聊天程序。

1. BBS 访问方式

（1）Telnet 方式。

利用远程登录服务，通过各种终端软件，直接远程登录到 BBS 服务器去浏览、发表文章，还可以进入聊天室，与网友聊天，或者发信息给站上在线的其他用户。

Telnet 服务端口默认的是 23 端口，但是有些 BBS 站为了减轻一个端口的访问量，可能会提供多个访问端口。

（2）WWW 方式。

通过浏览器直接登录 BBS，在浏览器里使用 BBS，参与讨论。

优点：使用比较简单方便，入门也容易。

缺点：由于受 WWW 方式本身的限制，不能自动刷新，同时有些 BBS 的功能难以在 WWW 下实现。

2. BBS 的使用

通常当第一次登录某个 BBS 时，大多数的 BBS 都将登录者的身份默认为"游客"，权限是只能浏览文章，不能回复也不能发表文章。

要想真正使用 BBS，必须注册一个 ID 号（即账户，不能重复）。ID 号是用户在 BBS 上的标记，BBS 系统是靠 ID 号区分各注册用户，并向其提供各种站内服务的。

ID 号一旦注册成功，将会获得"游客"所没有的权限，如发表文章，进聊天室聊天，发送信息给其他网友，收、发站内外信件等。此外，拥有者自己是不能修改 ID 号的。

当使用注册的 ID 登录 BBS 后，就可以真正地使用 BBS 了。

3. BBS 的登录方法

BBS 站点一般会有一个网址，只要使用 IE 或其他浏览器在地址栏键入网址登录即可，十分方便。输入用户账户及密码，点击"登录"进入 BBS 页面。例如，登录 QQ 的 BBS，在 IE 地址栏输

图 7—15　QQ 的 BBS 页面

入：http://bbs.qq.com/，在 BBS 登录信息处输入 QQ 号码、密码以及附加码，就能进入 QQ 的 BBS，进行发帖和留言等操作（见图 7—15）。

7.2　电子邮件的使用

7.2.1　电子邮件的基本概念

电子邮件（E-mail）是一种通过计算机互联网实现通信、交流信件、互通信息的高效而价廉的现代化通信手段。它使网络用户能够进行快速、简便、经济的现代通信，通过网络用户可以发送或接收文字、图像、声音、视频等多种形式的信息。

电子邮件与普通邮件一样，发信者也需要注明收件人的姓名与地址（即邮件地址），发件方服务器把邮件传送到收件方服务器，收件方服务器再把邮件转发到收件人邮箱中。

1. 电子邮件的工作原理

电子邮件的工作原理如图 7—16 所示。

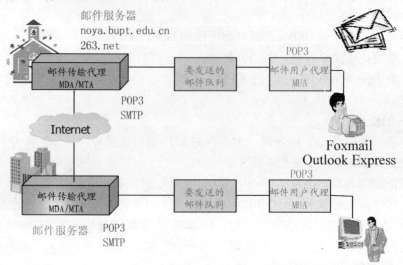

图 7—16　电子邮件工作原理

如图 7—16 所示，邮件服务器负责接收用户的邮件，并根据邮件地址进行传输。

用户发送邮件时，邮件阅读器通过与邮件服务器建立 SMTP（简单邮件传输协议）连接，将编辑好的邮件发送给邮件服务器。即：邮件从发件方邮件服务器传送到收件方邮件服务器，并将邮件存放在收件方的邮箱内；当用户读取邮件时，邮件阅读器通过与邮件服务器建立 POP3 连接，将邮件从邮件服务器上读取到本地计算机上。

2. 电子邮件的地址格式

E-mail 地址的形式为：用户名@电子邮件服务器名。例如：wang2005@263.net。

其中，wang2005 是用户名，是此电子邮箱拥有者向电子邮件服务商申请得到的。@就是"at"的意思。263.net 是电子邮件服务器的域名，表示该电子邮箱是在 263 网站的邮件服务器上申请的。

3. 申请电子邮箱

电话拨号用户在办理入网手续时，ISP 会提供一个电子邮件地址，用户可依据入网登记表上"邮件接收服务器"和"邮件发送服务器"的地址来配置本人计算机上的邮件服务。

局域网用户可向本地网络管理中心申请邮箱，有时需要办理必要的手续并缴纳一定的费用，之后在本人计算机上安装 Outlook Express 或其他的邮件软件（如 Foxmail），并配置账户。

申请免费邮箱是最简单、最省钱的方法。163、新浪等网站都提供免费电子邮件服务。

4. 电子邮件收发方式

可以通过 Web 方式（如通过浏览器登录到邮件服务器上）或客户端软件（如 Outlook Express）接收电子邮件。

（1）Web 方式。

操作 第一步，打开 IE 浏览器。

第二步，在地址栏输入邮件服务器地址，出现邮箱登录页面（见图 7—17）。

第三步，输入用户名和密码，进入邮件管理页面。根据需要进行阅读邮件、发送邮件等操作。

（2）客户端邮件管理软件。

Outlook Express 是常用的客户端邮件管理软件，将在下一节介绍该软件收发邮件的使用方法。

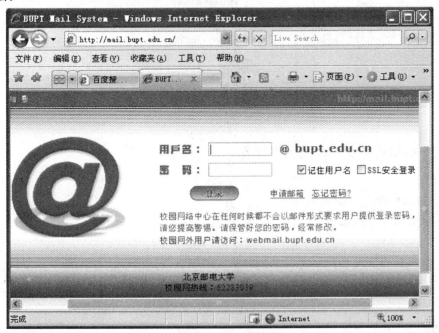

图 7—17　邮件服务器登录页面示例

7.2.2　Outlook Express 窗口的基本组成

Outlook Express 为用户提供了几个固定的邮件文件夹，同时还可以新建分类文件夹（见图 7—18）。

⁕ 收件箱：保存各邮件账户收到的已读和未读的邮件。

⁕ 发件箱：保存各邮件账户没有成功发送到收件服务器的邮件，当启动 Outlook Express 或按"🖃"发送/接收按钮时，会自动发送其中的邮件。

⁕ 已发送邮件：保存各邮件账户已成功发送到收件服务器的邮件，包括邮件账号错误的邮件。

⁕ 已删除邮件：保存用户删除的邮件，以便用户在需要时阅读。

⁕ 草稿：保存着用户撰写后尚未发送的邮件，一旦用户进行了发送操作，这个邮件将立即转送到发件箱，等待发送，如果发送成功，这个邮件又会及时转送到"已发送邮

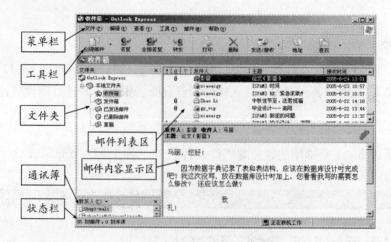

图 7—18　Outlook Express 窗口

件"箱中。

7.2.3　Outlook Express 的基本操作

1. 添加邮件账户或新闻组账户

在 Outlook 中添加新的账户时，需要知道以下信息：

❀ 对于邮件账户，需要知道所使用的邮件服务器类型（POP3、IMAP 或 HTTP）、账户名和密码，以及接收邮件服务器的名称、SMTP 所用的发送邮件服务器的名称。

❀ 对于新闻组账户，需要知道要连接的新闻服务器名称，必要时还需知道账户名和密码。

操作　第一步，单击"工具"菜单→"账户"，弹出"Internet 账户"对话框。

第二步，在"Internet 账户"对话框中，单击"添加"按钮，弹出下拉菜单（见图 7—19）。

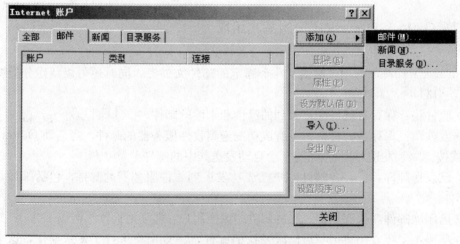

图 7—19　"Internet 账户"对话框

第三步，选择"邮件"或"新闻"，打开"Internet 连接向导"对话框，按照向导中的提示完成邮件或新闻组账户的建立。

为了达到在本地计算机能同时从不同邮件服务器接收邮件的目的，可以将从不同 ISP 处申请的 E-mail 账号分别添加到 Outlook Express 的邮件账户中，这样就不需要分别登录到不同的邮件服务平台（网站）去读取邮件了。

通常要设置其中一个作为默认的 E-mail 账号，因为在发送邮件时是用默认的 E-mail 账号发出的。但在"发件人"下拉列表中可以看到添加的所有 E-mail 账号，可根据需要从中选择一个作为发送邮件的账号。

设置默认 E-mail 账号的操作方法如下（见图 7—20）。

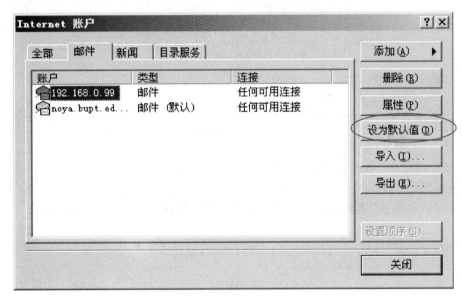

图 7—20　设置默认邮件账户

操作　第一步，在邮件账号列表中选择一个邮件账号。

第二步，单击"设为默认值"按钮即可。

2. 接收邮件

操作　第一步，接收邮件。单击工具栏中的" "发送/接收按钮右侧的向下箭头，给出下拉菜单，选择其中的"接收全部邮件"，Outlook Express 将依次自动地与各邮件账户所在的邮件服务器建立连接，读取新邮件，并保存在默认的"收件箱"中。

第二步，打开收件箱。单击邮件文件夹列表中的"收件箱"，收件箱中接收到的全部邮件将以列表的形式在邮件列表区（右上窗口）显示（见图 7—21）。

第三步，阅读邮件。单击邮件列表中的邮件，该邮件详细内容将在邮件正文区（右下窗口）显示。双击邮件列表中的邮件，可在单独的窗口中查看邮件内容。

3. 发送邮件

下面三种情况都和发送邮件有关，它们的操作窗口以及操作方法基本相同。

❈ 新建邮件：新写一封准备发出的邮件。

❈ 回复邮件：对接收到的邮件进行回复。

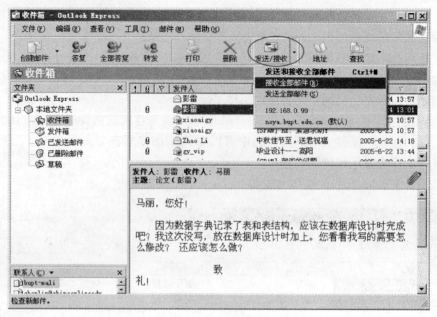

图 7—21   接收邮件操作

❋ 转发邮件：将收到的邮件转发给其他人。

下面以新建邮件的操作为例进行说明。

第一步，单击工具栏中的"▭"创建邮件按钮，弹出"新邮件"对话框。

第二步，在"收件人"栏中输入邮件接收人的 E-mail 地址；如果邮件还要抄送给其他的人，在"抄送"栏中也要输入抄送人的 E-mail 地址。

注   意   如邮件要发送或抄送给多个人，那么各 E-mail 地址之间必须用分号"；"隔开。

第三步，在正文区书写邮件内容（见图 7—22）。

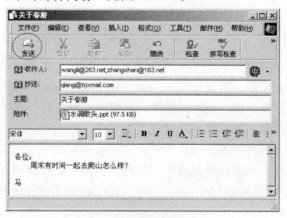

图 7—22   新建邮件示例

第四步，邮件写完后，单击工具栏的"▭"发送按钮，就可以发出此封邮件了。

如果邮件发送失败，如账户配置有问题或网络未连通，则邮件会保存在"发件箱"中。一旦邮件账户配置正常或网络连通后，会自动发送未发出的邮件，直到发送成功。

注　意　这里的发送成功只是指本地发送成功，至于对方是否能正常地接收到邮件，还要看收件人的 E-mail 地址是否书写正确或有效。

4. 在待发邮件中插入文件

有时在发送邮件时，还需要将一些文件发送给对方，此文件就是通常所说的邮件"附件"。

操作　第一步，创建一个新邮件。

第二步，单击"插入"菜单→"文件附件"，弹出"插入附件"对话框，找到并双击要插入的文件（文本、图形、动画、音频、视频文件均可），即可将选定的文件以附件的形式加入到邮件中（见图 7—23）。

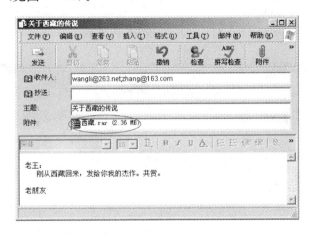

图 7—23　插入附件示例

注　意　附件的大小要考虑对方邮箱的容量，如果超出邮箱的接收能力，可能会使邮件发送失败，严重时可能会导致对方邮箱使用异常。

带有附件的邮件在正文区打开后，可以在"主题"区的右侧看到一个曲别针形状的符号。

5. 在待发邮件中使用信纸

为了美化邮件，可以为待发邮件设置信纸。

（1）将信纸应用于所有的待发邮件。

操作　第一步，单击"工具"菜单→"选项"，弹出"选项"对话框，选择"撰写"选项卡（见图 7—24），在"信纸"区域，选中"邮件"复选框，单击"选择"按钮。

第二步，在弹出的"选择信纸"对话框（见图 7—25）中，选择喜欢的信纸，在"预览"窗口可以查看其效果。

单击"创建信纸"按钮，可创建新的信息。单击"编辑"按钮可对已存在的信纸进行

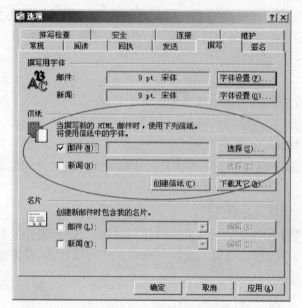

图 7—24　"撰写"选项卡

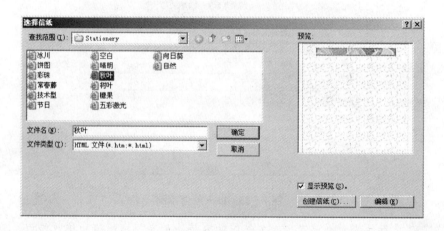

图 7—25　"选择信纸"对话框

"编辑"。

第三步，选择了合适的信纸后，双击该信纸；或单击"确定"按钮。返回"选项"对话框，单击"确定"按钮。在以后新建邮件时，将在正文背景中使用上述选择的信纸。

（2）将信纸应用于个别的待发邮件。

操作　第一步，创建一个新邮件。

第二步，单击"格式"菜单→"应用信纸"，弹出"信纸选择"下拉菜单，从中选择一种信纸，或通过"其他信纸"选择其他的信纸。

第三步，单击选择好的信纸，Outlook Express 将把信纸加到新邮件的正文背景上。

也可以直接单击"邮件"菜单→"新邮件使用"，弹出"信纸选择"下拉菜单，从中选择一种信纸后，Outlook Express 将直接打开一个新邮件窗口并把信纸背景加入到邮件正文背景上。

6. 在待发邮件中加入签名

操作　第一步，单击"工具"菜单→"选项"，弹出"选项"对话框，选择"签名"选项卡（见图 7—26）。

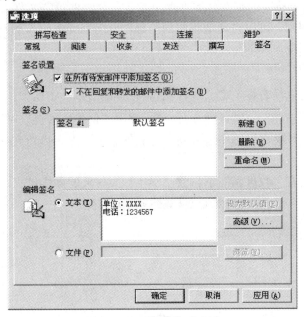

图 7—26　"签名"选项卡

第二步，创建签名。单击"新建"按钮，在"签名"编辑区输入签名信息；或选中"文件"，通过"浏览"找到要使用的文件。

第三步，加入签名。选中"在所有待发邮件中添加签名"复选框。

第四步，单击"确定"按钮。

签名设置好后，在以后发出的邮件末尾都将自动加上签名信息。

7. 编辑邮件正文格式

（1）更改所有邮件的文本样式。

操作　单击"工具"菜单→"选项"，弹出"选项"对话框，选择"撰写"选项卡（见图 7—24），单击"字体设置"进行具体设置。

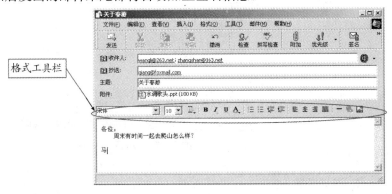

图 7—27　格式工具栏

（2）更改特定邮件的文本样式。

操作　第一步，在邮件正文区选择要编排的文本。

第二步，在格式工具栏中，根据需要单击相应的按钮（见图 7—27）。

7.2.4　Outlook Express 的邮件管理

利用 Outlook Express 的邮件分类管理功能，在"收件箱"文件夹中添加一些新的文件夹并设置一定的规则，可以自动地将收到的邮件分门别类地归入到不同的文件夹中，有利于邮件的整理和回复。

1. 新建文件夹

操作　第一步，鼠标右键单击"收件箱"，在弹出的菜单中选中"新建文件夹"，或单击"文件"菜单→"新建"→"新建文件夹"，弹出"创建文件夹"对话框。

第二步，在"文件夹名"框中输入新文件夹的名字，并选择新文件夹创建的位置，单击"确定"按钮。

图 7—28 给出了在"收件箱"下创建"学生"文件夹的操作过程。

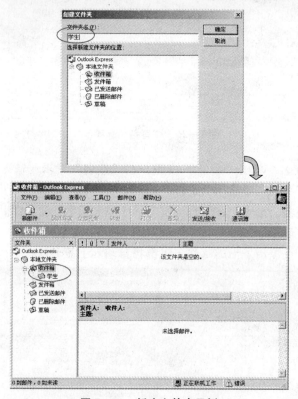

图 7—28　新建文件夹示例

2. 移动邮件

对于"收件箱"中原有的邮件，用户可以用手工方法将其移动到指定的文件夹中。

操作　❋ 直接拖动。在"收件箱"邮件列表区，选择要移动的邮件，直接将其拖动到指定的文件夹中即可。

❋ 或选择移动。鼠标右键单击要移动的邮件，在弹出的快捷菜单中选择"移动到文件夹"命令，弹出"移动"对话框（见图 7—29），选择目的文件夹，单击"确定"按钮，将会把选定的邮件移到指定的文件夹中。

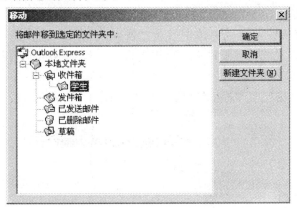

图 7—29　"移动"对话框

3. 删除邮件

打开"收件箱"，在收件列表中选择要删除的邮件，直接按 Delete 键或单击工具栏中的"×"删除按钮，被选中的邮件将从"收件箱"移动到"已删除邮件"文件夹中。

要想彻底将其删除，必须在"已删除邮件"文件夹中选定该邮件，按 Delete 键或单击工具栏中的"×"删除按钮，系统将给出提示信息，确认是否真的要删除，选择"是"，此邮件将被物理删除。

4. 分类存放邮件——设置邮件规则

利用 Outlook Express 提供的邮件规则，可以将接收到的邮件自动分类，放到相应的文件夹中。

操作　第一步，单击"工具"菜单→"邮件规则"→"邮件"，弹出"新建邮件规则"对话框（见图 7—30）。

❋ "选择规则条件"：可以按发件人、主题中的关键词、邮件正文中的关键词、收件人、抄送人、邮件标记有优先级、来自指定账户、邮件大小是否超过设置值、是否带有附件、是否安全等进行多重选择设置。

❋ "选择规则操作"：对移动或复制到指定文件夹、删除或转发给指定用户、突出颜色显示、做标记、做"已读"标记、标记为跟踪或忽略、不要从服务器上下载、从服务器上删除等操作规则进行设置。

❋ "规则描述"：将选择的规则条件以及规则操作进行排列并详细说明，从中可以了解到上述选择的规则以及操作的完整说明。

第二步，选择规则条件并进行设置。

首先，选择规则条件。

图 7—30　"新建邮件规则"对话框

　　根据需要从"选择规则条件"列表中选择相关的条件（可多选），选择之后，该条件的设置及说明将出现在"规则说明"列表框中。

　　如在"选择规则条件"列表中选中"若'发件人'行中包含用户"的复选框，则在"规则描述"栏中出现了"若'发件人'行中包含用户"，其中"包含用户"是可点击的超链接（见图 7—31）。

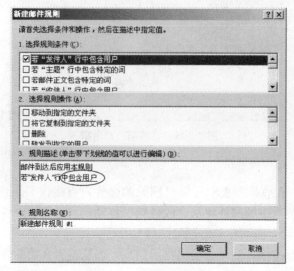

图 7—31　选择规则条件

　　其次，设置规则条件。

　　直接对选择到"规则描述"栏中的规则条件中的可点击项进行设置。

　　如单击图 7—31"规则描述"中的"包含用户"，弹出"选择用户"对话框（见图 7—32），可直接输入用户的 E-mail 地址，也可通过"通讯簿"进行选择。单击"添加"按钮后，返回"新建邮件规则"对话框，此时 E-mail 地址将替换"规则描述"中的"用户"（见图 7—33）。

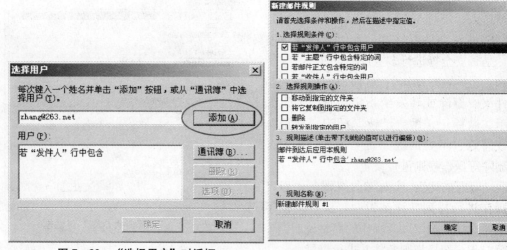

图 7—32　"选择用户"对话框　　　　　　图 7—33　设置规则条件

第三步，选择规则操作并进行设置。

首先，选择规则操作。

同选择规则条件的操作基本相同，首先从"选择规则操作"列表中选择相关的操作（也可多选），选择之后，该操作的设置及说明将出现在"规则描述"列表框中。

如在"选择规则操作"列表中选中"移动到指定的文件夹"复选框，则在"规则描述"栏中将出现"移动到指定的文件夹"，其中"指定的"是可点击的超链接（见图7—34）。

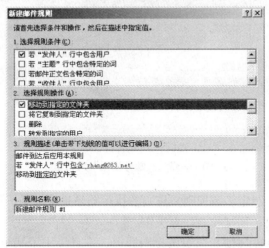

图7—34 选择规则操作

其次，设置规则操作。

直接对选择到"规则描述"栏的规则操作中的可点击项进行设置。

如单击图7—34"规则描述"中的"指定的"，弹出"移动"对话框（见图7—35），在"本地文件夹"中选择存放接收邮件的子文件夹，如选择收件箱下的"学生"文件夹，单击"确定"按钮，返回"新建邮件规则"对话框，"规则描述"中的"指定的"改为了上述选择的"学生"文件夹名（见图7—36）。

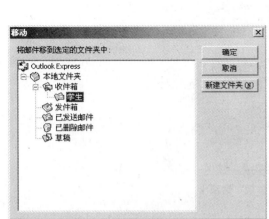

图7—35 "移动"对话框

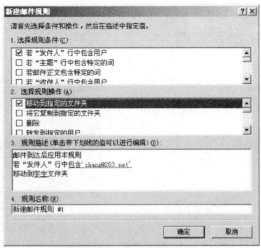

图7—36 设置规则操作

第四步，应用邮件规则。

邮件规则条件及操作设置好后，单击"确定"按钮，弹出"邮件规则"对话框，上述设置的规则被命名为"新建邮件规则♯1"（见图 7—37）。

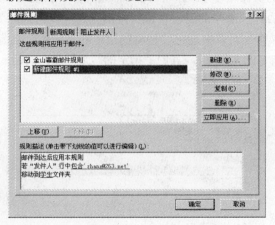

图 7—37 "邮件规则"对话框

在实际使用中可以制定多条规则，规则的执行顺序是从上到下依次执行。可以对已建立的邮件规则进行修改、复制和删除等操作。

如果要应用某个邮件规则，选中该规则即可。一旦应用了某个"邮件规则"，在以后接收邮件时将自动按照该规则进行操作。如上述邮件规则的设置是将接收到的来自 zhang@263.net 的邮件放到"学生"文件夹下。

5. 定时收取邮件

利用 Outlook Express 提供的定时收取功能，可以很方便地进行邮件的定时收取。

操作　第一步，单击"工具"菜单→"选项"，弹出"选项"对话框，选择"常规"选项卡（见图 7—38）。

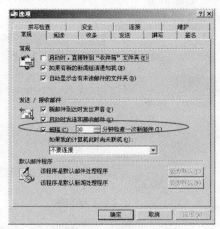

图 7—38 "常规"选项卡

第二步，设置定时器。修改定时器中的分钟数。

设置完成后，Outlook Express 在运行期间将按照设置的时间，每隔一定的时间自动收取邮件一次。

6. 查找功能

有时候需要对接收到的邮件进行查找，比如按发件人、收件/发件日期、主题等。

操作 第一步，确定要搜索的文件夹。

第二步，单击"编辑"菜单→"查找"，在弹出的菜单中选择"邮件"选项，弹出"查找邮件"对话框。

第三步，在相应的框中输入要查找的关键字，单击"开始查找"按钮。通过"浏览"按钮可以改变搜索的文件夹。

第四步，如果在查找范围内存在搜索的关键字，则会把搜索结果在"查找邮件"对话框下面列出（见图 7—39）。

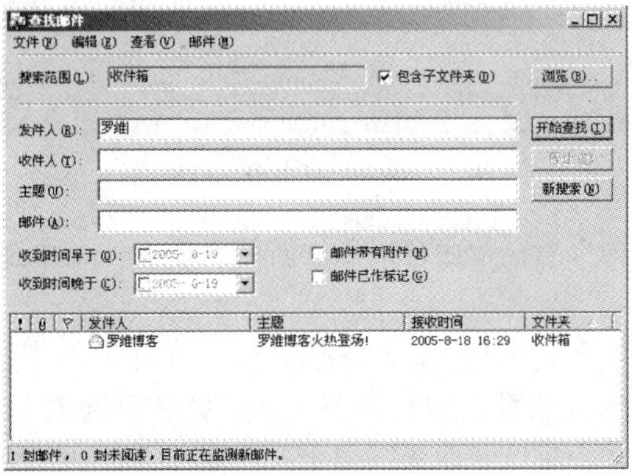

图 7—39 "查找邮件"对话框

通过"新搜索"按钮，可以进行新的查询。

7.3.5 Outlook Express 通讯簿的使用方法

利用 Outlook Express 提供的通讯簿功能，可以把联系人的 E-mail 地址存放在通讯簿中。在每次发送邮件时只需从通讯簿中选择收件人的地址即可，免去每次都输入地址的麻烦。

通讯簿不但可以记录联系人的 E-mail 地址，还可以记录联系人的电话号码、家庭住址、业务以及主页地址等信息。除此之外，用户还可以利用通讯簿功能在 Internet 上查找用户及商业伙伴的信息。

1. 添加新的联系人

可以通过多种方式将 E-mail 地址和联系人信息添加到通讯簿中，如直接输入、从来信中获取、从其他通讯簿中导入等。

方法一：直接输入联系人信息。

操作 第一步，单击"工具"菜单→"通讯簿"；或单击工具栏中的通讯簿按钮"📖"，弹出"通信簿"对话框（见图 7—40），其中列出了已有联系人的信息。

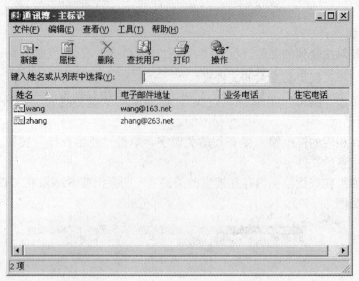

图 7—40　"通讯簿"对话框

第二步，在"通讯簿"对话框中可以添加新的联系人，修改已有联系人的信息，删除已存在的联系人等。

如果要新增联系人，单击工具栏新建按钮"□"，在弹出的菜单中选择"联系人"，弹出联系人"属性"对话框（见图 7—41），首先在"姓名"选项卡中输入联系人的 E-mail 信息。如果有必要再对"家庭"、"业务"、"个人"等选项卡中的信息做详细输入。

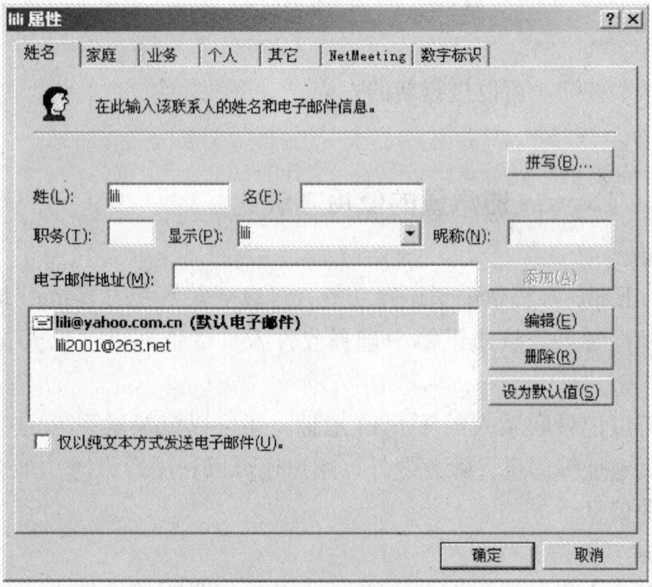

图 7—41　联系人"属性"对话框

一个联系人可能会有多个 E-mail 地址，设置其中一个作为默认的，即发送给该联系人的邮件是发送到默认邮箱的。

第三步，详细信息填写完成后，单击"确定"按钮，通讯簿中就会增加一条新的联系人信息。

第四步，关闭"通讯簿"窗口。

方法二：从接收的电子邮件中添加联系人。为了减少输入错误，用户可以在阅读已收到的邮件时，将发件人添加到通讯簿中。

操作　第一步，在邮件列表窗口（右侧邮件正文上面的窗口）中，用鼠标右键单击邮件，在弹出的菜单中选择"将发件人添加到通讯簿"命令；或单击"工具"菜单→"将发件人添加到通讯簿"命令，在地址簿中就会增加一条新的联系人信息。

第二步，通过单击工具栏通讯簿按钮"🕮"，弹出"通信簿"对话框，可以对新加入的联系人信息进行详细输入或修改。

2. 为联系人建组

通过创建包含用户名的联系人组，可以将邮件方便地发送给一组收件人。在发送邮件时，只需在"收件人"栏中输入组名就可以将邮件发送给该组的所有成员。根据需要可以创建多个组，并且联系人可以分属不同的组。

操作　第一步，单击工具栏中的通讯簿按钮"🕮"，弹出"通信簿"对话框。

第二步，在"通讯簿"对话框中，单击工具栏新建按钮"🗋"，在弹出的菜单中选择"组"，弹出组"属性"对话框，选择"组"选项卡（见图7—42），在"组名"框中，输入组的名字。

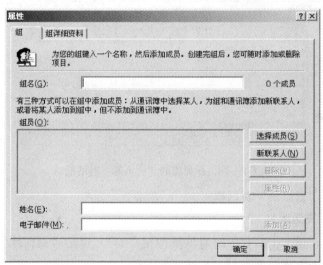

图 7—42　组"属性"对话框

第三步，单击"选择成员"按钮，弹出"选择组员"对话框（见图7—43）。在该对话框中，双击左侧要加入到组中的联系人，将它们加入到右侧的成员窗口中。

第四步，选择完成后，单击"确定"按钮，返回新建组的"属性"对话框。也可以单击"新联系人"按钮，输入联系人信息，将其加入组中。

在组"属性"对话框中，可看到组名以及组中的成员等信息；使用"属性"按钮，可对组员信息进行修改；也可新增或删除组中的成员。

第五步，组中成员添加完成后，单击"确定"按钮，返回"通讯簿"对话框（见图

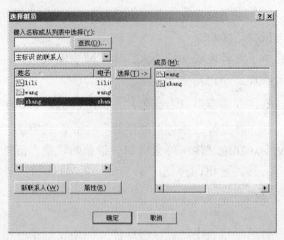

图 7—43   "选择组员"对话框

7—44）。在对话框中，可看到新建的组出现在邮件列表框中。

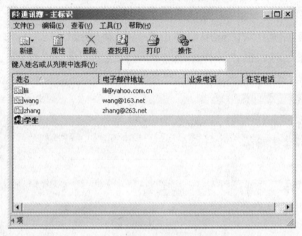

图 7—44   新建组的"通讯簿"对话框

第六步，关闭"通讯簿"对话框。

3. 利用通讯簿发送邮件

操作   第一步，单击工具栏中的通讯簿按钮"📧"，弹出"通信簿"对话框。从联系人及联系人组列表中选择收件人。

第二步，在"通讯簿"对话框中，单击工具栏中的"🖨"操作按钮，在弹出的菜单中选择"发送邮件"，弹出"新邮件"对话框（见图 7—45）。Outlook Express 自动将从"通讯簿"中选择的联系人加到"收件人"处。

第三步，书写邮件正文，操作同前述的"新建邮件"。

第四步，邮件写完后，单击工具栏的发送按钮"📧"，可将邮件发给所有收件人。

4. 使用目录服务在 Internet 上查找用户

操作   第一步，在通讯簿中，单击工具栏中的查找用户按钮"📧"，弹出"查找用户"对话框（见图 7—46）。

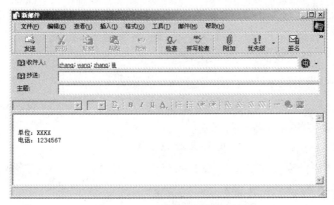

图 7—45　　"新邮件"对话框

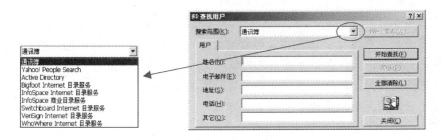

图 7—46　　"查找用户"对话框

第二步，在"搜索范围"下拉列表中选择查找区域，并在下面的用户信息栏中输入要查找的关键字，单击"开始查找"按钮。

在使用通讯簿提供的查找功能时，应尽可能多地输入查找的关键词，即给出多个应满足的条件，尽量缩小查找的范围。如果搜索范围太广，则匹配的数量可能超过服务器的限定，或者可能无法使用用户的目录服务得到控制。

可以选择"通讯簿"，只在 Outlook Express 通讯簿中查找联系人信息。

【本章小结】

本章重点介绍 Internet 的应用，主要介绍了客户端软件如浏览器、FTP 软件以及电子邮件的使用方法。客户端浏览器主要介绍的是 IE 浏览器的使用方法，对于它的窗口组成、配置、收藏夹做了详细介绍，并介绍了搜索引擎的相关概念及使用方法。客户端 FTP 软件主要介绍的是 CuteFTP Pro 的使用方法，同时介绍了 FTP 的相关概念，以及如何进行 FTP 站点的管理、文件的下载和上传。客户端电子邮件软件主要介绍的是 Outlook Express 的使用方法，如收发邮件、对邮件进行管理、通讯簿的使用等。

【习题】

一、简答题

1. 简答 IE 中收藏夹的作用。

2. 要将 IE 的主页设置成空白页，应该如何做？

3. FTP 服务提供的主要功能是什么？

4. 如果要发出一封电子邮件，应具备哪些条件。

5. 将电子邮件同时发给多人时，应如何做？

6. "电子商务"的含义是什么？

7. 通过 ADSL 上网与普通拨号上网有什么异同点？

二、单选题

1. URL 的含义是_____。

A. 信息资源在网上什么位置和如何访问的统一的描述方法

B. 信息资源在网上什么位置及如何定位寻找的统一的描述方法

C. 信息资源在网上的业务类型和如何访问的统一的描述方法

D. 信息资源的网络地址的统一的描述方法

2. Internet Explorer 浏览器本质上是一个_____。

A. 连入 Internet 的 TCP/IP 程序

B. 连入 Internet 的 SNMP 程序

C. 浏览 Internet 上 Web 页面的服务器程序

D. 浏览 Internet 上 Web 页面的客户程序

3. 要想在 IE 中看到最近访问过的网站的列表，可以通过_____。

A. 单击"后退"按钮

B. 按 Backspace 键

C. 按 Ctrl＋F 键

D. 单击"标准按钮"工具栏上的"历史"按钮

4. 在浏览网页时，下列可能泄漏隐私的是_____。

A. HTML 文件　　　　　　　　　　B. 文本文件

C. Cookie　　　　　　　　　　　　D. 应用程序

5. 搜索引擎其实也是一个_____。

A. 网站　　　　B. 软件　　　　C. 服务器　　　　D. 硬件设备

6. 在 Internet 上搜索信息时，下列说法不正确的是：_____。

A. windows and client 表示检索结果必须同时满足 windows 和 client 两个条件

B. windows or client 表示检索结果只需满足 windows 和 client 中一个条件即可

C. windows not client 表示检索结果中不能含有 client

D. windows client 表示检索结果中含有 windows 或 client

7. 当想搜索英语口语方面的 mp3 并下载时，使检索结果最准确的关键词是_____。

A. 英语口语下载　　　　　　　　　B. 英语口语

C. 英语 口语 mp3　　　　　　　　　D. 英语口语 mp3 下载

8. 利用 FTP 文件传输协议的最大优点是可以实现_____。

A. 同一操作系统之间的文件传输

B. 异种机上同一操作系统间的文件传输

C. 异种机和异种操作系统之间的文件传输

D. 同一机型上不同操作系统之间的文件传输

9. BBS 有两种访问方式：Telnet（远程登录）方式和 WWW 方式，两种登录方式在相同的网络连接条件下的访问速度相比_____。

A. Telnet 的速度快

B. WWW 方式快

C. 一样快

D. 有时 Telnet 快，有时 WWW 方式快，说不定

10. 若想给某人通过 Email 发送某个小文件时，必须_____。

A. 在主题上写明含有小文件

B. 把这个小文件"复制"一下，粘贴在邮件内容里

C. 无法办到

D. 使用粘贴附件功能，通过粘贴上传附件完成

11. 用户的电子邮件信箱是_____。

A. 通过邮局申请的个人信箱　　　　B. 邮件服务器内存中的一块区域

C. 邮件服务器硬盘上的一块区域　　D. 用户计算机硬盘上的一块区域

12. 电子邮件地址的一般格式为_____。

A. 用户名@域名　B. 域名@用户名　C. IP 地址@域名　D. 域名@IP 地址

13. E-mail 地址中@的含义为 _____。

A. 与　　　　　　　B. 或　　　　　　　C. 在　　　　　　　D. 和

14. 在 Outlook Express 中，提供了几个固定的邮件文件夹，下列说法正确的是_____。

A. 收件箱中的邮件不可删除

B. 已发送邮件文件夹中存放已发出邮件的备份

C. 发件箱中存放已发出的邮件

D. 不能新建其他的分类邮件文件夹

15. 在 Outlook Express 中设置唯一电子邮件账号：wang@sina.com，现成功接收到一封来自 zhang@sina.com 的邮件，则以下说法正确的是_____。

A. 在收件箱中有 wang@sina.com 邮件

B. 在收件箱中有 zhang@sina.com 邮件

C. 在本地文件夹中有 wang@sina.com 邮件

D. 在本地文件夹中有 zhang@sina.com 邮件

三、操作题

1. 运行 Internet Explorer 浏览器，并完成下面的操作：

（1）某搜索引擎的主页地址是：http：//www. baidu. com，打开此主页，通过对 IE 浏览器参数进行设置，使其成为 IE 的默认主页。

（2）利用上述的搜索引擎，精确查找"云计算产业链"，将搜索到的第一个网页内容以文本文件的格式保存到自己的文件夹（如 D：\ student）下，命名为 Cloud. txt。

（3）在 IE 收藏夹中新建文件夹"云计算"，将搜索到的第一个网页以"云计算产业链"为名称，添加收藏到"云计算"中。

（4）设置网页在历史记录中保存 20 天。

2. 在 Outlook Express 中，按照下列要求进行：

（1）将一个已有的邮件账户添加到 Outlook Express，以便能通过客户端的邮件管理系统发出或接收邮件。

（2）创建一个小组，名称为"同学"，并将下面 3 个成员添加到小组中，他们的 E-mail 地址分别是：wang@263. com、zhang@sina. com 和 li@hotmail. com。

（3）给该小组成员发送邮件：

邮件主题：关于周末校庆返校事宜

邮件内容：本周末是学校建校 70 周年纪念日，学校将安排各届校友返校，参加学校的庆典活动。咱们班将在教三楼 101 阶梯教室集合，请同学们互相转告，准时参加。

（4）在该邮件发出前，添加一个附件"关于校庆活动的具体安排"（或者是任意一个文本文件）。

第八章

计算机安全

【学习重点】

【学习重点】

请使用 4 学时学习本章内容，着重掌握以下知识点：

⊙ 计算机安全的概念、属性和影响计算机安全的因素。

⊙ 计算机安全服务技术概念和原理。

⊙ 计算机病毒的基本概念、特征、分类、预防和常用防病毒软件的安装、使用方法。

⊙ 系统还原和系统更新的基本知识。

⊙ 网络道德的基本要求。

【考试要求】

1. 了解　计算机安全所涵盖的内容；计算机安全的属性；影响计算机安全的主要因素；主动攻击和被动攻击的概念和区别；数据加密、身份认证、访问控制、入侵检测、防火墙的概念；计算机病毒和木马的基本知识和预防；计算机病毒的主要特征；计算机病毒常见的表现形式；计算机病毒的分类，计算机病毒和木马的区别；计算机病毒、木马的预防方法；常用防病毒软件的安装和使用方法；系统还原的概念和使用方法；系统更新的概念和使用方法。

2. 理解　网络道德的基本要求。

8.1　计算机安全的基本知识和概念

8.1.1　计算机安全的概念和属性

1. 计算机安全的定义

所谓计算机安全，国际标准化委员会对其定义如下提出建议，即"为数据处理系统建立和采取的技术和管理的安全保护，保护计算机硬件、软件、数据不因偶然的或恶意的原因而遭破坏、更改、显露"。

我国公安部计算机管理监察司对计算机安全的定义是"计算机安全是指计算机资产安全，即计算机信息系统资源和信息资源不受自然和人为有害因素的威胁和危害。"

随着计算机硬件的发展，计算机中存储的程序和数据量越来越大，如何保障存储在计算机中的数据不被丢失，是任何计算机应用部门要首先考虑的问题。

2. 计算机安全所涵盖的内容

从计算机安全的定义中可以看出，计算机安全不仅涉及技术问题、管理问题，甚至还涉及有关法学、犯罪学、心理学等问题。因此，可以用实体安全、系统安全、信息安全三部分来描述计算机安全这一概念。

（1）物理安全。

计算机的物理安全又称实体安全。计算机实体主要包括主机、存储设备、网络硬件设备、通信线路（传输设备）等物质介质。

计算机物理安全是指阻止入侵者进入计算机设备所在的场所，并保护计算机设备不受水灾、火灾和其他自然灾害及人为的破坏。主要包括计算机设备安装场地的安全、计算机设备使用的物理防护措施、对自然灾害的防护措施等。

（2）系统安全。

计算机系统安全是指计算机操作系统本身的安全。操作系统安全就是操作系统无错误配置、无漏洞、无后门、无木马等，能防止非法用户对计算机资源非法存取，一般用来表达对操作系统的安全需求。如系统中设置用户账号和密码、设置文件和目录存取权限、设置系统安全管理等保障安全的措施。

（3）信息安全。

信息作为一种资源，它的普遍性、共享性、增值性、可处理性和多效用性，使其对于人类具有特别重要的意义。信息安全的实质就是要保护信息系统或信息网络中的信息资源免受各种类型的威胁、干扰和破坏，即保证信息的安全性。根据国际标准化组织的定义，信息安全性的含义主要是指信息的完整性、可用性、保密性和可靠性。

信息安全就是通过各种计算机网络和密钥技术，保证信息在各种系统和网络中传输、交换和存储过程中的完整性、可用性和保密性。

信息安全是计算机安全的核心，主要包括软件安全和数据安全。

综上所述，计算机安全的终极目标就是保证信息安全。

从计算机安全涉及的内容来看，计算机安全包括计算机安全技术、计算机安全管理、计算机安全评价与安全产品、计算机犯罪与侦查、计算机安全法律、计算机安全监察，以及计算机安全理论与政策等内容。

3. 计算机安全的属性

计算机安全的重要内容是保障计算机服务的可用性和信息的完整性，也就是必须使计算机系统免受毁坏、替换、盗窃和丢失。

计算机安全的属性包括可用性、可靠性、完整性、保密性和不可抵赖性。除此之外，安全属性还包括可控性、可审查性等。

（1）可用性是指保证被授权实体（合法用户）对信息和资源的使用不会被不正当地拒绝。

（2）可靠性是指系统能够在规定条件和时间内完成规定的功能的特性。可靠性是计算机安全最基本的要求之一。

（3）完整性是指信息不被偶然或蓄意地删除、修改、伪造、乱序、重放、插入等破坏的特性。

（4）保密性是指确保信息不暴露给未经授权的实体。保密性是在可靠性和可用性基础之上，保障计算机安全的重要手段。

（5）不可抵赖性（也称为不可否认性）是指通信双方对其信息的收发行为负责，不可抵赖。

（6）可控性是指对信息的内容及传播具有控制能力。

（7）可审查性是指系统内所发生的与安全有关的所有行为均有说明性记录可查。

8.1.2 影响计算机安全的主要因素和安全标准

计算机安全不仅仅是技术方面的问题，它还涉及管理、制度、法律法规、历史、文化、道德等诸多方面。

1. 影响计算机安全的主要因素

可以导致计算机信息系统不安全的因素包括软件系统、硬件系统、环境因素和人为因素等几方面。

（1）影响实体安全的因素。

环境因素是影响实体安全的主要因素，如电磁波辐射容易导致信息被他人接收，造成信息泄漏；辅助保障系统发生故障，如水、电、空调中断或不正常将影响系统运行；自然因素产生的危害，如火、电、水，静电、灰尘，有害气体，地震、雷电，强磁场和电磁脉冲等危害，有的会损害系统设备，有的则会破坏数据，甚至毁掉整个系统和数据。

（2）影响系统安全的因素。

影响系统安全的因素包括操作系统存在的漏洞，用户的误操作或设置不当；网络通信协议存在的漏洞；数据库管理系统自身存在的安全问题等。

（3）影响信息安全的因素。

主要包括两个方面：信息破坏和信息泄漏。信息破坏是指当数据通过输入设备输入系统进行处理时，可能由于偶然事故或人为因素使得数据被篡改或输入假数据，破坏了信息的正确性、完整性和可用性；信息泄漏是指数据通过各种输出设备输出过程中，由于偶然或人为因素，导致信息有可能被泄漏或被窃取，造成泄密事件。具体地说就是，输入的数据容易被篡改；输出设备容易造成信息泄露或被窃取；系统软件和处理数据的软件被病毒修改；系统对数据处理的控制功能还不完善；病毒和黑客攻击等。

软件的非法删改、复制与窃取将使系统的软件受到损失，并可能造成泄密。计算机网络病毒也是以软件为手段侵入系统进行破坏的。

2. 计算机安全等级标准

计算机安全标准主要包括：安全体系结构的标准、密码技术标准、安全认证标准、安全产品标准、安全评估标准等，了解这些安全标准可以更好地指导计算机安全的建设。其中影响最广泛的安全评估标准是 TCSEC 标准。

TCSEC（Trusted Computer System Evaluation Criteria）标准是计算机系统安全评估的第一个正式标准，具有划时代的意义。该标准于 1970 年由美国国防科学委员会提出，并于 1983 年由美国国防部公布。TCSEC 最初只是军用标准，后来延展至民用领域。

TCSEC 将计算机系统的安全划分为 4 个等级、8 个级别。

❅ 最低保护等级 D 类：仅包含 D1 一个级别。D1 的安全等级最低。D1 系统只为文件和用户提供安全保护。

❅ 自由保护等级 C 类：能够提供审慎的保护，并为用户的行动和责任提供审计能力，划分为 C1 和 C2 两个级别。

❅ 强制保护等级 B 类：分为 B1、B2 和 B3 三个级别。B 类系统具有强制性保护功能。强制性保护意味着如果用户没有与安全等级相连，系统就不会让用户存取资源。

❅ 验证保护等级 A 类：安全级别最高。包含 A1 和超 A1 两个级别。

中国评测标准：

❅ 第一级：用户自主保护级，该级别相当于 TCSEC 的 C1 级。

❅ 第二级：系统审计保护级，该级别相当于 TCSEC 的 C2 级。

❅ 第三级：安全标记保护级，该级别相当于 TCSEC 的 B1 级。

❅ 第四级：结构化保护级，该级别相当于 TCSEC 的 B2 级。

❅ 第五级：访问验证保护级，该级别相当于 TCSEC 的 A 级。

8.2　计算机安全服务的主要技术

8.2.1　网络攻击

网络攻击是指利用网络存在的漏洞和安全缺陷对网络系统的硬件、软件及其系统中的数据进行的攻击。

网络攻击主要分为两大类型主动攻击和被动攻击。

1. 主动攻击

主动攻击是指攻击者通过有选择的修改、删除、延迟、乱序、复制、插入数据流或数据流的一部分以达到其非法目的。主动攻击可以归纳为中断、修改、假冒三种。

中断是指阻断由发送方到接收方的信息流，使接收方无法得到该信息，这是针对信息可用性的攻击。

修改是指攻击者修改、破坏由发送方到接收方的信息流，使接收方得到错误的信息，从而破坏信息的完整性。

假冒是针对信息的真实性的攻击，攻击者或者是首先记录一段发送方与接收方之间的信息流，然后在适当时间向接收方或发送方重放这段信息，或者是完全伪造一段信息流，冒充接收方可信任的第三方，向接收方发送。

2. 被动攻击

被动攻击主要是指攻击者监听网络上传递的信息流，从而获取信息的内容，或仅仅希望得到信息流的长度、传输频率等数据，称为流量分析。被动攻击主要是收集信息而不是进行访问，数据的合法用户对这种活动丝毫觉察不到，因此预防的难度要大于主动攻击。

被动攻击包括：

❀ 窃听。包括网络监听、非法访问数据、获取密码文件。

❀ 欺骗。包括获取口令、恶意代码、网络欺骗。

❀ 拒绝服务。包括导致异常型、资源耗尽型、欺骗型。

❀ 数据驱动攻击。包括缓冲区溢出、格式化字符串攻击、输入验证攻击、同步漏洞攻击、信任漏洞攻击。

8.2.2　安全服务

根据 ISO7498 的定义，安全服务（Security Service）是指提供数据处理和数据传输安全性的方法。

在 OSI 安全体系结构中定义了一组安全服务，主要包括数据加密服务、认证服务、访问控制服务、数据完整性服务和不可否认服务。此外，还有防火墙服务和防病毒服务。

1. 密码技术

密码技术是保护信息安全的最基础、最核心的手段之一。密码技术结合了数学、计算机科学、电子与通信等诸多学科于一身，它不仅具有保证信息机密性的信息加密功能，而且还具有数字签名、身份验证、秘密分存、系统安全等功能。所以，使用密码技术不仅可以保证信息的机密性，还可以保证信息的完整性和可用性，防止信息被篡改、伪造和假冒。

（1）明文和密文。

明文：需要隐藏的消息称为明文。

密文：被加密的消息称为密文，即明文被变换成另一种隐藏形式。

（2）加密和解密。

加密：用某种方法伪装消息以隐藏它的内容的过程。

解密：把密文转变为明文的过程。

（3）加密和解密算法。

加密算法：对明文进行加密所采用的一组规则。

解密算法：对密文进行解密所采取的一组规则。

加密算法和解密算法通常在一对密钥控制下进行，分别称为加密密钥和解密密钥。

（4）对称密钥体制。

对称密钥体制采用了对称密码编码技术，它的特点是文件加密和解密使用相同的密钥，即加密密钥也可以用作解密密钥，这种方法在密码学中称为对称加密算法。

在对称密钥体制下，加密和解密算法可以公开，但密钥不可公开。

（5）非对称密钥体制。

与对称密钥体制不同，非对称密钥体制下需要两个密钥：公钥（加密密钥）和私钥（解密密钥）。公钥与私钥是一对，如果用公钥对数据进行加密，只有用对应的私钥才能解密；如果用私钥对数据进行加密，那么只有用对应的公钥才能解密。因为加密和解密使用的是两个不同的密钥，所以这种算法称为非对称加密算法。

在非对称密钥体制下，加密算法、解密算法以及公钥都可以公开，但私钥不可以公开。

综上所述，加密就是通过加密算法和加密密钥将明文转变为密文，解密则是通过解密算法和解密密钥将密文恢复为明文。

数据加密目前仍是计算机系统对信息进行保护的一种最可靠的办法。它利用密码技术对信息进行加密，实现信息隐蔽，从而起到保护信息的安全的作用。

2. 认证技术

认证技术是防止主动攻击的重要技术之一，包括消息认证和身份认证。

（1）消息认证技术。

消息认证是指通过对消息或者消息有关的信息进行加密或签名变换进行的认证，目的是为了防止消息在传输和存储过程中被有意无意地篡改，包括消息内容认证（即消息完整性认证）、消息的源和宿认证（即身份认证）、及消息的序号和操作时间认证等。

消息认证的主要技术是密码技术。消息认证所用的摘要算法与一般的对称或非对称加密算法不同，它并不用于防止信息被窃取，而是用于证明原文的完整性和准确性，也就是说，消息认证主要用于防止信息被篡改。

（2）身份认证技术。

身份认证是在计算机网络中确认操作者身份的过程而产生的解决方法。

在计算机网络中，用户的身份信息也是用一组特定的数据来表示的，计算机只能识别用户的数字身份，所有对用户的授权也是针对用户数字身份的授权。如何保证以数字身份进行操作的操作者就是这个数字身份合法拥有者，也就是说保证操作者的物理身份与数字身份相对应，身份认证技术就是为了解决这个问题。

信源识别是指对信息发送者的身份的验证；信宿识别是指对接收者身份的验证。因此，信源和信宿是否合法，作为保护网络资源的第一道关口，身份认证有着举足轻重的作用。

3. 访问控制技术

访问控制是指按用户身份及其所归属的某预定义组来限制用户对某些资源的访问，或限制对某些控制功能的使用。访问控制通常用于系统管理员控制用户对服务器、目录、文件等网络资源的访问。

（1）访问控制的功能。

❉ 防止非法的主体进入受保护的网络资源。

❉ 允许合法用户访问受保护的网络资源。

❉ 防止合法的用户对受保护的网络资源进行非授权的访问。

（2）访问控制实现的策略。

❉ 入网访问控制；

❉ 网络权限限制；

❉ 目录级安全控制；

❉ 属性安全控制；

❉ 网络服务器安全控制；

❉ 网络监测和锁定控制；

❉ 网络端口和节点的安全控制；

❉ 防火墙控制。

（3）访问控制的类型。

根据实现技术的不同，访问控制可分为以下三种：

❉ 自主访问控制。是指由用户有权对自身所创建的访问对象（文件、数据表等）进行访问，并可将对这些对象的访问权授予其他用户和从授予权限的用户收回其访问权限。

❉ 强制访问控制。是指由系统（通过专门设置的系统安全员）对用户所创建的对象进行统一的强制性控制，按照规定的规则决定哪些用户可以对哪些对象进行什么样操作系统类型的访问，即使是创建者用户，在创建一个对象后，也可能无权访问该对象。

❉ 基于角色的访问控制。其基本思想是，对系统操作的各种权限不是直接授予具体的用户，而是在用户集合与权限集合之间建立一个角色集合。每一种角色对应一组相应的权限。一旦用户被分配了适当的角色后，该用户就拥有此角色的所有操作权限。这样做的好处是，不必在每次创建用户时都进行分配权限的操作，只要分配用户相应的角色即可，而且角色的权限变更比用户的权限变更要少得多，这样将简化用户的权限管理，减少系统的开销。

根据应用环境的不同，访问控制主要有以下三种：

❉ 网络访问控制；

❉ 主机、操作系统访问控制；

❉ 应用程序访问控制。

4. 入侵检测技术

入侵检测是指通过从计算机网络或计算机系统关键点收集信息并进行分析，从中发现网络或系统中是否存在违反安全策略的行为或遭到攻击的迹象的一种安全技术。

入侵检测技术是对计算机和网络资源的恶意使用行为进行识别和相应处理的系统。包括系统外部的入侵和内部用户的非授权行为，是为保证计算机系统的安全而设计与配置的一种能够及时发现并报告系统中未授权或异常现象的技术，是一种用于检测计算机网络中违反安全策略行为的安全技术。

进行入侵检测的软件与硬件的组合就是入侵检测系统（Intrusion Detection System，IDS）。一个入侵检测系统包括四个组件：事件产生器、事件分析器、响应单元和事件数据库。

事件产生器的目的是从整个计算环境中采集原始数据，并将收集到的原始数据转换为事件，向系统的其他部分提供此事件。收集的信息包括系统或网络的日志文件、网络流量、系统目录和文件的异常变化、程序执行过程中的异常行为等。

事件分析器分析得到的事件信息，并产生分析结果，判断其是否为入侵行为或异常现象，然后将判断的结果转换为告警信息。

响应单元是对告警信息作出反应的功能单元，它可以作出切断连接、改变文件属性等反应，也可以只是简单的报警。

事件数据库负责存放各种中间和最终数据，它可以是复杂的数据库，也可以是简单的文本文件。

5. 防火墙技术

防火墙是一种允许内部网接入外部网络，但同时又能识别抵抗非授权访问的网络安全技术。

防火墙的功能是保护计算机系统不受任何来自本地或远程病毒的危害；向计算机系统提供双向保护，也防止本地系统内的病毒向网络或其他介质扩散。

防火墙是一个由软件和硬件设备组合而成、在内部网和外部网之间、专用网与公共网之间的界面上构造的保护屏障，是一种获取安全性方法的形象说法，它是一种计算机硬件和软件的结合，使 Internet 与 Intranet 之间建立起一个安全网关，从而保护内部网免受非法用户的侵入。

（1）防火墙的基本功能。

❊ 内部网络和外部网络之间的所有网络数据流都必须经过防火墙。

❊ 只有符合安全策略的数据流才能通过防火墙

❊ 防火墙自身应具有非常强的抗攻击免疫力

防火墙主要由服务访问规则、验证工具、包过滤和应用网关四个部分组成，使得防火墙具有很好的保护作用。入侵者必须首先穿越防火墙的安全防线，才能接触目标计算机，因此，可以将防火墙配置成不同的保护级别。

（2）硬件防火墙。

硬件防火墙是指把防火墙程序做到芯片里面，由硬件执行这些功能，能减少 CPU 的负担，使路由更稳定。

按照硬件防火墙的逻辑位置和网络中的物理位置以及所具备的功能，可以将它分为如下几种：

❊ 包过滤防火墙。一般在路由器上实现，用以过滤用户定义的内容，如 IP 地址。其工作原理是：系统在网络层检查数据包，与应用层无关。这样系统就具有很好的传输性能，可扩展能力强。但是，包过滤防火墙的安全性有一定的缺陷，因为系统对应用层信息无感知，也就是说，防火墙不理解通信的内容，所以可能被黑客所攻破，因此，它的安全程度较低。

❊ 应用型防火墙。检查所有应用层的信息包，并将检查的内容信息放入决策过程，

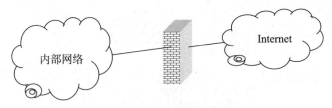

图 8—1 包过滤防火墙图示

从而提高网络的安全性。然而，应用型防火墙是通过打破客户机/服务器模式实现的。每个客户机/服务器通信需要两个连接：一个是从客户端到防火墙，另一个是从防火墙到服务器。所以，应用网关防火墙具有可伸缩性差的缺点。

　　❀ 主机屏蔽防火墙。主机屏蔽防火墙体系结构是在防火墙的前面增加了屏蔽路由器。换句话说就是防火墙不直接连接外网，这样的形式提供一种非常有效的并且容易维护的防火墙体系。因为路由器具有数据过滤功能，路由器通过适当配置后，可以实现一部分防火墙的功能，因此，有人把屏蔽路由器也称为防火墙的一种。实际上，常常把屏蔽路由器作为保护网络的第一道防线，根据内网的安全策略，屏蔽路由器可以过滤掉不允许通过的数据包。因为路由器提供非常有限的服务，漏洞要比主机少得多，所以主机屏蔽防火墙体系结构能提供更好的安全性和可用性。

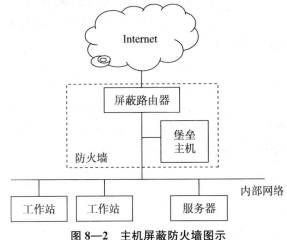

图 8—2 主机屏蔽防火墙图示

　　❀ 子网屏蔽防火墙。子网屏蔽防火墙体系结构添加额外的安全层到主机屏蔽体系结构，即通过添加周边网络进一步地把内部网络与外网隔离。通常，堡垒主机是网络上最容易受攻击的机器。任凭用户如何保护它，它仍有可能被突破或入侵，因为没有任何主机是绝对安全的。屏蔽子网体系结构的最简单形式是使用两个屏蔽路由器，位于堡垒主机的两端，一端连接内网，一端连接外网。为了入侵这种类型的体系结构，入侵者必须穿透两个屏蔽路由器。即使入侵者控制了堡垒主机，仍然需要通过内网端的屏蔽路由器才能到达内网。所以子网屏蔽防火墙的安全程度最高，缺点是不易配置，使网络访问速度减慢，费用也高于其他类型的防火墙。

　　在构造防火墙体系时，一般很少使用单一的技术，通常都是多种解决方案的组合。这种组合主要取决于网管中心向用户提供什么服务，以及网管中心能接受什么等级的风险。

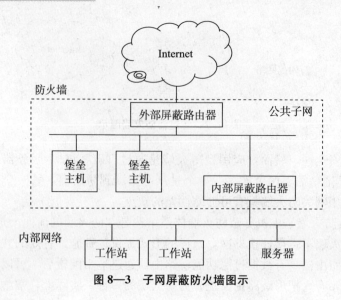

图8—3　子网屏蔽防火墙图示

还要看投资经费、投资大小、技术人员的水平和时间等问题。

（3）软件防火墙。

软件防火墙即是区别于硬件防火墙的软件类型的防火墙。软件防火墙又分网络防火墙与病毒防火墙，这之中还有手机防火墙。常用到的软件防火墙包括天网、瑞星、傲盾等。

1）天网防火墙。

天网防火墙个人版（简称为天网防火墙）是专为个人计算机使用的网络安全工具。它根据系统管理者设定的安全规则把守网络，提供强大的访问控制、应用选通、信息过滤等功能。它可以抵挡网络入侵和攻击，防止信息泄露，保障用户机器的网络安全。天网防火墙把网络分为本地网和互联网，可以针对来自不同网络的信息，设置不同的安全方案，它适合于任何方式连接上网的个人用户。

主要功能：

❋ 严密的实时监控；

❋ 灵活的安全规则；

❋ 便利的应用程序规则设置；

❋ 详细的访问记录和完善的报警系统；

❋ 独创的扩展安全级别；

❋ 完善的密码保护措施；

❋ 稳定的进程保护；

❋ 智能的入侵检测。

主要特性：

❋ 严密的实时监控；

❋ 灵活的安全规则；

❋ 应用程序规则设置；

❋ 详细的访问记录；

❋ 完善的报警系统；

✤ 独创的"扩展"级别。

2）瑞星防火墙。

瑞星个人防火墙是为解决网络上黑客攻击问题而研制的个人信息安全产品，具有完备的规则设置，能有效地监控任何网络连接，保护网络不受黑客的攻击。

主要功能：

✤ 网络攻击拦截：阻止黑客攻击系统对用户造成的危险。

✤ 出站攻击防御：最大限度解决"肉鸡"和"网络僵尸"对网络造成的安全威胁。

✤ 恶意网址拦截：保护用户在访问网页时，不被病毒及钓鱼网页侵害。

主要特性：

✤ 防火墙多账户管理；

✤ 未知木马扫描技术；

✤ IE 功能调用拦截；

✤ 反钓鱼，防木马病毒网站；

✤ 模块检查。

8.3　计算机病毒和木马的基本知识及预防

8.3.1　计算机病毒的基本知识

计算机病毒（Computer Virus）在《中华人民共和国计算机信息系统安全保护条例》中被明确定义，病毒指"编制者在计算机程序中插入的破坏计算机功能或者破坏数据，影响计算机使用并且能够自我复制的一组计算机指令或者程序代码"。

在所有的计算机安全威胁中，计算机病毒无疑是破坏力最大、影响最广的一种。而预防计算机病毒应主要从两方面考虑：管理方法上的预防和技术上的预防。

1. 计算机病毒的历史

计算机病毒的产生是计算机技术和以计算机为核心的社会信息化进程发展到一定阶段的必然产物。它产生的背景是：

首先，计算机病毒是计算机犯罪的一种新的衍化形式，是高技术犯罪。具有瞬时性、动态性和随机性。不易取证，风险小破坏大，从而刺激了犯罪意识和犯罪活动。

其次，计算机软硬件产品的脆弱性是根本的技术原因。计算机数据在输入、存储、处理、输出等环节，容易被错误输入、篡改、丢失、作假和破坏；程序易被删除、改写；由于计算机软件设计采用手工方式，效率低下且生产周期长，至今没有办法事先了解一个程序有没有错误，只能在运行中发现、修改错误，同时也并不知道还有多少错误和缺陷隐藏在其中。而这些脆弱性就为病毒的侵入提供了方便。

最早的计算机病毒是 1987 年 5 月在美国发现的，是帕金斯公司为防止非法复制的自卫性病毒。

第一个在全球产生重大影响的计算机病毒是"蠕虫"病毒。1988 年 11 月 2 日"蠕虫"

病毒在 Internet 网络上传播，不到 12 个小时，联网的 6 000 多台计算机被感染，使许多联网计算机被迫停机，造成了巨大的经济损失。病毒程序设计者莫里斯也因此被判刑三年。

还有一个在全球产生影响的病毒是"黑色星期五"病毒。1989 年 11 月 13 日星期五这一天，经长期潜伏、广泛传播后，该病毒在全世界数十万台运行 DOS 的微机上发作，运行的程序被一个个删除。许多用户被迫停机，造成难以估计的损失。

我国最早发现的病毒是 1989 年的"小球"病毒。当"小球"病毒发作时，计算机屏幕上出现一个运动的小球，在英文状态下不影响工作，而在中文状态下，屏幕不断滚动，无法工作。

计算机病毒像生物病毒一样有独特的复制能力，能够很快蔓延，又常常难以根除。它们能把自身附着在各种类型的文件上，当文件被复制或者从一个用户传到另一个用户时，它们会随文件一起蔓延。现在，随着计算机网络的发展，计算机病毒和计算机网络技术相结合，蔓延得更加迅速。利用计算机犯罪（包括编制计算机病毒）是一种新的犯罪形式。我国和世界上其他国家都已经宣布，编制计算机病毒是一种违法行为。

2. 计算机病毒的特征

（1）可执行性。

计算机病毒是一段可执行代码，既可以是二进制代码，也可以是脚本。

（2）寄生性。

狭义的计算机病毒通常不是一个完整的程序，它通常附加在其他程序中，类似生物界中的寄生现象。被寄生的程序称为宿主程序，或者称为病毒载体。当然，现在某些病毒本身就是一个完整的程序，特别是广义病毒中的网络蠕虫。

（3）传染性。

传染性是计算机病毒的基本特征。判断一个计算机程序是否为病毒，一个最主要的依据就是看它是否具有传染性。传染是计算机病毒生存的必要条件，它总是设法尽可能地把自己复制并添加到其他程序中去。

（4）破坏性。

计算机病毒生存、传染的目的是为了表现其破坏性。其实现形式有两种：一种是把病毒传染给程序，使宿主程序的功能失效，如程序被修改、覆盖、丢失等；另一种是病毒利用自身的表现/破坏模块进行表现和破坏。无论是哪种方式，其危害都是很大的。凡是与软件有关的资源都有可能受到病毒的破坏。

（5）欺骗性。

计算机病毒需要在受害者的计算机上获得可执行的权限，因为病毒首先要能执行才能进行传染或者破坏。要获得执行的权限，必须通过用户运行，或者通过系统直接运行。因此病毒设计者通常把病毒程序的名字起成用户比较关心的程序的名字，如命名成微软发布的补丁等。

（6）隐蔽性和潜伏性。

计算机病毒要进行有效的传染和传播，就应该尽量在用户能够察觉的范围之外进行。因为用户一旦发现，计算机病毒就有可能被清除。因此，大多数病毒都会把自己隐藏起来。如，把自身复制到 Windows 目录下或者复制到一般用户不会打开的目录下，然后把自己的名字改成系统的文件名，或与系统文件名相似。这样当运行时用户就不易发现它是个病毒文件，达到隐蔽的目的。

潜伏性是指病毒在相当一段时间里，虽然在系统中但不执行它的破坏功能，使用户难以察觉，只有到达某个时间点或受其他条件的激发时才执行恶意代码。

（7）衍生性。

有一些病毒具有多态性，它每感染一个可执行文件就会演变成另外一种病毒。

3. 计算机病毒的表现

计算机病毒的破坏行为体现了病毒的杀伤能力。病毒破坏行为的激烈程度取决于病毒作者的主观愿望和他所具有的技术能量。数以万计不断发展扩张的病毒，其破坏行为千奇百怪，不可能穷举其破坏行为，而且难以做全面的描述，根据现有的病毒资料可以把病毒的破坏目标、攻击部位以及表现归纳如下。

（1）计算机系统运行速度减慢。

（2）计算机系统经常无故发生死机。

（3）计算机系统中的文件长度发生变化。

（4）计算机存储的容量异常减少。

（5）系统引导速度减慢。

（6）丢失文件或文件损坏。

（7）计算机屏幕上出现异常显示。

（8）计算机系统的蜂鸣器出现异常声响。

（9）磁盘卷标发生变化。

（10）系统不识别硬盘。

（11）对存储系统异常访问。

（12）键盘输入异常。

（13）文件的日期、时间、属性等发生变化。

（14）文件无法正确读取、复制或打开。

（15）命令执行出现错误。

（16）虚假报警。

（17）换当前盘。有些病毒会将当前盘切换到 C 盘。

（18）时钟倒转。有些病毒会命名系统时间倒转，逆向计时。

（19）WINDOWS 操作系统无故频繁出现错误。

（20）系统异常重新启动。

（21）一些外部设备工作异常。

（22）异常要求用户输入密码。

（23）WORD 或 EXCEL 提示执行"宏"。

（24）使不应驻留内存的程序驻留内存等。

4. 计算机病毒的分类

计算机病毒的种类很多，按照计算机病毒的诸多特点及特性，其分类方法有很多种，所以同一种病毒按照不同的分类方法可能会被分到不同的类别中。

（1）按攻击的操作系统进行分类。

❋ 攻击 DOS 系统的病毒；

❀ 攻击 Windows 系统的病毒；

❀ 攻击 Unix 或 OS/2 系统的病毒。

（2）按传播媒介进行分类。

❀ 单机病毒。它的载体是磁盘。通常是通过软盘传入硬盘，直至感染系统。

❀ 网络病毒。它的传播媒介是网络。网络病毒往往会造成网络阻塞、网页被修改，甚至与其他病毒结合修改或破坏文件。网络病毒的传播速度更快，范围更广，造成的危害更大。

（3）按链接方式进行分类。

计算机病毒需要进入系统，才能感染和破坏系统，因此，病毒必须与计算机系统内可能被执行的文件建立链接。根据病毒与这些文件的链接形式不同，可分为以下几类：

❀ 源码型病毒。这类病毒在高级语言（如 C 语言、PASCAL 语言等）编写的程序被编译之前，插入目标源程序之中，经编译，成为合法程序的一部分。目前，这种病毒并不多见。

❀ 入侵型病毒。也称为嵌入型病毒，在感染时往往对宿主程序进行一定的修改，通常是寻找宿主程序的空隙将自己嵌入进去，并变为合法程序的一部分，使病毒程序与目标程序成为一体。这类病毒的编写十分困难，因此数量不多，但破坏力极大，而且很难检测和清除。

❀ 外壳型病毒。这类病毒程序一般链接在宿主程序的首尾，对原来的主程序不做修改或仅做简单修改。当宿主程序执行时，首先执行并激活病毒程序，使病毒得以感染、繁衍和发作。这类病毒易于编写，数量也最多。

❀ 操作系统型病毒。这类病毒程序用自己的逻辑部分取代一部分操作系统中的合法程序模块，从而寄生在计算机磁盘的操作系统区，在启动计算机时，会先运行病毒程序，然后再运行启动程序。这类病毒表现出很强的破坏力，可使系统瘫痪，无法启动。

（4）按寄生方式进行分类。

❀ 文件型病毒。指所有通过操作系统的文件系统进行感染的病毒。这类病毒专门感染可执行文件（以 .ex 和 .com 为主）。这类病毒与可执行文件进行链接。一旦系统运行被感染的文件，计算机病毒即获得系统控制权，并驻留内存监视系统的运行，以寻找满足传染条件的宿主程序进行传染。

❀ 系统引导型病毒。这类病毒常驻计算机系统引导区，通过改变计算机系统引导区的正常分区达到破坏的目的。引导型病毒通常用病毒程序的全部或部分取代正常的系统引导记录，而把正常的系统引导记录隐藏在磁盘的其他存储空间中。由于磁盘的系统引导区是磁盘正常工作的先决条件，系统引导型病毒在系统启动时就获得了控制权，因此具有很大的传染性和危害性。

混合型病毒。该类病毒兼有文件型病毒和系统引导型病毒两者的特征。

（5）按破坏后果进行分类。

❀ 良性病毒。指那些只为表现自己，并不破坏系统和数据的病毒，通常多是一些恶作剧者制造的，如"小球"病毒。

❀ 恶性病毒。指那些破坏系统数据、删除系统文件，甚至摧毁系统的危害性较大的病毒。

8.3.2 木马的基本知识

木马（Trojan）这个名字来源于古希腊传说（荷马史诗中木马计的故事，Trojan 一词的特洛伊木马本意是特洛伊的，即代指特洛伊木马，也就是木马计的故事）。

"木马"程序是目前比较流行的病毒文件，与一般的病毒不同，它不会自我繁殖，也并不"刻意"地去感染其他文件，它通过将自身伪装吸引用户下载执行，向施种木马者提供打开被种者电脑的门户，使施种者可以任意毁坏、窃取被种者的文件，甚至远程操控被种者的电脑。

1. 木马的原理

木马通过一段特定的程序（木马程序）来控制另一台计算机。木马通常有两个可执行程序：一个是客户端，即控制端，另一个是服务端，即被控制端。

植入被种者电脑的是"服务器"部分，而"黑客"正是利用"控制器"进入运行了"服务器"的电脑。运行了木马程序的"服务器"以后，被种者的电脑就会有一个或几个端口被打开，使黑客可以利用这些打开的端口进入电脑系统，安全和个人隐私也就全无保障了！木马的设计者为了防止木马被发现，而采用多种手段隐藏木马。

木马的服务一旦运行并被控制端连接，其控制端将享有服务端的大部分操作权限，例如给计算机增加口令，浏览、移动、复制、删除文件，修改注册表，更改计算机配置等。

随着病毒编写技术的发展，木马程序对用户的威胁越来越大，尤其是一些木马程序采用了极其狡猾的手段来隐蔽自己，使普通用户很难在中毒后发觉。

2. 木马的危害

（1）盗取网游账号，威胁虚拟财产的安全。

（2）盗取网银信息，威胁真实财产的安全。

（3）利用即时通讯软件盗取身份，传播木马病毒。

（4）给电脑打开后门，使电脑可能被黑客控制。

3. 木马和病毒的主要区别

（1）木马的主要目的不是破坏，而是"偷盗"。

（2）木马不是主动传播，而是通过欺骗手段，利用用户的误操作实现传播。

（3）木马属于被动攻击，所以更难预防。

8.3.3 计算机病毒和木马的预防方法

一般来说，计算机病毒的预防方法分为两种：管理方法上的预防和技术上的预防，而在一定的程度上，这两种方法是相辅相成的。这两种方法的结合对防止病毒的传染和木马是行之有效的。

1. 用管理手段预防计算机病毒和木马

计算机管理者应认识到计算机病毒对计算机系统的危害性，制定并完善计算机使用的有关管理措施，堵塞病毒的传染渠道，尽早发现并清除它们。

这些安全措施包括以下几个方面：

（1）系统启动盘要专用，并且要写保护，以防病毒侵入。

（2）尽量不使用来历不明的软盘或 U 盘，除非经过彻底检查。不要使用非法复制或解密的软件。

（3）不要轻易让他人使用自己的系统，如果无法做到这点，至少不能让他人带程序盘来使用。

（4）重要的系统盘、数据盘及硬盘上的重要文件要经常备份，以保证系统或数据遭到破坏后能及时得到恢复。

（5）经常利用各种检测软件定期对硬盘做相应的检查，以便及时发现和消除病毒。

（6）网络上的计算机用户，要遵守网络软件的使用规定，不能在网络上随意使用外来的软件。尤其是当从互联网或电子邮件中下载文件后，在打开这些文件之前，应使用反病毒工具对其进行扫描。

2. 用技术手段预防计算机病毒的传染

采用一定的技术措施，如防病毒软件、防火墙软件等，预防计算机病毒对系统的入侵，或发现病毒欲传染系统时，向用户发出警报。

8.3.4　计算机病毒和木马的清除方法

目前病毒的破坏力越来越强，几乎所有的软、硬件故障都可能与病毒和木马有关，所以当发现计算机有异常情况时，首先应考虑是否是由病毒引起的故障，而最佳的解决办法就是用杀毒软件对计算机进行全面的清查。

目前较为流行的杀毒软件有 KV3000、金山毒霸、诺顿防病毒软件以及 360 安全卫士、金山毒霸 2011、木马克星等防木马的软件。

在进行杀毒时应注意如下几个问题：

（1）在对系统进行杀毒之前，先备份重要的数据文件。

（2）很多病毒都是通过网络中的共享文件夹进行传播的，所以计算机一旦遭受病毒感染首先应断开网络（包括互联网和局域网），再进行漏洞的修补以及病毒的检测和清除，从而避免病毒大范围传播，造成更严重的危害。

（3）有些病毒发作以后，会破坏 Windows 的一些关键文件，导致无法在 Windows 下运行杀毒软件清除病毒，所以应该制作一张 DOS 环境下的杀毒软盘，作为应对措施，进行杀毒。

（4）有些病毒是专门针对 Windows 操作系统的漏洞进行破坏的，因此在杀毒完成后，应立即为系统打上补丁，防止重复感染。

（5）及时更新杀毒软件的病毒库，使其可以发现并清除最新的病毒。

8.4 系统更新与系统还原

8.4.1 系统更新

Windows 为了保护计算机系统免受最新病毒和其他安全威胁的攻击，提供有"系统更新"功能。这些高优先级的更新位于 Windows Update 网站，为用户提供包括安全更新、重要更新和服务包（Service Pack）等免费的更新软件。

为了能自动获得 Windows Update 网站提供的系统修复程序，应使用"自动更新"功能。打开"自动更新"之后，用户就不必进行联机搜索更新或担心错过重要的修复程序，Windows 会根据用户确定的自动更新计划自动下载并安装更新。如果用户希望自己下载并安装更新，还可以设置"自动更新"通知，当有任何可用的高优先级系统更新时，就会自动获得通知。

"自动更新"设置操作：

第一步，单击"开始"按钮→"所有程序"→"附件"→"系统工具"→"安全中心"命令，打开"Windows 安全中心"对话框。

第二步，单击管理安全设置区中的"自动更新"按钮，打开"自动更新"对话框（见图 8—4）。

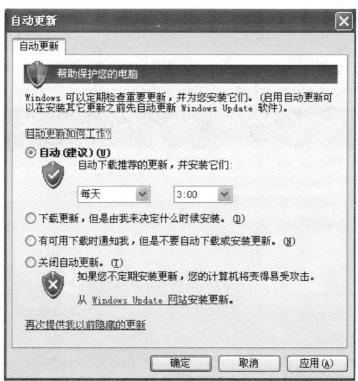

图8—4 "自动更新"对话框

第三步，单击"自动（建议）"单选按钮。在"自动下载推荐更新，并按照它们"下的下拉列表框中，分别设置 Windows 安装更新的日期和时间。

第四步，单击"确定"按钮，完成设置。

注　意　　只有具有管理员权限的用户才可以进行 Windows 更新。建议在执行不需要管理员权限的任务时，注销计算机管理员账户。如果以管理员身份登录，那么一旦计算机成为病毒或恶意用户的攻击目标，将导致较大范围的破坏。例如，攻击者可以重新格式化硬盘驱动器，删除所有文件，或创建新管理员账户以便其管理计算机。

8.4.2　系统还原

"系统还原"是 Windows 提供的一个组件。利用系统还原，可以在计算机发生故障时恢复到以前的状态，而不会丢失用户数据文件（例如 Microsoft Word 文档、浏览器历史记录、绘图、收藏夹或者电子邮件）。

"系统还原"可以监视系统以及某些应用程序文件的改变，并自动创建易于识别的还原点。这些还原点允许用户将系统恢复到以前的状态。每天或者在发生重大系统事件（例如安装应用程序或者驱动程序）时，都会创建还原点。用户也可以在任何时候创建并命名自己的还原点。

1. 创建还原点

当预测到对计算机进行更改是危险的或可能对计算机稳定性产生影响时，创建还原点将十分有用。

操作　　第一步，单击"开始"按钮→"所有程序"→"附件"→"系统工具"→"系统还原"，打开"欢迎使用系统还原"对话框（见图 8—5）。

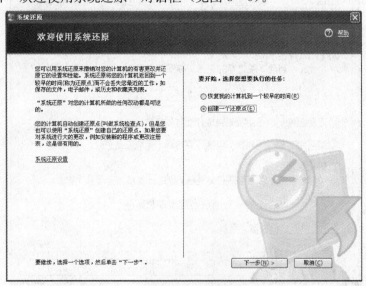

图 8—5　"欢迎使用系统还原"对话框

　　第二步，单击"创建一个还原点"，单击"下一步"按钮，打开"创建一个还原点"对话框（见图 8—6）。

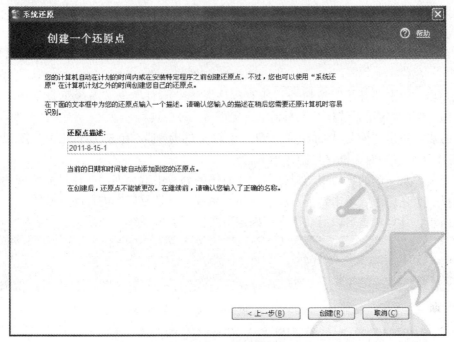

图 8—6　"创建一个还原点"对话框

　　第三步，在"还原点描述"文本框中，为创建的还原点输入一个名称，单击"创建"按钮。"系统还原"将自动把当前日期和时间添加到新创建的还原点上（见图 8—7）。

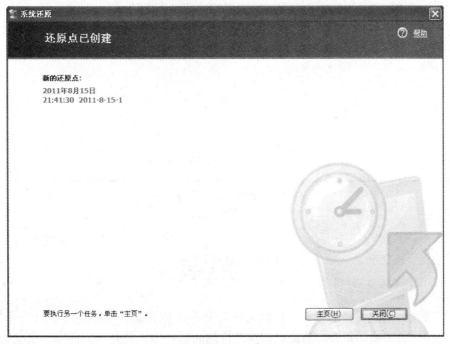

图 8—7　"还原点已创建"对话框

要取消还原点的创建并返回到"欢迎使用系统还原"对话框，单击"上一步"按钮。

要取消还原点的创建并退出"系统还原向导"，单击"取消"按钮。

如果还要继续创建还原点，单击"主页"按钮，将回到图 8—5 所示对话框。

2. 启动系统还原

当系统发生故障时，可从之前创建的还原点处将系统恢复到创建还原点时的系统状态。

第一步，单击"开始"按钮→"所有程序"→"附件"→"系统工具"→"系统还原"，打开"欢迎使用系统还原"对话框（见图 8—5）。

第二步，单击"恢复我的计算机到一个较早的时间"，单击"下一步"按钮，打开"选择一个还原点"对话框（见图 8—8）。

第三步，从左侧的日历中选择日期，在右侧的列表中就会列出在该日期所创建的还原点，选择一个还原点，单击"下一步"按钮。系统将自动重启，进行还原操作。

第四步，计算机重启以后，单击"确定"按钮，完成系统还原。

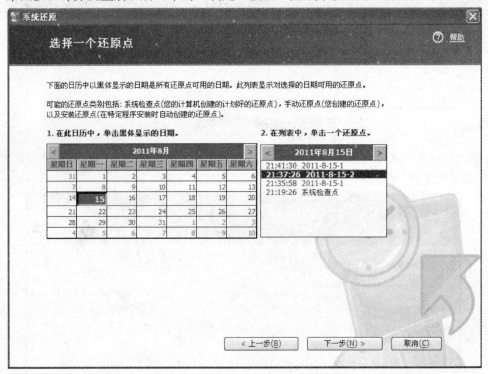

图 8—8　"选择一个还原点"对话框

8.5　网络道德

在网络技术飞速发展的今天，我们无时无刻不在享受着网络带给我们的便利与好处。然而，网络中也出现了很多与道德和法律相悖的问题。为了拥有一个健康、安全的网络环境，国家有关部门相继出台了一些政策法规，这些准则主要包括如下内容：

❈ 保护好数据。企业和个人有责任保持自己数据的完整性和准确性。

❈ 不使用盗版软件。使用盗版软件既不尊重软件设计人员，也不符合 IT 行业的道德规范。

❈ 不做"黑客"。"黑客"是指计算机系统未经授权访问的人，未经授权而访问存取他人计算机系统中的信息的一种违法行为。

❈ 网络自律。不应在网络上发布、传播不健康的内容和他人的隐私，更不应该恶意地攻击他人。

在我们畅游网络时应遵守网络道德规范，保障计算机信息系统的安全，预防及避免网络犯罪，以降低网络犯罪给社会带来的破坏和损失。

【本章小结】

本章介绍了计算机安全所涵盖的内容、属性以及影响计算机安全的主要因素；介绍了主动攻击和被动攻击的区别，以及安全服务中的数据加密、身份认证、访问控制、入侵检测、防火墙等技术的概念；介绍了计算机病毒和木马的基本知识，如病毒的主要特征、表现形式、分类以及病毒和木马的区别、预防方法等；介绍了 Windows 系统更新和系统还原的概念和使用方法，简单介绍了网络道德的基本要求。

【习题】

一、简答题

1. 网络安全的防范措施主要有哪些？

2. 简述常用的计算机病毒预防和清除方法。

3. 什么是计算机病毒？

4. 计算机病毒有什么特点？

5. 什么是"黑客"？

6. 计算机病毒的传染途径有哪些？

7. 微型计算机病毒对系统的影响表现在哪些方面？

8. 简述防火墙的作用。

二、单选题

1. 下面说法正确的是_____。

A. 信息的泄漏只在信息的传输过程中发生

B. 信息的泄漏只在信息的存储过程中发生

C. 信息的泄漏在信息的传输和存储过程中都会发生

D. 信息的泄漏在信息的传输和存储过程中都不会发生

2. 下面不属于计算机信息安全的是_____。

A. 安全法规 　　　　　　　　B. 信息载体的安全保卫

C. 安全技术 　　　　　　　　D. 安全管理

3. 下面是关于计算机病毒的描述，其中_____是错误的。

A. 计算机病毒具有传染性

B. 通过网络传染计算机病毒，其破坏性大大高于单机系统

C. 如果染上计算机病毒，该病毒会马上破坏你的计算机系统

D. 计算机病毒主要破坏数据的完整性

4. 下列关于预防计算机病毒的说法中，正确的是_____。

A. 仅通过技术手段预防病毒

B. 仅通过管理手段预防病毒

C. 管理手段与技术手段相结合预防病毒

D. 仅通过杀毒软件预防病毒

5. 下面关于计算机病毒说法正确的是_____。

A. 是生产计算机硬件时不注意产生的

B. 是人为制造的

C. 都必须清除，计算机才能使用

D. 都是人们无意中制造的

6. 下面关于计算机病毒说法正确的是_____。

A. 都具有破坏性　　　　　　　　B. 有些病毒无破坏性

C. 都破坏 EXE 文件　　　　　　　D. 不破坏数据，只破坏文件

7. 下面属于被动攻击的手段是_____。

A. 假冒　　　　　　B. 修改信息　　　C. 窃听　　　　　　D. 拒绝服务

8. 下面不属于访问控制技术的是_____。

A. 强制访问控制　　　　　　　　B. 自主访问控制

C. 自由访问控制　　　　　　　　D. 基于角色的访问控制

9. 下面关于防火墙说法正确的是_____。

A. 防火墙必须由软件以及支持该软件运行的硬件系统构成

B. 防火墙的主要功能是防止把网外未经授权的信息发送到内网

C. 任何防火墙都能准确的检测出攻击来自哪台计算机

D. 防火墙的主要技术支撑是加密技术

10. 下面关于系统更新说法正确的是_____。

A. 系统需要更新是因为操作系统存在着漏洞

B. 系统更新后，可以不再受病毒的攻击

C. 系统更新只能从微软网站下载补丁

D. 所有的更新应及时下载安装，否则可能系统会立即崩溃

第九章

计算机多媒体技术

🏛 **【学习重点】**

请使用 3 学时学习本章内容，着重掌握以下知识点：

⊙ 多媒体计算机的基本组成、应用和特点。

⊙ 多媒体信息的播放、使用。

⊙ 文件压缩与解压缩的基本概念和 WinRAR 的使用。

🔱 **【考试要求】**

1. 了解 计算机多媒体技术的概念以及在网络教育中的作用；多媒体计算机系统的基本构成和多媒体设备的种类；Windows 画图工具的基本功能；Windows 音频工具的基本功能；Windows 视频工具的基本功能；常用数码设备的基本功能；文件压缩和解压缩的基本知识；常见多媒体文件的类别和文件格式。

2. 掌握 压缩工具 WinRAR 的基本操作。

9.1 计算机多媒体技术的基本知识

9.1.1 计算机多媒体技术的基本概念

1. 媒体

媒体是指信息的载体。因此媒体有两方面的含义，即存储信息的载体，如磁盘、光盘、磁带、存储器等；传递信息的载体，如文字、图形、动画、音频、视频等。

2. 多媒体

多媒体是对文字、图形、动画、音视频等各种媒体的统称，也指能传播、存储、处理、复制各种不同类型信息的技术。多媒体（Multimedia）意味着将音频、视频、图像和计算机集成到一个数字环境中。多媒体的关键特性表现在信息载体的多样性、交互性和集成性。

3. 多媒体技术

多媒体技术是指计算机综合处理多种媒体信息，如文本、图形、图像、音频和视频等，使多种信息建立逻辑连接，集成为一个系统并具有交互性的技术。

多媒体技术主要集中表现在六个方面：媒体处理与编码技术、多媒体系统技术、多媒体信息组织与管理技术、多媒体通信网络技术、多媒体人机接口与虚拟现实技术、多媒体应用技术。

9.1.2　多媒体计算机的组成

多媒体计算机简称为 MPC（Multimedia Personal Computer），是指具有对多种媒体进行获取、存储、编辑、检索、展现、传输等操作能力的计算机。

多媒体计算机系统由硬件系统和软件系统组成。

❋ MPC 硬件组成：功能强、速度快的中央处理器（CPU），可管理、控制各种接口与设备的主机板，具有一定容量（尽可能大）的内存空间，高分辨率显示接口与设备，可处理音响的接口与设备，可处理图像的接口与设备，可存放大量数据的硬盘，光盘驱动器，音频卡，图形加速卡，采集视频卡等。

❋ MPC 软件组成：多媒体操作系统和应用程序，如 Windows 系列、Office 及各类多媒体处理软件等。

目前大多数的计算机在硬件上都能满足多媒体计算机的要求。

9.1.3　多媒体技术在网络教育中的作用

1. 多媒体技术对教育和培训的影响

多媒体技术的使用，为各学科教学提供了丰富的视听环境，给学生以全方位的、多维的信息，提高了形象视觉和听觉的传递信息比率，缩短了教学时间、扩大了教学规模。

多媒体技术能够提供生动逼真的学习、虚拟实验和交流环境，以图文声像并茂的方式提供知识、示范、练习、讨论以及边演示边讲解的启发式教学方法，体现了高趣味性与启发性。

2. 多媒体技术对远程教育的影响

网络远程教学模式依靠现代通信技术及多媒体计算机技术的发展，大幅度提高了教育传播的范围和时效，使教育传播不受时间、地点、国界、气候等影响。

有 Internet 的地方就可以学习网上课件。真正打破了明显的校园界限，改变了传统的

"课堂"概念。学生能突破时空限制，接收来自不同国家的不同教师的指导，还可以获得除文本以外更丰富、更直观的多媒体信息，共享世界各地图书馆资料。

9.1.4 多媒体设备

1. 数码设备

（1）音频设备。

音频设备是指音频信号输入输出设备的总称，包括的产品类型也很多，主要包括音源设备（包括话筒、音频采样卡、PC 中的声卡、录音机、电子合成器等）、功率放大设备（包括功放机、中高频音箱、耳机等）、调音设备（包括多媒体控制台、数字调音台等）等。

❈ 功放机：把来自音源设备的微弱信号进行放大，以驱动扬声器发出声音。

❈ 数字调音台：将多路输入的信号进行放大、混合、分配、音质修饰和音响效果加工。

❈ 声卡：是计算机处理音频信号的 PC 扩展卡，也称为音频卡。它处理的音频媒体包括数字化声音（Wave）、合成音乐（MIDI）、CD 音频等。声卡的主要功能是音频的录制与播放、编辑与音乐合成、文字语音转换、CD−ROM 接口、MIDI 接口、游戏接口等。

（2）视频设备。

视频设备是指视频信号输入输出设备的总称。主要包括视频采集卡、DV 卡、电视卡、视频监控卡、视频压缩卡等。

❈ 视频采集卡：用于采集视频数据。

❈ DV 卡：用于与数码摄像机相连，将 DV 影片采集到 PC 机。

❈ 电视卡：用于在 PC 上观看电视节目。

❈ 视频监控卡：用于捕捉来自摄像机或摄像头等设备的信号，并以 MPEG 格式存储在硬盘上。

❈ 视频压缩卡：用于压缩视频信息。

视频信息通过视频卡、播放软件和显示设备进行采集和显示，视频卡主要用于对来自激光视盘机、录像机或摄像机的图像进行捕捉、数字化、存储、输出、放大、缩小和调整等处理，同时也进行与音频有关的处理。

（3）光存储系统。

光存储系统由光盘驱动器和光盘盘片组成。光存储系统的基本特点是用激光引导测距系统的精密光学结构取代硬盘驱动器的精密机械结构。

常用的光存储系统有三大类：只读型、一次写型、可重写型。

目前应用最为广泛的光存储系统主要有：CD-ROM 光存储系统、CD-R 光存储系统、DVD 光存储系统和光盘库系统等。

除了上述的这些多媒体设备外，还有一些多媒体设备在我们的日常工作和生活中也会经常用到，比如笔输入设备、触摸屏、扫描仪、数码相机、数码摄像机等。

❈ 笔输入设备：是一种用手写方式输入汉字或字符的设备，如手写板、手写笔等。

❀ 触摸屏：能够同时在显示屏幕上实现输入输出的设备。

❀ 扫描仪：把照片、图画变成数字图像，同时把得到的数字图像传送到计算机中。

❀ 数码相机：利用电子传感器把光学影像转换成电子数据。

❀ 数码摄像机：工作原理与数码相机类似，用于获得视频信息。

2. 多媒体设备接口

通用的多媒体设备接口包括并行接口、USB 接口、SCSI 接口、IEEE1394 接口、VGA 接口等等。

❀ 并行接口（简称为并口）：指采用并行传输方式来传输数据的接口标准。数据的宽度可以从 1～128 位或者更宽，最常用的是 8 位，可通过接口一次传送 8 个数据位。数据传输速率比串行接口快很多，通常为 1Mbit/s。最常用的并行接口是通常所说的 LPT 接口（连接打印机接口）。

❀ USB 接口：通用串行总线（Universal Serial Bus，USB）接口是连接外部装置的一个串口标准，它具有支持热插拔、标准统一等优点，在计算机上广泛使用。随着各种数码设备的大量普及，特别是 MP3 和数码相机的普及，这种接口广泛出现在读卡器、MP3、数码相机以及移动硬盘上。USB 有两个标准，即 USB1.1 和 USB2.0。

❀ SCSI 接口：小型计算机系统接口（Small Computer System Interface，SCSI）是一种较为特殊的接口总线，具备与多种类型的外设进行通信的能力。SCSI 接口是一种广泛应用于小型机上的高速数据传输技术。SCSI 接口具有应用范围广、多任务、带宽大、CPU 占用率低以及热插拔等优点。

❀ IEEE1394 接口：也称火线接口（Firewire），是苹果公司开发的串行标准。同 USB 接口一样，IEEE1394 接口也支持外设热插拔，可为外设提供电源，省去了外设自带的电源；能连接多个不同设备，并支持同步数据传输。用于连接高速外置式硬盘、数码相机、数码摄影机等设备。

❀ VGA 接口：视频图形阵列接口，它是显卡上输出模拟信号的接口。目前大多数计算机与显示器之间都是通过 VGA 接口进行连接。

3. 查看本地计算机硬件配置

通过下列操作，我们可以查看计算机的设备配置情况。

操作 第一步，用鼠标右键单击桌面"我的电脑"图标，选择快捷菜单中的"管理"，打开"计算机管理"窗口（见图 9—1）。

第二步，从左侧的"计算机管理"树形目录中，选择"系统工具"下的"设备管理器"，在右侧将显示出本地计算机上的各种硬件设备类型，通过单击设备类型名称左侧的"⊞"图标，可展开查看该设备类型下所连接的设备有哪些。如图 9—2 显示的是在"声音、视频和游戏控制器"设备类别下的具体设备安装情况。

第三步，双击具体的设备，可打开该设备的"属性"对话框，可以查看该设备的运转情况、属性以及详细信息等。

图 9—1　"计算机管理"窗口—1

图 9—2　"计算机管理"窗口—2

9.1.5　常见多媒体文件的类别和文件格式

1. 图形和图像

（1）图形。

图形是指由外部轮廓线条构成的矢量图，即由计算机绘制的直线、圆、矩形、曲线、图表等。计算机可以用一组指令集合来描述图形的内容，如描述构成该图的各种图元位置维数、形状等。描述对象可任意缩放不会失真。

计算机使用专门软件将描述图形的指令转换成屏幕上的形状和颜色。图形是指轮廓不是很复杂、色彩不是很丰富的对象，如几何图形、工程图纸等。

（2）图像。

图像是由扫描仪、数码相机、摄像机等输入设备捕捉实际画面产生的数字图像，是由像素点阵构成的位图。计算机用数字描述图像的像素点和颜色。图像的描述信息文件存储量较大，所描述对象在缩放过程中会损失细节或产生锯齿。

图像用来表现含有大量细节（如明暗变化、场景复杂、轮廓色彩丰富）的对象，如照片、绘图等，通过图像软件可对复杂图像进行处理，以得到更清晰的图像或产生特殊效果。

（3）色彩。

亮度、色调、饱和度是衡量色彩的三个指标。亮度是光作用于人眼时所引起的明亮程度的感觉，它与被观察物体的发光强度有关。色调是当人眼看到一种或多种波长的光时所产生的彩色感觉，它反映颜色的种类，是决定颜色的基本特性，如红色、棕色就是指色调。饱和度指的是颜色的纯度，即指颜色的深浅程度，对于同一色调的彩色光，饱和度越深颜色越鲜明、越纯。我们通常把色调和饱和度通称为色度。亮度是用来表示某彩色光的明亮程度的，而色度则表示颜色的类别与深浅程度。

除此之外，自然界常见的各种颜色光，都可用红（R）、绿（G）、蓝（B）三种颜色光按不同比例相配而成；同样绝大多数颜色光也可以分解成红、绿、蓝三种色光，这就是色度学中最基本的原理——三原色原理（RGB）。

（4）图形（图像）的重要技术指标。

❋ 分辨率。

可分为屏幕分辨率和输出分辨率两种。屏幕分辨率用每英寸行数表示，数值越大图形（图像）质量越好；输出分辨率是衡量输出设备精度的指标，以每英寸的像素点数表示。

❋ 色彩数和图形灰度。

色彩数用位（bit）表示，一般写成 2 的 n 次方，n 代表位数。当 n 达到 24 位时，可表现 1 677 万种颜色，即真彩。灰度的表示法类似。

（5）常用的几种图形（图像）格式。

❋ BMP（Bit Map Picture）。

位图的缩写格式，有压缩和不压缩两种形式，该格式可表现从 2 位到 24 位的色彩，分辨率也可从 480×320 至 1 024×768。

它是 Windows 操作系统中的标准图像文件格式，在 Windows 环境下相当稳定，能够被多种 Windows 应用程序所支持。

其特点是：包含的图像信息较丰富，几乎不进行压缩，但由此导致占用磁盘空间过大。在文件大小没有限制的情况下运用极为广泛。所以，目前 BMP 格式在单机上比较流行。

❈ JPEG（Joint Photographic Expert Group）。

它是常见的一种图像格式，由联合照片专家组（Joint Photographic Experts Group）开发，并命名为"ISO 10918-1"，JPEG 仅仅是一种俗称而已。

JPEG 文件的扩展名为 .jpg 或 .jpeg，其压缩技术十分先进，可以大幅度地压缩图形文件。它采用有损压缩技术①去除冗余的图像和色彩数据，在获取极高压缩率的同时，能展现十分丰富生动的图像。

目前各类浏览器均支持 JPEG 这种图像格式，因为 JPEG 格式文件尺寸较小，下载速度快，使得 Web 页有可能在较短的下载时间内提供大量美观的图像，因此也就顺理成章地成为网络上最受欢迎的图像格式。

❈ GIF（Graphics Interchange Format）。

它是在各种平台的各种图形处理软件上均可处理的经过压缩的图形格式。这种格式是用来交换图片的。20 世纪 80 年代，美国一家著名的在线信息服务机构 CompuServe 针对当时网络传输带宽受限的问题，开发出了这种 GIF 图像格式。

GIF 格式的特点是压缩比高，磁盘空间占用较少，所以这种图像格式迅速得到了广泛的应用。最初的 GIF 只是简单地用来存储单幅静止图像（称为 GIF87a），后来随着技术发展，可以同时存储若干幅静止图像进而形成连续的动画，使之成为当时为数不多支持 2D 动画格式的软件之一（称为 GIF89a）。目前 Internet 上大量采用的彩色动画文件多为这种格式的文件。

❈ PSD（Photoshop Standard）。

它是 Adobe 公司的图像处理软件 Photoshop 的专用格式。

PSD 其实是 Photoshop 进行平面设计的一张"草稿图"，它里面包含图层、通道、遮罩等多种设计样稿，以便下次打开文件时可以修改上一次的设计。在 Photoshop 所支持的各种图像格式中，PSD 的存取速度比其他格式快很多，功能也很强大。

2. 音频

多媒体中的音频处理技术包括：音频采集、语音编码/解码、文—语转换、音乐合成、语音识别与理解、音频数据传输、同步、音频效果、编辑等。

常见的声音文件格式有：WAV、MPEG3、Real Audio、WMA、MIDI 等。

（1）WAV。

WAV 是最常见的声音文件之一，是微软公司专门为 Windows 开发的一种基于 PCM 技术的标准数字音频文件（又称波形文件）。该文件能记录各种单声道或立体声的声音信息，并能保证声音不失真。但 WAV 文件有一个致命的缺点，那就是它所占用的磁盘空间太大（每分钟的音乐大约需要 12 兆磁盘空间）。

（2）MPEG3。

MPEG3（即 MP3）是目前最流行的声音文件格式，因其压缩率大，在网络可视电话

---

① 有损压缩技术，意思是在按 JPEG 格式转换和存贮图像时，会造成原始图像中某些数据的丢失。

通信方面应用广泛，但和 CD 唱片相比，音质不令人满意。

（3）Real Audio。

Real Audio 即 RA，其强大的压缩量和极小的失真使其在众多的声音格式中脱颖而出。它也是为了解决网络传输带宽限制问题而设计的，因此主要目标是压缩比和容错性，其次才是音质。

（4）WMA。

WMA 是 Windows Media Audio 的简称。据微软公司称，WMA 无论从技术性能（支持音频流）还是压缩率（比 MP3 高一倍）方面都把 MP3 远远抛在后面。用 WMA 制作的音频文件，其大小仅相当于 MP3 的 1/3，而音质上并无降低。WMA 的音频取样范围很宽，在 8kHz～48kHz 之间，单声道或双声道都可支持。

（5）MIDI。

MIDI 是目前最成熟的音乐格式，实际上已经成为一种产业标准，其科学性、兼容性、复杂程度等各方面都比较好。

它是一系列指令，而不是波形，所以需要的磁盘空间非常少，并且预先装载 MIDI 文件比波形文件容易得多。

（6）其他的音频文件格式还包括 AIFF、AU 等。

3. 视频（动画）

（1）动态图像的组成。

动态图像包括动画和视频信息，它是连续渐变的静态图像或图形序列，沿时间轴顺次更换显示，从而构成运动视感的媒体。

如果序列中的每帧图像是由人工或计算机产生的，我们称之为动画；如果序列中的每帧图像是实时摄取的自然景象或活动对象，我们称之为影像视频，或简称为视频。

动态图像演示常常与声音媒体配合进行，二者的共同基础是时间连续性。

（2）动画。

所谓动画，就是以每秒 15 帧到 20 帧的速度（相当接近于全运动视频帧速）顺序地播放静止图像帧以产生运动的错觉。迪斯尼公司就是通过绘制大量递增图片给人以运动的感觉的。

制作动画的方法有很多，如通过在显示时改变图像来生成简单的动画。最简单的方法是在两个不同的帧之间反复。还可以以循环的方式播放几个图像帧以产生运动的效果，并且可以依靠计算时间来获得较好的回放，或用计时器来控制动画。

（3）常见的视频文件格式。

❀ AVI。

AVI（Audio Video Interleaved）是对视频文件采用有损压缩方式，可将音频和视频混合到一起使用，应用范围非常广泛。但并没有限定压缩标准，用不同压缩算法生成的 AVI 文件，必须使用相同的解压缩算法才能播放出来。不同的压缩算法生成的 AVI 文件大小差别很大。

AVI 文件目前主要应用在多媒体光盘上，用来保存电影、电视等各种影像信息，有时也用在 Internet 上。

❀ MPEG/MPG。

MPEG（Motion Picture Experts Group）是目前最常见的视频压缩方式（包括 MPEG1、MPEG2、MPEG4），它采用中间帧的压缩技术，可对包括声音在内的运动图像进行高比率压缩，它还支持 1 920×1 152 的分辨率、CD 音质播放、每秒 30 帧的播放速度等功能。我们通常所看的 VCD 绝大多数都是采用该种格式。

采用 MPEG 格式压缩的视频文件大部分以 MPEG 和 MPG 作为扩展名，有的还以 .dat 作为扩展名，对于这些以 .dat 为扩展名的文件，用户应注意不要与同名的数据文件混淆。

MPEG 有三个方面的优势：首先，它是作为一个国际化的标准来研究制定的，具有很好的兼容性。其次，MPEG 能够提供比其他算法更好的压缩比，最高可达 200：1。再次，MPEG 在提供高压缩比的同时，对数据的损失很小。

❀ MPEG4。

现在 MPEG4 主要应用于视频电话（Video Phone）、视频电子邮件（Video E-mail）和电子新闻（Electronic News）等，对传输速率要求较低，在4.8kbps～64kbps 之间。MPEG4 能够利用很窄的带宽，通过帧重建技术，压缩和传输数据，实现以最少的数据获得最佳的图像质量。

MPEG4 的特点是更适合于交互 AV 服务以及远程监控。这是一个具有交互性的动态图像标准。

❀ RM。

Real Networks 公司所制定的音频视频压缩规范称为 Real-Media（RM），它是目前在 Internet 上相当流行的跨平台多媒体应用标准，它采用音频/视频流和同步回放技术，能够在 Intranet 上全带宽地提供最优质的多媒体音频/视频。

Real-Media 包括三类文件：Real Audio，用来传输接近 CD 音质的音频数据；Real Video，用来传输连续视频数据；Real Flash，这是 Real Networks 公司与 Macromedia 公司合作推出的一种高压缩比的动画格式。

❀ ASF。

ASF（Advanced Streaming Format）是 Microsoft 公司为了和 Real Networks 公司竞争而发展出来的一种可以直接在网上观看视频节目的文件压缩格式。它能依靠多种协议在多种网络环境下支持数据的传送。

ASF 文件的内容既可以是我们熟悉的普通文件，也可以是由编码设备实时生成的连续数据流，所以 ASF 既可以传送人们事先录制好的节目，也可以传送实时产生的节目。

❀ MOV。

MOV 格式是 Apple 公司开发的一种音频、视频文件格式，用于存储常用数字媒体类型。MOV 是一种流式视频格式，在某些方面它甚至比 WMV 和 RM 更优秀，并能被众多的多媒体编辑及视频处理软件所支持。

❀ 其他视频文件格式还包括 DivX、WMV 等。

9.2　多媒体基本应用工具的使用

9.2.1　Windows "画图"

利用 Windows 画图程序提供的选定、喷笔、正文、橡皮、着色滚筒、画图、方框、圆、椭圆、多边形等工具，可以方便地生成彩色图像，还可以利用画图工具对一幅由剪贴板拷贝来的图形作进一步的编辑。

1. 编辑一个已存在的文件

操作　第一步，单击"开始"按钮→"所有程序"→"附件"→"画图"，弹出"画图"窗口。

第二步，单击"文件"菜单→"打开"，弹出"打开"对话框，选择图像文件，选中后单击"打开"按钮，即可在"图画"窗口中打开图像（见图 9—3）。

图 9—3　"画图"窗口

利用 Windows 提供的画图程序可以查看、编辑扩展名为 bmp、gif、jpg 等的图像文件，也可以绘制一个新的图画。

2. 新建一个图画文件

操作　在"画图"窗口中，单击"文件"菜单→"新建"命令，如果当前窗口下正在编辑的文件未保存，将提示保存该文件（默认保存文件扩展名为 bmp），之后给出一个新的空白窗口。

注："画图"软件不支持同时打开多个图形文件。

3. 绘制图形

利用"画图"窗口中给出的工具箱和颜料盒可以绘制一些简单的图形。

工具箱和颜料盒的显示操作：通过"查看"菜单，选中"工具箱"和"颜料盒"。

绘制图形的一般操作：

第一步，单击工具箱中的某个工具，如矩形工具"▬"、曲线工具"$"等。如果该工具有多个不同的形状，会在工具箱下面显示出来，从中选择一个即可。光标变成十字。

第二步，设置前景色和背景色。

操作

（1）用鼠标左键单击颜料盒上某颜色，或者用取色工具"✎"在绘图区中某个颜色上单击鼠标左键，将其定义为前景色（如矩形边框的颜色）；

（2）用鼠标右键单击颜料盒上某颜色，或者用取色工具"✎"在绘图区中另一种颜色上单击鼠标右键，将其定义为背景色（如矩形中填充的颜色）。

第三步，在绘图区指定位置拖动鼠标，用选中的图形工具以及颜色绘制出合适大小的图形。

第四步，在图形处于编辑状态下（图形四周有虚线和小黑色矩形控制点），可以通过"图像"菜单中提供的一些图形处理命令，进行"翻转/旋转"、"拉伸/扭曲"等处理，还可通过"属性"改变图形的宽度和高度。

第五步，图形编辑好后，单击绘图区任意位置，将使图形退出编辑状态，以后将不能再对该图形进行编辑修改。

4. 输入文本

操作 第一步，单击工具箱中的文字工具"**A**"。

第二步，在绘图区拖动鼠标，出现一个文本输入框和一个"字体"工具栏。

第三步，设置文本的前景色和背景色。

第四步，在文本框中输入文字。

第五步，在文本框还处于编辑状态时，可以通过"字体"工具栏为其设置字体、字号、加下划线等。也可以通过拖拽文本框四周的控制点，使文本框放大、缩小（当鼠标指针变成双向箭头时）或移动到其他的位置。

注意："字体"工具栏所做的操作都是针对整个文本框中的文本进行的，即不能对其中的某个字单独设置。

第六步，文本处理完成后，单击文本框外的任意位置。同样，以后也不能再对该文本进行编辑修改了。

5. 其他工具的使用

"工具箱"中还提供有其他的一些工具，如：

橡皮擦工具"✎"：用背景色任意擦除绘图区中的内容。

用颜色填充工具"▶"：用前景色填充一个封闭区域。

9.2.2 Windows 音频工具

使用 Windows 的录音机程序，可以录制、混合、播放和编辑声音，也可以将声音链接或插入到另一个文档中。

1. 录制声音文件

操作　第一步，把麦克风插在电脑声卡的 MIC 插孔中。

第二步，单击"开始"按钮→"所有程序"→"附件"→"娱乐"→"录音机"，打开"录音机"窗口（见图 9—4）。

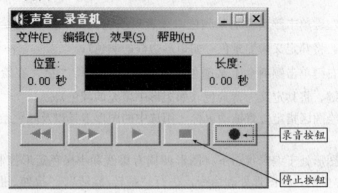

图 9—4　"录音机"窗口

第三步，按下录音按钮"●"，就可开始录音了。录音完成后，按下停止按钮"■"，就可以停止录音。按下播放按钮"▶"，可播放录下来的声音。

第四步，保存录制的声音。单击"文件"菜单→"保存"命令，弹出"另存为"对话框，确定保存的位置及文件名，单击"确定"按钮。文件扩展名为 .wav。

2. 修改声音文件

操作　第一步，单击"文件"菜单→"打开"命令，弹出"打开"对话框。

第二步，找到要编辑修改的声音文件，单击"打开"按钮。

第三步，通过"效果"菜单中提供的命令，可以对声音文件进行"加速"、"添加回音"等处理。

其他常见的音频播放软件有 Winamp、RealPlayer、千千静听等。同时媒体播放器除了可以播放视频文件外，也可以播放音频文件。

9.2.3　Windows 视频工具

使用 Windows 自带的媒体播放机（Windows Media Player），可以播放和组织中的视频文件或音频文件，它支持常见的 MPG、AVI、MOV、WAV、MP3、MIDI 等文件格式。

利用 Windows Media Player 可收听全世界的电台广播、播放和复制 CD、创建自己的 CD、播放 DVD 以及将音乐或视频复制到便携设备中。

注　意　VCD 影像文件都是放在光盘的 MPEGAV 目录下，扩展名为 .dat。

操作　第一步，单击"开始"菜单→"程序"→"附件"→"娱乐"→"Windows Media Player"，打开"Windows Media Player"窗口（见图9—5）。

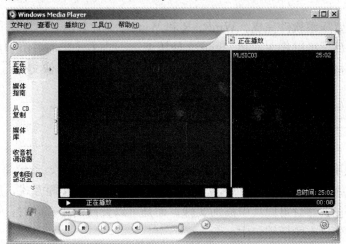

图 9—5　Windows Media Player 窗口

第二步，单击"文件"菜单→"打开"，弹出"打开"对话框，选中要打开的媒体文件，单击"确定"按钮。

第三步，点击播放器上的播放按钮就可以开始播放了。

通过播放器下面的控制按钮可以开始或停止播放。

在屏幕上单击右键，在快捷菜单中选择"视频大小"选项中的"200%"，视频的显示屏幕就会增加一倍；或双击屏幕，也可进行大/小屏幕的切换。在快捷菜单中选择"全屏"选项，可全屏观看。

也可以在 Windows 的资源管理器中，通过双击一个媒体播放器支持的文件，直接打开文件进行观看。

其他常见的视频播放软件还有 Real Player、Quick Time Player、超级解霸等。如果要对视频文件进行编辑处理，应使用 Premiere、After Effects 等视频处理软件。

9.3　多媒体信息处理工具的使用

9.3.1　文件压缩的基本概念

1. 数据压缩

数据压缩是对数据重新进行编码，以减少所需存储空间的技术术语。数据压缩是可逆的，因此压缩后的数据可以恢复成原状。数据压缩的逆过程有时也称为解压缩、展开等。

2. 文件压缩

文件压缩是指把一个或多个文件压缩在一个单独的较小的文件中，压缩后的文件称为压缩文件。压缩文件的优点是可以有选择地进行压缩，并像其他文件一样可以进行转储和传送。缺点是使用前必须把这些文件解压缩。

3. 压缩软件

文件压缩需要压缩软件完成。WinRAR 和 WinZip 是比较流行的压缩和解压缩软件。

使用压缩软件，可以将文本和 .bmp 文件压缩 70％左右。但有些类型的文件因为它们本身就是以压缩格式存储的，因而很难再进行压缩，例如 JPG 图像文件。

9.3.2　压缩工具 WinRAR 的基本操作

WinRAR 具有强力压缩、多卷操作、加密技术、自释放模块、备份简易等特性。

与众多的压缩工具不同，WinRAR 沿用了 DOS 下程序的管理方式，压缩文件时不需要提前创建压缩包，然后再向其中添加文件；而是可以直接创建。同时，可以非常方便地把一个文件添加到已有的压缩包中。

WinRAR 默认的压缩格式为 .rar，该格式压缩率要比 .zip 格式高出 10％～30％，同时它也支持 .zip、.arj、.cab、.lzh、.ace、.tar、.gz、.uue、.bz2、.jar 等类型的压缩文件。

本教材以 WinRAR3.11 中文版为例进行压缩/解压操作说明。

1. 对文件进行压缩操作

在资源管理器中选中要压缩的文件或文件夹，单击鼠标右键，在弹出的快捷菜单中选择压缩方法。

WinRAR 提供了两种压缩方法"添加到压缩文件"和"添加到 ＊.rar"。

（1）快速压缩。

操作　第一步，选中全部要进行压缩的文件或文件夹。

第二步，单击鼠标右键，选择快捷菜单（见图9—6）中的"添加到'＊.rar'"命令，WinRAR 将快速把选定的文件在当前目录下以缺省文件名（通常是第一个文件或文件夹的名字）压缩在一个 .rar 压缩包中（见图9—7）。

（2）对压缩文件进行一些复杂的设置（如分卷压缩、给压缩包加密、备份压缩文件、给压缩文件添加注释等）。

操作　第一步，选中全部要进行压缩的文件或文件夹。

第二步，单击鼠标右键，选择快捷菜单中的"添加到压缩文件"命令，弹出"压缩文件名和参数"对话框。

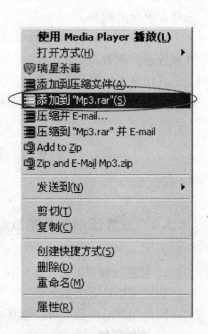

图9—6　快捷菜单

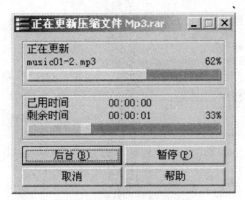

图9—7 正在进行文件压缩

第三步，根据需要对相关参数进行设置。

"常规"选项卡（见图9—8），确定压缩文件的存储路径以及文件名，选择压缩文件格式（默认是.rar），根据需要对"更新方式"和"压缩选项"进行相关的设置。选择适当的"压缩方式"，可缩短压缩时间，比如对压缩率要求不是很高，可选择"最快"等；"压缩分卷大小，字节"也是一个重要的选项，可将一个大文件自动地分割为多个文件。

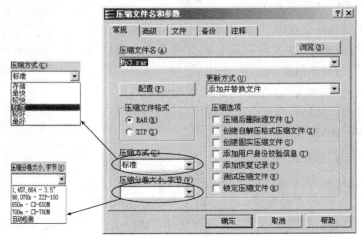

图9—8 "压缩文件名和参数"的"常规"选项卡

"高级"选项卡（见图9—9）。通过"设置密码"按钮，对压缩文件进行加密设置，可以起到保护压缩文件的作用。

"文件"选项卡。WinRAR提供向压缩包添加和删除文件的功能，通过此选项卡可以及时向该压缩包中添加文件和删除压缩包中的某一无用文件。

"备份"选项卡。可以通过各个选项及时备份压缩包中的文件。

"注释"选项卡。可以为压缩包添加相关的注释说明，以待以后查证。

第四步，设置好后，单击"确定"按钮，WinRAR将按照选定的格式及相关设置，在指定的文件夹下以指定的压缩文件名，将选定的文件压缩在一个压缩包中。

2. 对文件进行解压缩操作

（1）利用快捷菜单解压缩。

在Windows资源管理器中，用鼠标右键单击压缩包文件，在快捷菜单中提供了三个

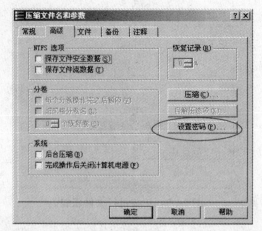

图 9—9 "压缩文件名和参数"的"高级"选项卡

WinRAR 解压缩命令（见图 9—10）。

选中"解压文件"，在"解压路径和选项"对话框（见图 9—11）中，可自定义解压缩文件存放的路径和文件名称，以及设置"更新方式"、"覆盖方式"等。

选中"解压到当前文件夹"，把压缩包里的文件解压到当前路径下。在解压过程中如发现有同名的文件存在，会出现"确认文件替换"的提示信息。

选中"解压到 ＊.＊ \"，在当前路径下会创建与压缩包名字相同的文件夹，然后将压缩包文件解压到这个文件夹下。

（2）通过 WinRAR 程序解压缩。

操作 第一步，打开压缩文件包。

双击 WinRAR 压缩文件，打开 WinRAR 程序窗口（见图 9—12），在工具栏中有快捷键，如添加文件到压缩文件、

图 9—10 解压快捷菜单

解压缩到指定文件夹、测试压缩文件、查看文件、删除文件、为压缩文件加注释、保护当前的压缩文件、生成自解压文件等。或在文件列表区鼠标右键点击某个文件，弹出的快捷菜单也有类似的解压操作命令。

第二步，进行解压操作。

对压缩包中的全部文件进行解压：选中"资料夹"，单击工具栏的解压到按钮，弹出"解压路径和选项"对话框，单击"确定"按钮。

对压缩包中的部分文件进行解压：在 WinRAR 窗口的文件列表区选择需进行解压缩的文件或文件夹（如果要一次对多个文件或文件夹进行解压缩，可使用 Ctrl＋鼠标左键进行不连续的多个对象选择，或用 Shift＋鼠标左键进行连续的多个对象选择）。然后用鼠标左键直接将选中的文件或文件夹拖动到资源管理器的相应文件夹下；或者单击工具栏"解压到"按钮，进行相应的操作即可。

3. 制作自解压文件

（1）利用 WinRAR 为压缩文件包制作自解压文件。

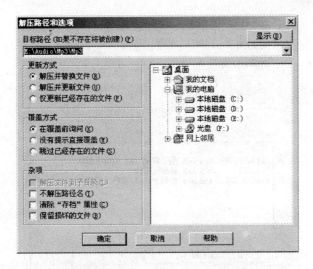

图 9—11 "解压路径和选项"对话框

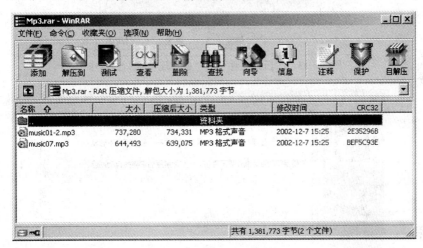

图 9—12 "WinRAR"窗口

操作 第一步，打开 WinRAR 程序窗口，在文件列表区选中文件，单击工具栏中"自解压"按钮，弹出"压缩文件"对话框。

第二步，选择"自解压格式"选项卡（见图 9—13），单击"确定"按钮，即可将压缩包制作成具有自解压功能的 .exe 文件。

（2）对自解压文件中的文件进行解压。

操作 第一步，双击自解压文件，弹出"WinRAR 自解压"对话框（见图 9—14）。

第二步，单击"安装"按钮，即可将压缩包中的文件自动解压到目标文件夹中。

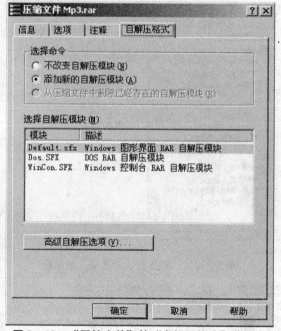

图 9—13   "压缩文件"的"自解压格式"选项卡

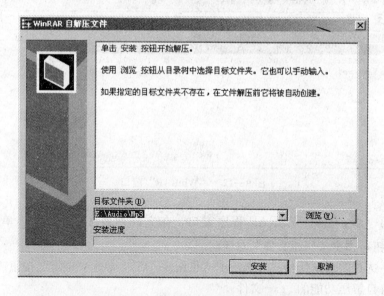

图 9—14   "WinRAR 自解压"对话框

【本章小结】

本章主要介绍计算机多媒体技术方面的基本概念，重点介绍了 Windows 的画图、录音机、媒体播放机等多媒体应用工具的使用方法，介绍了文件压缩的概念以及压缩工具 WinRAR 的使用方法。

【习题】

一、简答题

1. 什么是多媒体？多媒体技术有哪些特点？

2. 多媒体计算机的关键技术是什么？

3. 简述声卡的作用。

4. 简述使用画图程序制作一幅图画的完整过程。

5. 试列举几种常用图像文件的扩展名。

6. 多媒体计算机应该包括哪些硬件和软件？

二、单选题

1. 根据多媒体的特性，属于多媒体范畴的是_____。

A. 交互式视频游戏   B. 录像带

C. 彩色画报   D. 彩色电视机

2. 以下设备中，属于视频设备的是_____。

A. 声卡   B. DV 卡   C. 音箱   D. 话筒

3. 以下设备中，用于获取视频信息的是_____。

A. 声卡   B. 彩色扫描仪   C. 数码摄像机   D. 条码读写器

4. 目前，一般声卡都具备的功能是_____。

A. 录制和回放数字音频文件   B. 录制和回放数字视频文件

C. 语音特征识别   D. 实时解压缩数字视频文件

5. 使用 Windows "画图"创建文本时，能够实现的是_____。

A. 设置文本块的背景颜色   B. 设置文本的下标效果

C. 设置文本的阴影效果   D. 设置火焰字效果

6. 以下软件中，不属于音频播放软件的是_____。

A. Winamp   B. 录音机   C. Premiere   D. RealPlayer

7. 下面 4 个工具中，属于多媒体创作工具的是_____。

A. Photoshop   B. Fireworks   C. PhotoDraw   D. Authorware

8. 以下关于文件压缩的说法中，错误的是_____。

A. 文件压缩后文件尺寸一般会变小

B. 不同类型的文件的压缩比率是不同的

C. 文件压缩的逆过程称为解压缩

D. 使用文件压缩工具可以将 JPG 图像文件压缩 70% 左右

9. 以下格式中，属于音频文件格式的是_____。

A. WAV 格式   B. JPG 格式   C. DAT 格式   D. MOV 格式

10. 以下格式中，属于视频文件格式的是_____。

A. WMA 格式   B. MOV 格式   C. MID 格式   D. MP3 格式

单选题答案

第一章

1. A 　 2. A 　 3. C 　 4. B 　 5. C 　 6. B 　 7. D 　 8. B
9. D 　 10. C 　 11. A 　 12. B 　 13. D 　 14. B 　 15. A 　 16. C
17. B 　 18. C 　 19. A 　 20. B

第二章

1. D 　 2. A 　 3. D 　 4. C 　 5. D 　 6. B 　 7. A 　 8. B
9. A 　 10. B 　 11. A 　 12. C 　 13. D 　 14. D 　 15. D

第三章

1. B 　 2. A 　 3. A 　 4. B 　 5. D 　 6. C 　 7. C 　 8. C
9. B 　 10. D 　 11. D 　 12. B 　 13. D 　 14. B 　 15. D

第四章

1. A 　 2. C 　 3. A 　 4. B 　 5. C 　 6. A 　 7. B 　 8. B
9. C 　 10. A 　 11. B 　 12. D 　 13. A 　 14. D 　 15. B

第五章

1. B 　 2. B 　 3. C 　 4. B 　 5. B 　 6. D 　 7. D 　 8. B
9. D 　 10. D

第六章

1. B 　 2. C 　 3. B 　 4. D 　 5. B 　 6. C 　 7. A 　 8. B
9. D 　 10. A 　 11. B 　 12. B 　 13. B 　 14. D 　 15. C

第七章

1. C 　 2. D 　 3. D 　 4. C 　 5. A 　 6. D 　 7. D 　 8. C
9. A 　 10. D 　 11. C 　 12. A 　 13. C 　 14. B 　 15. B

第八章

1. C 　 2. B 　 3. C 　 4. C 　 5. B 　 6. A 　 7. D 　 8. C
9. C 　 10. A

第九章

1. A 　 2. B 　 3. C 　 4. A 　 5. A 　 6. C 　 7. D 　 8. A
9. B 　 10. A

参考文献

1. 耿国华编著．大学计算机应用基础．北京：清华大学出版社，2005

2. 詹国华，汪明霓，潘红，虞歌．大学计算机应用基础实验教程．北京：清华大学出版社，2004

3. 刘昭斌，陈玉水．计算机应用基础实训教程．北京：清华大学出版社，北京交通大学出版社，2004

4. 徐洪祥，王世辉．计算机基础教程．北京：清华大学出版社，北京交通大学出版社，2004

5. 全国高校网络教育考试委员会办公室组编．全国高校网络教育公共基础课统一考试用书计算机应用基础（2010 年修订版）．北京：清华大学出版社，2010

图书在版编目（CIP）数据

计算机应用基础/马丽主编. —2 版. —北京：中国人民大学出版社，2011.11
21 世纪远程教育精品教材·公共课系列
ISBN 978-7-300-14666-9

Ⅰ.①计⋯　Ⅱ.①马⋯　Ⅲ.①电子计算机-高等学校-教材　Ⅳ.TP3

中国版本图书馆 CIP 数据核字（2011）第 228060 号

21 世纪远程教育精品教材·公共课系列
计算机应用基础（第二版）（2011 版）
马丽　主编

出版发行	中国人民大学出版社			
社　　址	北京中关村大街 31 号		**邮政编码**	100080
电　　话	010 - 62511242（总编室）		010 - 62511398（质管部）	
	010 - 82501766（邮购部）		010 - 62514148（门市部）	
	010 - 62515195（发行公司）		010 - 62515275（盗版举报）	
网　　址	http://www.crup.com.cn			
	http://www.ttrnet.com（人大教研网）			
经　　销	新华书店			
印　　刷	北京鑫丰华彩印有限公司		**版　次**	2006 年 4 月第 1 版
规　　格	185 mm×260 mm　16 开本			2011 年 11 月第 2 版
印　　张	23.5		**印　次**	2011 年 11 月第 1 次印刷
字　　数	528 000		**定　价**	43.00 元